特色高水平实训基地项目建设系列教材

城镇污泥处理处置

主　编　刘甜甜　赵　颖
副主编　吴小苏　徐　伟

中国水利水电出版社
www.waterpub.com.cn
·北京·

内 容 提 要

本书共7章，主要分为城镇污泥概述、城镇污泥处理技术、城镇污泥处置与资源化利用技术、污泥处理处置监管与风险控制等部分，其中城镇污泥概述主要介绍污泥的性质、来源、危害及相关的法律法规等，城镇污泥处理技术主要阐述污泥浓缩脱水、稳定化、干化、热处理等技术，城镇污泥处置与资源化利用技术主要介绍污泥土地利用、卫生填埋、建材利用等方式。

本书可作为高等职业院校给排水工程技术等专业的教材，也可供相关专业技术人员和管理人员学习参考使用。

图书在版编目（CIP）数据

城镇污泥处理处置 / 刘甜甜，赵颖主编. -- 北京：中国水利水电出版社，2023.4
特色高水平实训基地项目建设系列教材
ISBN 978-7-5226-1484-7

Ⅰ. ①城… Ⅱ. ①刘… ②赵… Ⅲ. ①城镇—污泥处理—高等职业教育—教材 Ⅳ. ①X703

中国国家版本馆CIP数据核字(2023)第064569号

书　　名	特色高水平实训基地项目建设系列教材 **城镇污泥处理处置** CHENGZHEN WUNI CHULI CHUZHI
作　　者	主　编　刘甜甜　赵　颖 副主编　吴小苏　徐　伟
出版发行	中国水利水电出版社 （北京市海淀区玉渊潭南路1号D座　100038） 网址：www.waterpub.com.cn E-mail：sales@mwr.gov.cn 电话：（010）68545888（营销中心）
经　　售	北京科水图书销售有限公司 电话：（010）68545874、63202643 全国各地新华书店和相关出版物销售网点
排　　版	中国水利水电出版社微机排版中心
印　　刷	清淞永业（天津）印刷有限公司
规　　格	184mm×260mm　16开本　11.5印张　280千字
版　　次	2023年4月第1版　2023年4月第1次印刷
印　　数	001—800册
定　　价	**44.00元**

凡购买我社图书，如有缺页、倒页、脱页的，本社营销中心负责调换
版权所有·侵权必究

前言

本书是一本专门阐述城镇污泥处理处置与资源化利用技术的教材，内容包括城镇污泥概述、污泥浓缩和脱水技术、污泥稳定化技术、污泥干化技术、污泥热处理技术、污泥处置与资源化利用技术、污泥处理处置监管与风险控制。

本书在编著过程中非常注重内容的全面性和前瞻性，较系统地介绍了城镇污泥的处理处置技术；同时联系实际，在说明各种技术原理的基础上，结合了具体的工程实例，更加利于学生对相关知识的掌握。

本书由北京农业职业学院和北京城市排水集团有限责任公司合作完成。由刘甜甜和赵颖担任主编，吴小苏和徐伟担任副主编。编写工作分工如下：第1章至第5章由刘甜甜负责编写，第6章和第7章由吴小苏负责编写，赵颖和徐伟负责提供部分工程案例。全书由刘甜甜负责统稿修订。

在编写过程中，编者参考了相关书籍，并引用了部分图表，在此一并对相关作者表示感谢。限于编者水平，书中难免出现不妥之处，敬请同行专家和广大读者批判指正。

编者

2022 年 11 月

目录 MULU

前言

第1章 概述 ... 1
1.1 城镇污泥的概况 ... 1
1.2 污泥处理处置的基本方法 ... 4
1.3 污泥处理处置法规政策与标准 ... 7

第2章 污泥浓缩和脱水技术 ... 10
2.1 污泥中水分的存在形式及去除方式 ... 10
2.2 污泥浓缩技术 ... 12
2.3 污泥脱水技术 ... 21
2.4 污泥浓缩脱水技术发展趋势 ... 32
2.5 工程实例 ... 34

第3章 污泥稳定化技术 ... 40
3.1 污泥稳定化技术概述 ... 40
3.2 污泥厌氧消化技术 ... 42
3.3 污泥好氧消化技术 ... 52
3.4 污泥好氧堆肥技术 ... 59
3.5 污泥石灰稳定技术 ... 67
3.6 工程实例 ... 68

第4章 污泥干化技术 ... 72
4.1 概述 ... 72
4.2 污泥热干化技术 ... 74
4.3 污泥生物干化技术 ... 112
4.4 工程实例 ... 115

第5章 污泥热处理技术 ... 122
5.1 污泥焚烧技术 ... 123
5.2 污泥热解技术 ... 136
5.3 污泥水热处理技术 ... 137
5.4 工程实例 ... 140

第6章 污泥处置与资源化利用技术 ... 141
6.1 污泥土地利用 ... 141

6.2　污泥卫生填埋 ………………………………………………………… 151
　6.3　污泥建材利用 ………………………………………………………… 159
　6.4　工程实例 ……………………………………………………………… 163
第7章　污泥处理处置监管与风险控制 …………………………………… 165
　7.1　污泥处理处置的监管 ………………………………………………… 165
　7.2　污泥处理处置过程的环境风险 ……………………………………… 170
　7.3　污泥处理处置过程的应急管理与风险控制 ………………………… 172
参考文献 ………………………………………………………………………… 176

第1章

概　　述

【学习目标】
　　通过本章的学习，熟悉污泥的来源、组成和性质指标；掌握污泥处理处置与资源化的基本方法；了解污泥处理处置相关的政策法规与标准；了解污泥处理处置与资源化进展。

【学习要求】

知识要点	能力要求	相关知识
城镇污泥的概况	(1) 熟悉污泥的来源和分类； (2) 熟悉污泥的组成及性质指标	(1) 污泥的来源和分类； (2) 污泥的组成及性质指标
污泥处理处置与资源化的基本方法	(1) 掌握污泥处理基本方法； (2) 掌握污泥处理基本方法	(1) 污泥处理基本方法； (2) 污泥处理基本方法
污泥处理处置法规政策与标准	(1) 了解国外污泥处理处置法律法规与标准； (2) 了解国内污泥处理处置法律法规与标准	(1) 国外污泥处理处置法律法规与标准； (2) 国内污泥处理处置法律法规与标准
污泥处理处置与资源化应用进展	(1) 了解国外污泥处理处置与资源化应用进展； (2) 了解国内污泥处理处置与资源化应用进展	(1) 国外污泥处理处置与资源化应用进展； (2) 国内污泥处理处置与资源化应用进展

1.1　城镇污泥的概况

1.1.1　污泥的来源和分类

1.1.1.1　污泥的来源

　　城镇污泥是污水在生化、物化处理过程中的副产物，是一种由有机残片、细菌菌体、无机颗粒、胶体等组成的极其复杂的非均质体。通常情况下，污水处理厂初次沉淀池和二次沉淀池产生的污泥具有含水率高（可高达99%以上）、有机物含量高、易腐化发臭、密度较小等特征，是一种呈胶状液态，介于液体和固体之间的浓稠物，可以用泵运输，但它很难通过沉降进行固液分离。

　　污泥一般来自市政给排水处理系统和工业废水处理系统。前者包括给水、雨水、生活污水等收集处理处置过程所产生的污泥，称为市政污泥。后者来自厂矿企业，所产生的污泥称为工业污泥。工业废水本身性质多变，处理工艺各异，导致工业污泥来源环节和性质复杂，而市政污泥则来源相对确定，通常包括以下几种：

　　(1) 水厂污泥：来自自来水厂水处理工艺。
　　(2) 污水污泥：来自污水处理厂污泥，包括初沉污泥、剩余活性污泥、化学污泥等。
　　(3) 疏浚污泥：来自河道疏浚产生的河道底泥。
　　(4) 通沟污泥：来自城市排水管道通沟污泥。
　　(5) 栅渣：来自泵站。

在上述各种污泥中，污水污泥产量最大，对环境的不良影响最大，处理处置的难度最大，目前也是人们最关心的污泥种类。污水污泥处理已经成为当前污水处理的重点、难点和热点问题。因此，在排水或市政行业所说的污泥通常指的是污水污泥。本书描述的主要是污水污泥。

除污水污泥外，通沟污泥也是不可忽略的。通沟污泥的处理在国内刚刚起步，但随着城市排水系统的治理和完善，在保持城市暴雨情况下水道畅通的同时，通沟污泥量也在逐渐增大。

1.1.1.2 污泥的分类

污泥组分复杂，种类多样，可按其来源、泥质成分、分离过程和产生阶段等进行分类。

1. 按来源分类

若按污泥来源分类，一般可将其分为城镇生活污水污泥、工业废水污泥和给水污泥三大类；若对工业废水污泥进一步进行划分，则可分为食品加工废水污泥、印染工业废水污泥、金属加工废水污泥、无机化工废水污泥、钢铁工业废水污泥、造纸工业废水污泥、石油化工废水污泥等。

2. 按污泥成分及性质分类

若按污泥成分及性质分类，可分为有机污泥和无机污泥。其中有机污泥有机物含量高、容易腐化发臭、颗粒较细、密度较小、含水率高且不易脱水，便于用管道输送。城镇污水处理厂产生的污泥多为有机污泥，是一种呈胶状结构的亲水性物质。而无机污泥颗粒粗大、密度较大、疏水性强，含水率较低且易于脱水，不宜用管道输送。给水处理沉砂池以及某些工业废水物理、化学处理过程中的沉淀物均属于无机污泥，一般呈疏水性。

3. 按处理方法和分离过程分类

若按处理方法和分离过程分类，可将污泥分为初沉污泥、活性污泥、腐殖污泥和化学污泥。其中初沉污泥多指污水一级处理过程中产生的沉淀物，而活性污泥是污水生化处理中二沉池产生的泥水混合物，腐殖污泥则多指生物膜法污水处理工艺中二次沉淀池产生的沉淀物；相对应的，化学污泥指的是化学强化一级处理（或三级处理）后产生的污泥。

4. 按污泥产生阶段分类

若按污泥的不同产生阶段分类，则又可将污泥划分为生污泥、消化污泥、浓缩污泥、脱水干化污泥和干燥污泥等。

1.1.2 污泥的组成

城镇污泥兼具资源性和危害性的双重特性。一方面，污泥中含有氮、磷等营养物质和大量有机质，使其具备了制造肥料和作为生物质能源的基本条件；另一方面，污泥中含有大量病毒微生物、寄生虫卵、重金属、特殊有机物等有毒有害物质，存在严重的二次污染隐患。因此，如何在有效处置污泥污染物的同时，从中最大化地获得有价值物质，是当前环境领域研究的一个重点方向。

有机碳是污泥的重要组成部分，其在污泥中多以胞外聚合物（EPS）的形式存在，多呈稳定的多孔网状聚合结构。有研究表明，城镇活性污泥质量的80%、总有机物的50%～90%、污泥干重的15%都来自EPS，因此EPS是污泥有机物的主要组成部分。污泥 EPS 主要包括了微生物絮体、微生物水解及衰亡产物以及附着在微生物絮体上的污水中的有机物等，该类物质主要以由 C 和 O 组成的高分子多糖、蛋白质、核酸、腐殖酸类复杂有机化合物及油脂等形式存在，是污泥中最主要的碳源物质，是污泥减量化研究的主要研究对象。

1.1.3 污泥的性质指标

目前我国制定的污泥处理处置标准中涉及污泥性质的指标主要有物理指标、化学指标、生物学指标（卫生学指标及种子发芽率）等，并明确了这些指标的检测分析方法和限值。

1.1.3.1 污泥物理指标

城镇污泥的物理指标主要包括外观和嗅觉、粒径和杂物、含水率、pH 值、比阻等，各物理指标的分析方法及采用标准见表 1-1。

表 1-1　　　　城镇污泥的物理指标、检测分析方法及采用标准

序号	指标	监测分析方法	采用标准
1	pH 值	玻璃电极法	CJ/T 221—2005
2	污泥含水率	重量法	CJ/T 221—2005
3	臭气浓度	三点比较式臭袋法	GB/T 14675—1993
4	污泥粒径及杂物	筛分法	
5	污泥比阻	过滤法	
6	污泥吸水时间 CST	渗滤法＋电极法	
7	污泥含砂量	超声破碎＋反冲洗	

1.1.3.2 污泥化学指标

城镇污泥的化学指标主要包括养分指标（有机质，氮、磷、钾养分）、热值、挥发酚、重金属指标、持久性有机污染物。部分化学指标的分析方法及采用标准见表 1-2。

表 1-2　　　　城镇污泥化学指标、检测分析方法及采用标准

序号	指标	监测分析方法	采用标准
1	总氮（以 N 计）	碱性过硫酸钾消解紫外分光光度法	CJ/T 221—2005
2	总磷（以 P_2O_5 计）	氢氧化钠熔融后钼锑抗分光光度法	CJ/T 221—2005
3	总钾（以 K_2O 计）	常压消解后火焰原子吸收分光光度法 常压消解后电感耦合等离子体发射光谱法	CJ/T 221—2005
4	有机物含量	重量法	CJ/T 221—2005
5	总悬浮固体	重量法	《水和废水监测分析方法》（第四版）
6	挥发性悬浮固体	重量法	《水和废水监测分析方法》（第四版）
7	低位热值	热量计法	GB/T 12206—2006
8	烧失量	重量法	GB/T 7896—2008
9	烟尘	重量法	GB/T 16157—1996
10	烟气浓度	林格曼烟度法	GB 5468—1991

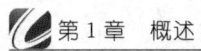

1.1.3.3 污泥生物学指标

城镇污泥的生物学指标主要包括卫生学指标（粪大肠菌菌群值、蠕虫卵死亡率、蛔虫卵死亡率、细菌总数）和种子发芽指数等。

城镇污泥卫生学指标的分析方法及采用标准见表1-3。

表1-3　　　　　　城镇污泥卫生学指标、检测方法及采用标准

序号	指　标	监测分析方法	采用标准
1	粪大肠菌菌群值	发酵法	GB 7959—2012
		多管发酵法	CJ/T 221—2005
		滤膜法	
2	蠕虫卵死亡率	显微镜法	GB 7959—2012
3	蛔虫卵死亡率	显微镜法	GB 7959—2012
		集卵法	CJ/T 221—2005
4	细菌总数	平皿计数法	CJ/T 221—2005

1.2　污泥处理处置的基本方法

1.2.1　污泥处理基本方法概述

污泥处理是对污泥进行稳定化、减量化处理的过程，一般包括浓缩、脱水、稳定（厌氧消化、好氧消化、堆肥）和干化、焚烧等。污泥浓缩、脱水、干化主要是降低污泥水分，干固体没有发生减量变化；污泥稳定主要是分解降低干固体中的有机物数量，水分几乎没有变化；污泥焚烧是完全消除有机物、可燃物质和水分，是最彻底的稳定化、减量化。

1.2.1.1 污泥浓缩

污泥浓缩主要是去除污泥颗粒间的间隙水，浓缩后的污泥含水率为95%～98%，污泥仍然可保持流体特性。我国过去的一些污水处理厂常采用重力浓缩池进行污泥浓缩，兼顾污泥匀质和调节。重力浓缩电耗低、无药耗，运行成本低；但随着脱氮除磷要求的提高，重力浓缩时间长、易释磷，重力浓缩池上清液回流至进水，增加污水处理的磷负荷。因此，新建污水处理厂大部分采用机械浓缩，有些小型污水处理厂则采用更简便的浓缩脱水一体机。

1.2.1.2 污泥机械脱水

污泥机械脱水主要是去除污泥颗粒间的毛细水，机械脱水后的污泥含水率为65%～80%，呈泥饼状。机械脱水设备主要有带式压滤机、板框压滤机和卧螺沉降离心机。

采用污泥填埋时，污泥脱水可大大减少污泥的堆积场地，节约运输过程中发生的费用；在对污泥进行堆肥处理时，污泥脱水能保证堆肥顺利进行（堆肥过程中一般要求污泥有较低的含水率）；如若进行污泥焚烧，污泥脱水率高，且可大大减少热能消耗。

但是，污泥成分复杂、相对密度较小、颗粒较细，且往往呈胶态，决定了其不易脱水的特点，所以到目前为止，污泥脱水程度的进一步提高是国内外研究的热门课题。

1.2 污泥处理处置的基本方法

带式压滤机电耗低,板框压滤机滤饼含水率低,卧螺沉降离心机对污泥流量波动的适应性强、密闭性能好、处理量大、占地小。我国新建污水处理厂大多采用离心机带式压滤机和板框压滤机,小型污水处理厂一般采用浓缩脱水一体机。

1.2.1.3 污泥干化

污泥干化主要是去除污泥颗粒间的吸附水和内部水,干化后的污泥呈颗粒状或粉末状。自然干化由于占用土地较多,且受气候条件影响大、散发臭味,在污水处理厂污泥处理中已不多采用。机械干化主要是利用热能进一步去除脱水污泥中的水分。机械干化分为全干化(含固率大于90%)和半干化(含固率小于90%)。

污泥含水率在40%~50%范围时,污泥流变学特征发生显著变化,污泥的黏滞性较强,导致输送性能很差。

在干化过程中,污泥逐步失去水分而形成颗粒状,在低含水率时具有较大的表面积。当污泥逐步形成颗粒时,表面比内部干燥,内部水的蒸发愈加困难,随着含水率的降低,蒸发效率也逐渐降低。

根据污泥与热媒之间的传热方式,污泥干化分为对流干化、传导干化和热辐射干化。

在污泥干化行业主要采用对流和传导两种方式,或者两者相结合的方式。另外,对流形式的干化机由于热媒与蒸发出的水汽、副产气一同排出干化机,排出气体量大,从而增加了后续处理负担。

1.2.1.4 污泥稳定

污泥稳定是指去除污泥中的部分有机物质或将污泥中的不稳定有机物质转化为较稳定物质,使污泥的有机物含量减少40%以上,不再散发异味,即使污泥以后经过较长时间的堆置,其主要成分也不再发生明显的变化。

污泥稳定方法包括厌氧消化、好氧消化和堆肥等方法。

厌氧消化是在无氧条件下,污泥中的有机物由厌氧微生物进行降解和稳定的过程。为了减少工程投资,通常将活性污泥浓缩后再进行消化,在密闭消化池内的缺氧条件下,一部分菌体逐渐转化为厌氧菌或兼性菌,降解有机污染物,污泥逐渐被消化掉,同时放出热量和甲烷气。经过厌氧消化,可使污泥中部分有机物质转化为甲烷,同时可消灭恶臭及各种病原菌和寄生虫,使污泥达到安全稳定的程度。在污泥厌氧消化工艺中,以中温消化(33~35℃)最为常用。在欧洲和北美洲的污水处理厂,污泥厌氧消化的成功案例较多。在我国,杭州四堡污水处理厂、北京高碑店污水处理厂、天津东郊污水处理厂采用中温厌氧消化,上海市白龙港污水处理厂的污泥中温厌氧消化工程也正在建设中。

污泥好氧消化的基本原理就是对污泥进行长时间的曝气,使污泥中的微生物处于内源呼吸而自身氧化阶段,此时细胞质被氧化成CO_2、H_2O、NO_3^-,从而得到稳定。好氧消化的动力消耗较高,适用于小型污水处理厂。

大部分污泥堆肥是在有氧条件下进行的,利用嗜温菌、嗜热菌的作用,使污泥中有机物分解成为CO_2、H_2O,达到杀菌稳定及提高肥分的作用。为了使堆肥有良好的通风环境,通常采用膨胀剂与污泥混合,以增加孔隙度、调节污泥含水率和碳氮摩尔比。堆肥时间大约需一个月。因此,污泥堆肥适用于小型及周边环境不敏感的污水处理厂。

1.2.1.5 污泥焚烧

污泥焚烧是利用焚烧炉在有氧条件下高温氧化污泥中的有机物，使污泥完全矿化为少量灰烬的处置方式。以焚烧技术为核心的污泥处理方法是最彻底的处理方法，在工业发达国家得到普遍采用。

污泥焚烧主要可分为两大类：一类是将脱水污泥直接送焚烧炉焚烧，另一类是将脱水污泥干化后再焚烧。

污泥焚烧设备主要有回转焚烧炉、立式焚烧炉、立式多段焚烧炉、流化床式焚烧炉等，过去国外常用立式多段炉，现在逐渐演变采用流化床焚烧炉。

焚烧处理污泥的优点是占用场地小，处理速度快、量大，减量明显，但灰渣中的重金属不易浸出。污泥灰可送入水泥厂掺合在原料中一并制作建材等。国内已开始意识到焚烧的优点，各地均在积极探索研究因地制宜的应用方案。

1.2.2 污泥处置基本方法概述

污泥处置是对处理后污泥进行消纳的过程，一般包括土地利用、填埋、建筑材料利用等。

1.2.2.1 土地利用

污泥的土地利用是将污泥作为肥料或土壤改良材料，用于园林、绿化、林业或农业等场合的处置方式。

污泥土地利用需要具备的一个重要的条件是：其所含的有害成分不超过环境所能承受的容量范围。

污泥由于来源于各种不同成分和性质的污水，不可避免地含有一些有害成分，如各种病原菌、重金属和有机污染物等，这在一定程度上限制了污泥在土地利用方面的发展。因此，污泥土地利用需要充分考虑污泥的类型及质量、施用地的选择，并且一般需要经过一定的处理，来降低污泥中易腐化发臭的有机物，减少污泥的体积和数量，杀死病原体，降低有害成分的危险性。

污泥土地利用可能会造成土壤、植物系统重金属污染，这是污泥土地利用中最主要的环境问题。污泥中存在相当数量的病原微生物和寄生虫卵，也能在一定程度上加速植物病害的传播。

一般城市污水含有20%～40%的工业废水，重金属含量超标概率高，污泥的土地利用带有一定风险性。一些工厂排放的污水中含有一定的有机污染物，如聚氯二酚、多环芳烃以及农药的残留物。这些物质在污水和污泥的处理过程中会得到一定程度的降解，但一般难以完全除去，在污泥的使用时还需考虑其可能产生的危害。

污泥天天排放，而土地利用却是有季节性的，这种矛盾使得污泥必须找地方储存，这既增加了管理与场地费用，又使污泥得不到及时处置。

显然，污泥用于土地利用必须经过稳定化、减量化、无害化处理，即使如此，污泥的产量也无法与土地所需要的污泥量在时间上匹配。因此，通过土地利用途径能够消耗的污泥量是非常有限的。

1.2.2.2 污泥填埋

污泥填埋是指运用一定工程措施将污泥埋于天然或人工开挖坑地内的处置方式。填埋处置场投资较省、建设期短，但实现卫生填埋须进行防渗和覆盖。

污泥填埋必须满足相应的填埋操作条件，同时考虑病原体和其他污染物扩散、渗漏等问题。污泥填埋的技术要求也越来越高，当填埋场较远时，其运费也很可观，运输途中也会产生污染。另外，污泥填埋场的作业环境较差，容易引起二次污染。所以，污泥填埋是污泥处置的初级阶段，一般应用在土地资源丰富、经济落后、污泥量较少地区。

填埋污泥在运行管理过程中存在一些问题，主要表现如下：

（1）污泥承压能力极低，无法承受普通填埋作业机械，无法进行正常摊铺、压实和覆盖等填埋作业。

（2）污泥渗透系数小，雨天无法排水，大量降水渗入填埋场内，导致脱水污泥含水率增加，污泥发生流变，承压能力进一步下降。

（3）污泥填埋容易产生臭气、蚊蝇、导气井堵塞等系列环境问题。

1.2.2.3 污泥建材利用

污泥建材利用是一种将污泥作为制作建筑材料的部分原料的处置方式，应用于制砖、水泥、陶粒、活性炭、熔融轻质材料以及生化纤维板的制作，在日本已经有许多工程实例。

一方面，污泥灰及黏土的主要成分均为 SiO_2，这一特性成为污泥可做制砖材料的基础；另一方面，污泥灰中 Fe_2O_3 和 P_2O_5 含量远高于黏土；此外，灰中铁盐和钙盐的含量会改变砖的压缩张力。由于污泥中含有的无机成分与黏土成分较为接近，这说明使用污泥焚烧灰制砖是基本可行的。

污泥焚烧灰的基本成分为 SiO_2、Al_2O_3、Fe_2O_3 和 CaO，在生产水泥时，污泥焚烧灰加入一定量的石灰或石灰石，经煅烧即可制成灰渣硅酸盐水泥。以污泥焚烧灰为原料生产的水泥，与普通硅酸盐水泥相比，在颗粒度、相对密度、反应性能等方面基本相似，而在稳固性、膨胀密度、固化时间方面较好。

污泥除了可以用来生产砖块和水泥外，还可用来生产陶瓷和轻质骨料等。从经济角度看，污泥建材利用不但具有实用价值，还具有经济效益。至于污泥中的重金属等有毒有害物质，研究表明，污泥制成建材后，一部分会随灰渣进入建材而被固化其中，使重金属失去游离性，因此，通常不会随浸出液渗透到环境中，从而不会对环境造成较大的危害。

1.3 污泥处理处置法规政策与标准

1.3.1 国外污泥处理处置法律法规与标准

本节介绍欧盟、美国、日本等出台的涉及污泥处理处置的法律法规及相关标准，重点介绍对我国污泥处理处置有借鉴意义的规定。

1.3.1.1 欧盟

目前，欧洲污泥处理处置主要以土地利用和焚烧为主，但欧盟各国在污泥土地利用和焚烧方面制定的法律法规及标准差异明显。

1. 土地利用

欧盟在 1986 年颁布了《污泥农业利用指导规程》（The Sewage Sludge Directive 86/

278/EEC)，并于1991年、2003年和2009年进行了三次修订。总体上，《污泥农业利用指导规程》鼓励污泥农业利用，并防止污泥对土壤、作物、动物和公众产生影响。《污泥农业利用指导规程》对各成员国有约束力，各国标准不得低于其要求。其基本规定为：①污泥须经生物、化学或热处理，降低危害，禁止未经处理的污泥直接农用；②为避免残留病原体的潜在健康风险，在水果或蔬菜正在生长或收获前的10个月内，禁止施用；③施用污泥的牧地，3周内禁止动物进入；④按照污泥氮磷等营养物含量和土壤背景值确定施用量，避免流失后污染地下水。

为了防止污泥农业利用过程中对环境及周围居民造成不利影响，2006年，欧盟发布了土壤保护对策，对《污泥农业利用指导规程》展开评估，以保证在营养物最大程度循环利用的基础上，进一步限制有害物质进入土壤。

2. 焚烧技术

西方国家曾出台大批政策，将废物焚烧发电（Waste To Energy，WTE）技术列为清洁能源开发技术予以财政补贴。欧盟制定了《废弃物焚烧准则草案》（Draft Directive on Incineration of Waste 94/08/20），对各种污染物排放浓度设定了固定排放标准值。

现有焚烧厂在下列情况下对NO无排放限值要求：截至2008年1月1日，处理能力为6t/h，预计日平均浓度不超过$500mg/m^3$；截至2010年1月1日，处理能力大于6t/h小于等于16t/h，预计日平均浓度不超过$400mg/m^3$；截至2008年1月1日，处理能力大于16t/h小于25t/h，不排放废水。预计日平均浓度不超过$400mg/m^3$。

3. 填埋技术

1999年，欧盟颁布了《污泥管理规范》（1999/31/EC）以及《欧盟填埋指导准则》（*European Landfill Directive*），主要是控制污泥填埋工艺的使用。

1.3.1.2 美国

1993年，联邦政府首次制定了《污水污泥利用或处置标准》（CFR 40 PART 503），并分别于2001年和2007年进行了数次修正。该标准包括污泥土地利用、填埋和焚烧三种方式，总体上是一个鼓励污泥农业利用的法规，其中填埋执行原有废弃物填埋法规。在制定污泥处理处置政策过程中，美国联邦官方认为符合法规要求的生物固体，可以作为肥料循环利用，以改善和维持土壤的肥力，促进植物生长。

在土地利用方面，CFR 40 PART 503对污泥质量的规定主要包括重金属和病原体两个方面。在重金属浓度控制指标中，不仅有最高浓度限值，还有月平均浓度限值、累计负荷限值和年污染负荷限值。在病原体控制方面，CFR 40 PART 503按病原体数量将污泥分为A级和B级两级，并执行不同的处理工况。在污泥填埋和焚烧方面，CFR 40 PART 503对污泥单独填埋作了具体规定，包括总体要求、污染物限值、管理条例、监测频率、记录和报告制度等，焚烧产生的烟气按美国烟气污染控制法案的控制标准执行。

1.3.1.3 日本

日本制定了多部与污泥有关的法律法规、管理办法、操作标准，主要包括《污泥绿农地使用手册》《污泥建设资材利用手册》《废弃物处理法》等。其中，日本建设省制定的《污泥绿农地使用手册》，主要用于促进污泥景观利用，1999年日本约有60.6%的污泥使用在农业和景观方面。在污泥再利用方面的执行上，日本制定了相当严格的重金属限值标准，以规范污泥作为农地使用。日本对于填埋污泥中污染物限值规定极其严格，除了对重金属限制外，还包括烷基汞化合物、苯等多种有机物指标。日本是全世界利用焚烧炉灰渣和熔融渣进行回收再利用最早的国家，1991年，日本建设省制定了《污泥建设资材利用手册》，以推广污泥回收再利用工作。

由此可见，欧美等发达国家在污泥处理处置方面制定的相关规定主要包括四大类型：土地利用、填埋、制作建筑材料、焚烧。

1.3.2 国内污泥处理处置法律法规与标准

与国外相对成熟的污泥处置标准相比，我国的污水污泥处置标准体系建设刚刚起步。标准规范的缺失导致污泥处置工作的开展和污泥处置的工程实践缺乏实际指导，严重影响污泥的最终处置和污泥资源化发展的进程。

基于我国污泥处置的现状，在住房和城乡建设部的牵头下，国内从事城镇污水处理厂设计和运行的多家单位联合开展了标准研究，第一批标准已经公布，其他标准正在逐步制定和完善中。该系列标准还将结合我国国情，逐步开展技术政策和技术规程的研究，形成具有我国特点的系列标准规范技术规程，规范我国的污泥处置工作，使城镇污水处理厂产生的污泥得到妥善处置，实现污泥减量化、稳定化、无害化，并逐步提高资源化利用率。

目前，污泥处理处置与资源化利用相关的主要规程规范如下：

GB 50014—2021《室外排水设计标准》；

CJJ 60—1994《城市污水处理厂运行、维护及其安全技术规程》；

CJJ 131—2009《城镇污水处理厂污泥处理技术规程》；

GB 24188—2009《城镇污水处理厂污泥泥质》；

GB/T 23484—2009《城镇污水处理厂污泥处置 分类》；

GB/T 23486—2009《城镇污水处理厂污泥处置 园林绿化用泥质》；

GB/T 24600—2009《城镇污水处理厂污泥处置 土地改良用泥质》；

CJ/T 309—2009《城镇污水处理厂污泥处置 农用泥质》；

GB/T 23485—2009《城镇污水处理厂污泥处置 混合填埋用泥质》；

CJ/T 289—2008《城镇污水处理厂污泥处置 制砖用泥质》；

GB/T 24602—2009《城镇污水处理厂污泥处置 单独焚烧用泥质》；

CJ/T 314—2009《城镇污水处理厂污泥处置 水泥熟料生产用泥质》；

T/CECS 250—2022《城镇污水污泥流化床干化焚烧技术规程》。

另外，国家环境保护部颁发了《污水处理厂污泥处理处置最佳可行技术导则》，住房和城乡建设部、环境保护部、科学技术部联合制定了《城镇污水处理厂污泥处理处置及污染防治技术政策（试行）》等。

第 2 章

污泥浓缩和脱水技术

【学习目标】
　　通过本章的学习，了解污泥中水分的存在形式及去除方式；熟悉污泥浓缩及脱水技术的原理；掌握常见的污泥浓缩及脱水技术；了解污泥浓缩脱水技术的发展趋势及典型的工程实例。

【学习要求】

知识要点	能 力 要 求	相 关 知 识
污泥中水分的存在形式及去除方式	了解污泥中水分的存在形式及去除方式	了解污泥中水分的存在形式及去除方式
污泥浓缩技术	(1) 熟悉污泥浓缩的原理； (2) 掌握常见的污泥浓缩技术	(1) 污泥浓缩的原理； (2) 常见的污泥浓缩技术
污泥脱水技术	(1) 熟悉污泥机械脱水的原理； (2) 掌握常见的污泥机械脱水技术	(1) 污泥机械脱水的原理； (2) 我国常见的污泥机械脱水技术
污泥浓缩脱水技术发展趋势	(1) 了解污泥浓缩脱水技术的研究进展； (2) 了解污泥浓缩脱水新技术	(1) 污泥浓缩脱水技术的研究进展； (2) 污泥浓缩脱水新技术
典型案例	了解污泥浓缩脱水技术的典型案例	污泥浓缩脱水技术的典型案例

2.1　污泥中水分的存在形式及去除方式

　　污泥含水率的降低是进行污泥处理处置与资源化再利用的关键所在，因此，污泥的浓缩和脱水作为去除污泥中水分的重要手段在污泥领域占据着至关重要的位置，其作用是将污泥的含水率从 99.3% 左右降至 60%～80%，体积降至原体积的 1/10～1/15，使之有利于储存、运输和后续处理。而为了保证污泥浓缩和脱水效果，通常需要对污泥进行调理，以提高其浓缩和脱水性能。一般来说，浓缩是脱水的预处理，脱水是最终污泥处理处置与资源化的预处理，而污泥调理则可以看作是污泥浓缩和脱水操作的预处理。

　　污泥含水率与污泥状态直接相关（图 2-1）。根据污泥中所含水分与污泥的结合方式，可以将污泥中的水分分为间隙水、毛细结合水、表面吸附水和内部水。

　　(1) 间隙水。间隙水是存在于污泥颗粒间隙中的游离水，又称自由水，约占污泥总水分的 70%。由于间隙水不直接与固体结合，所以作用力弱，很容易分离，分离可借助重力沉淀（浓缩压密）或离心力进行。间隙水是通过污泥浓缩的方法来降低含水率的主要去除对象。污泥浓缩处理之后，大部分间隙水得以去除。通常认为，污泥的调理技术和后续机械脱水破坏了污泥胶体结构，从而可以进一步释放出间隙水。

　　(2) 毛细结合水。毛细结合水是在高度密集的细小污泥颗粒周围的水，由于产生毛细

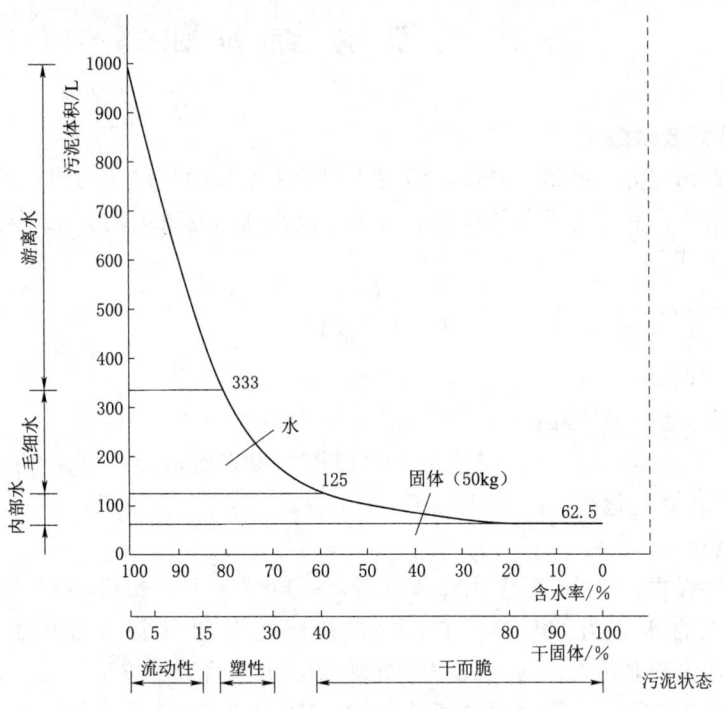

图 2-1　污泥含水率与污泥状态的关系

管现象，既可以构成在固体颗粒的接触面上由于毛细压力的作用而形成的楔形毛细结合水，又可以构成充满于固体本身裂隙中的毛细结合水。它是由毛细现象而形成的，约占污泥总水分的 20%。因为毛细结合水比间隙水结合紧密，不容易脱水，仅靠重力浓缩不易使其脱出，可通过人工干化、电渗力或热处理加以去除，也可施加与毛细水表面张力方向相反的外力，如离心力、负压力抽真空等，从而破坏毛细管表面张力和黏聚力而使水分分离。在实际应用中，常用离心机、真空过滤机或高压压滤机来对此部分水分加以去除。此外，污泥的调理技术和后续机械脱水除了可以进一步降低间隙水的含量，还可以去除部分毛细结合水。

（3）表面吸附水。表面吸附水是在污泥颗粒表面附着的水分，常在胶体状颗粒和生物污泥等固体表面上出现，约占污泥水分总量的 7%。表面吸附水表面张力较大，附着力较强，去除较难，不能用普通的浓缩或脱水方法去除。通常可以在污泥中加入电解质絮凝剂，采用絮凝方法使胶体颗粒相互絮凝，从而使污泥固体与水分分离而排除附着在表面的水分，也可以采用热干化和焚烧等热力方法去除。

（4）内部水。内部水是污泥颗粒内部或者微生物细胞膜中的水分，包括无机污泥中金属化合物所带的结晶水等，约占污泥中总水分的 3%。由于内部水与微生物紧密结合，因此去除较困难，一般用机械方法不能脱除，但可采用生物技术使微生物细胞进行生化分解，或采用热干化和焚烧等热力方法对细胞膜造成破坏而使其破裂，从而使污泥内部水扩散出来后再加以去除。

2.2 污泥浓缩技术

2.2.1 污泥浓缩技术概述

污泥浓缩是污泥处理的第一阶段，污泥浓缩的主要目的是缩小污泥体积，减小污泥后续处理构筑物的规模和处理设备的容量。为了有效判断污泥浓缩的效果，可采用污泥体积和浓度的关系表达：

$$V=\frac{S}{RP} \tag{2-1}$$

式中 V——污泥体积，m^3；

S——固体物质量，kg；

R——污泥密度，kg/m^2，随污泥中含固率的提高而增大，但在浓缩过程中，因为含固率变化很小，可以近似视为不变；

P——含固率。

污水处理过程中产生的污泥含水率很高，一般情况下，初沉污泥含水率为95%～97%，剩余污泥含水率为99.2%～99.6%，初沉污泥与剩余污泥混合后的含水率为99%～99.4%，体积非常大。污泥经浓缩处理后含水率将降为97%～98%，体积大大减小。如将含水率为99.5%的污泥浓缩至含水率98%，体积就是原来的1/4，大大减小了后续污泥处理构筑物的规模，减少了污泥处理设备的数量。

污泥浓缩的去除对象是游离水。污泥浓缩技术主要有重力浓缩、气浮浓缩、离心浓缩、带式浓缩机浓缩和转鼓机械浓缩等，这5种主要浓缩技术的优缺点见表2-1。

表2-1 不同污泥浓缩方法的优缺点

浓缩方法	优 点	缺 点
重力浓缩	储存污泥能力强，操作要求不高，运行费用低，动力消耗小	占地面积大，污泥易发酵，产生臭气；对于某些污泥工作不稳定，浓缩效果不理想
气浮浓缩	浓缩效果较理想，出泥含水率较低，不受季节影响，运行效果稳定；所需池容仅为重力法的1/10左右，占地面积较小；臭气问题小；能去除油脂和砂砾	运行费用低于离心浓缩，但高于重力浓缩；操作要求高，储存污泥能力弱，占地面积比离心浓缩大
离心浓缩	只需少量土地就可取得较高的处理能力；几乎不存在臭气问题	要求采用专用的离心机，电耗大；对操作人员要求较高
带式浓缩机浓缩	空间要求省；工艺性能的控制能力强；相对低的资本投资；相对低的电力消耗；添加很少聚合物便可获得高固体收集率，可以提供高的浓缩固体浓度	会产生现场清洁问题；处理效果依赖于添加的聚合物；操作水平要求较高；存在潜在的臭气问题；存在潜在的腐蚀问题
转鼓机械浓缩	空间要求省；相对低的资本投资；相对低的电力消耗；容易获得高的固体浓度	操作水平要求较高；依赖于添加聚合物

2.2.2 污泥浓缩原理

污泥浓缩的去除对象是游离水，污泥浓缩方法主要有重力浓缩、气浮浓缩和机械浓

2.2 污泥浓缩技术

缩等。

2.2.2.1 重力浓缩

重力浓缩是污泥在重力场的作用下自然沉降的分离方式，是一个物理过程，不需要外加能量，是一种最节能的污泥浓缩方法。重力浓缩沉降可以分为 4 种形态：自由沉降、干涉沉降、区域沉降和压缩沉降。

(1) 自由沉降。当悬浮物含量不高时，在沉降过程中，颗粒之间互不碰撞，呈单颗粒状态，各自独立地完成沉降过程，沉降的颗粒与上清液之间不形成清晰的界面，但可以见到澄清区域。不过如果所含胶体颗粒不失稳，还是得不到澄清的上清液。颗粒的沉降速度不受固体颗粒含量的影响，取决于颗粒的大小和密度。

(2) 干涉沉降。当悬浮物浓度增大到 50～500mg/L 时，在沉降过程中，颗粒与颗粒之间可能会互相碰撞产生絮凝作用，使颗粒的粒径与质量逐渐增大，沉降速度不断加快。如果将这种悬浮液搅拌后静止放置，短时间内就会出现由沉降速度最快的颗粒形成的颗粒层，该层的上方颗粒浓度很低，残留的颗粒发生自由沉降，颗粒层中的颗粒以相同的速度沉降，一般没有清晰的界面。

(3) 区域沉降。当悬浮物浓度大于 500mg/L 时，在沉降过程中，相邻的颗粒之间互相妨碍、干扰，沉速大的颗粒也无法超越沉速小的颗粒，各自相对位置保持不变，并在聚合力的作用下，颗粒群结合成一个整体向下沉降，与澄清水之间形成清晰的液-固界面，沉降显示为界面下沉。区域沉降的状态可以用沉降界面高度-沉降时间曲线来描述。初期沉降曲线是直线，称为等速沉降。之后，界面沉降速度逐渐减小，并接近最终沉降高度，这个时期称为减速沉降期。区域沉降各时期固体浓度不同，沉降速度也不一样，随着固体浓度的增大，沉降速度减慢。

(4) 压缩沉降。颗粒之间互相支撑，上层颗粒在重力作用下，挤出下层颗粒的间隙水，使污泥得到浓缩。压缩沉降过程中界面的沉降速度与通常的沉降速度不同，它还受到堆积颗粒层高度的影响，因此变得十分缓慢。

2.2.2.2 气浮浓缩

气浮浓缩是通过某种方法产生大量的微气泡，使其与废水中密度接近于水的固体或液体污染物微粒黏附，形成密度小于水的气浮体，在浮力的作用下，上浮至水面形成浮渣，进行固-液或液-液分离的一种技术。气浮法用于从废水中去除相对密度小于 1 的悬浮物、油类和脂肪，并用于污泥的浓缩。

在一定温度下，空气在水中的溶解度与空气受到的压力成正比，服从亨利定律。当压力恢复到常压后，所溶空气即变成微细气泡从液体中释放出来。大量微细气泡附着在污泥颗粒的周围，使颗粒相对密度减小而被强制上浮，达到浓缩的目的。因此，气浮的关键在于产生微气泡，并使其稳定地附着在污泥絮体上面产生上浮作用。气体对固体颗粒的附着力大小与固体颗粒物的形态、粒径、表面性质有关，也与气泡的大小有关。固体颗粒和气泡的直径越小，附着的气泡越多，越稳定。气泡也容易附着在疏水性固体颗粒的表面。活性污泥虽然是亲水性的，但由于能形成絮体，污泥颗粒在絮凝过程中能捕集气泡，絮体的捕集作用和吸附作用足以使污泥颗粒表面附着大量气泡，从而使絮体的密度减小达到气浮的目的。

2.2.2.3 机械浓缩

机械浓缩是采用各种形式的污泥浓缩机,在机械作用或重力作用下使泥水分离,提高污泥含固率的方法。目前,污泥浓缩机主要包括离心式、带式、转鼓式等几种。

离心浓缩指利用污泥中的固体和液体密度及惯性不同,在离心力场所受到的离心力不同而实现泥水分离的方法。含水污泥做高速旋转时,由于悬浮固体和水所受的离心力不同,质量大的悬浮固体被抛向外侧,质量小的水被推向内侧,这样悬浮固体和水从各自出口排出,从而使污泥中的水分得到部分脱除。由于离心力远远大于重力或浮力,因此分离速度快,浓缩效果好。

带式浓缩的主要工作原理是将经过混凝的污泥在浓缩段均匀分布到滤带上,在重力作用下泥层中的游离水被分离并通过滤布空隙迅速排走,而污泥固体颗粒则被截留在滤布上。带式机械浓缩机通常具有很强的可调节性,其进泥量、滤布走速等均可进行有效的调节以达到预期的浓缩效果,主要用于污泥浓缩脱水一体化设备的浓缩段,经浓缩处理后的污泥再进入后面的压滤段。

转鼓机械浓缩的原理是将经过化学混凝的污泥进行螺旋推进脱水和挤压脱水,使污泥含水率降低的一种简便高效的机械设备,主要用于浓缩脱水一体化设备的浓缩段。

2.2.3 重力浓缩

重力浓缩是应用最多的污泥浓缩方法。用于重力浓缩的构筑物称为重力浓缩池,在重力浓缩池中有4个基本区域:①澄清区,为固体浓度极低的上层清液;②阻滞沉降区,在该区悬浮颗粒以恒速向下运动,一层沉降固体开始从区域底部形成;③过渡区,其特征是固体沉降速率减小;④压缩区,在该区由于污泥颗粒的集结,下一层的污泥支承着上一层的污泥,上一层的污泥压缩下一层的污泥,污泥中空隙水被排挤出来,固体浓度不断提高,直至达到所要求的底流浓度并从底部排出。

根据运行方式不同,重力浓缩池可分为连续式重力浓缩池和间歇式重力浓缩池两种,前者常用于大、中型污水处理厂,后者常用于小型污水处理厂,分别如图2-2和图2-3所示。

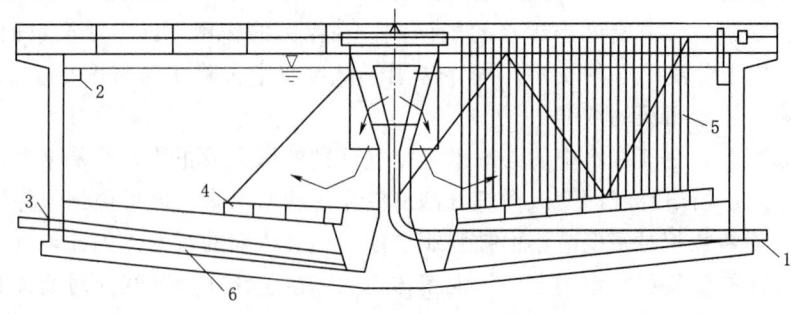

图2-2 连续式重力浓缩池(圆柱形)
1—中心进泥管;2—上清液溢流堰;3—底泥排除管;
4—刮泥机;5—搅动棚;6—钢筋混凝土池体

《室外排水设计标准》(GB 50014—2021)规定,浓缩城镇污水的活性污泥时,重力式

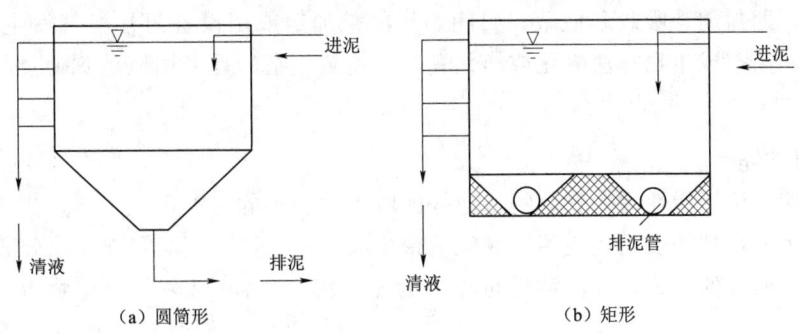

图 2-3 间歇式重力浓缩池

污泥浓缩池的设计应符合下列要求：污泥固体负荷宜采用 30~60kg/(m²·d)；浓缩时间不宜小于 12h；由生物反应后二次沉淀池进入污泥浓缩池的污泥含水率为 99.2%~99.6%时，浓缩后污泥含水率可为 97%~98%；有效水深宜为 4m；采用栅条浓缩机时，其外缘线速度一般宜为 1~2m/min，池底坡向泥斗的坡度不宜小于 0.05；污泥浓缩池一般宜有去除浮渣的装置；当采用生物除磷工艺进行污水处理时，不应单独采用重力浓缩。间歇式污泥浓缩池应设置可排出不同深度的污泥水的设施。

美国 WEF 和 ASCE 的设计手册规定，重力式污泥浓缩池一般设计成圆形，有效水深 3~4m，直径在 21~24m，浓缩池的底坡通常设计为 2:12~3:12，比沉淀池要大一些，加大的底坡加深了浓缩池中心的污泥层厚度，从而能取得最少的污泥停留时间，同时易于刮泥机的操作。

固体通量是重力式污泥浓缩池的主要控制因素，浓缩池的体积依据固体通量进行计算。浓缩池的设计参数一般通过污泥静沉试验取得，在无试验数据时，也可根据污泥的种类取用表 2-2 中的数据。

表 2-2　　　　　污泥浓缩池浓缩活性污泥时的水力停留时间和固体负荷

污水处理厂名称	水力停留时间/h	固体负荷/[kg/(m²·d)]
苏州工业园区污水处理厂	36.5	45.3
常州市城北污水处理厂	14~18	40
徐州市污水处理厂	26.6	38.9
唐山南堡开发区污水处理厂	12.7	26.5
湖州市市北污水处理厂	33.9	33.5
西宁市污水处理一期工程	24	46
富阳区污水处理厂	16~17	38

重力浓缩一般需要 12~24h 的水力停留时间，浓缩池体积大，污泥容易腐败发臭，在较长时间的厌氧条件下，特别是同时还存在营养盐时，经除磷富集的多聚磷酸盐会从积磷菌体内分解释放到污泥水中，这部分水与浓缩污泥分离后将回流到污水处理流程中重复处理，增加了污水处理除磷的负荷与能耗。

重力式污泥浓缩池一般均会散发臭气，有必要考虑防臭和除臭措施。臭气控制可以从三方面着手,即封闭、吸收和掩蔽。封闭,指的是加盖或用设备封住臭气发生源;吸收,指的是用化学药剂或生物方法氧化或净化臭气;掩蔽,指的是采用掩蔽剂使臭气暂时不向外扩散。

2.2.4 气浮浓缩

气浮浓缩适用于活性污泥和生物滤池等颗粒密度较小的污泥,该工艺产生大量的微小气泡附着在污泥颗粒的表面,使污泥颗粒的密度减小而上浮,从而实现泥水分离。

根据气泡形成的方式,气浮浓缩可以分为压力溶气气浮(DAF)、生物溶气气浮、真空气浮、化学气浮、电解气浮等。在污泥处理工艺中,DAF工艺已广泛应用于剩余活性污泥浓缩中。DAF技术具有较好的固液分离效果,在不投加调理剂的情况下污泥的含固率可以达到3%以上;投加调理剂时,污泥的含固率可以达到4%以上。目前采用较多的DAF工艺为出水部分回流加压溶气的流程,其工艺流程如图2-4所示。

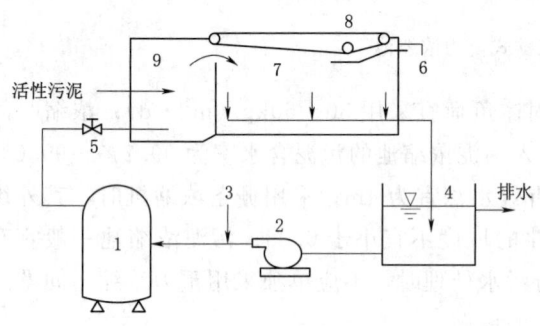

图 2-4 出水部分回流加压溶气的气浮浓缩流程示意图
1—溶气罐;2—加压泵;3—压缩空气;4—出流;
5—减压阀;6—浮渣排除;7—气浮浓缩池;
8—刮渣机械;9—进水室

进水室的作用是使减压后的溶气水大量释放出微细气泡,并迅速附着在污泥颗粒上。气浮浓缩池的作用是为污泥颗粒上浮浓缩提供时间和空间,在该池表面形成的浓缩污泥层由刮泥机刮出池外。不能上浮的颗粒沉至池底,随设在池底的清液排水管一起排出。部分清液回流加压,并在溶气罐中压入压缩空气,使空气大量溶解在水中。减压阀的作用是使加压容器水减压至常压,使之进入进水室能释放微细气泡,起气浮作用。

我国自20世纪80年代开始对DAF浓缩城市污水处理厂剩余污泥进行研究。在上海东区污水处理厂和彭浦新村污水处理厂的浓缩试验研究表明,沉降、压缩性能及活性较好的污泥其气浮浓缩性能也较好,固体负荷是影响浮泥浓度的主要因素。成都三瓦窑污水处理厂采用DAF技术浓缩二沉池剩余污泥,其设计进泥含水率为99.4%,出泥含水率为96%,溶气压力为0.5MPa,气固比为0.015,负荷为50kg/(m²·d),水力负荷为1.1m³/(m²·h)。

压力溶气气浮浓缩需要的水力停留时间较短,一般为30~120min,而且是好氧环境,避免了厌氧发酵和放磷的问题,因此具有占地面积小、卫生条件好、浓缩效率高、浓缩过程中充氧可以避免富磷污泥磷的释放等优点,污泥水中的含固率和磷的含量都比重力浓缩低。但该工艺设备多,维护管理复杂,运行费用比重力浓缩高,适合于人口密度高、土地稀缺的地区。

2.2.5 机械浓缩

机械浓缩所需要的时间更短,如离心浓缩仅需几分钟,大大减少了污泥的释磷量。浓缩后的污泥固体浓度比较高，可靠性、有效性较好。但是机械浓缩动力消耗大，设备价格高，维护管理工作量大。以 40 万 m^2/d 规模的污水处理厂为例，重力浓缩系统投资约 400 万元，而机械浓缩系统投资为 720 万元，机械浓缩的动力配置为 $25.9kW/(100m^3 \cdot h)$。目前污泥浓缩机主要包括离心式、带式、转鼓式等几种。

2.2.5.1 离心浓缩

离心浓缩的动力是离心力，离心力是重力的 500～3000 倍。离心浓缩工艺最早始于 20 世纪 20 年代初，当时采用的是原始的筐式离心机，后经过盘嘴式等几代更换，现在普遍采用的是卧螺式离心浓缩机（图 2-5）。卧螺式离心浓缩机的原理和形式与离心脱水机基本相同，区别在于其用于浓缩活性污泥时一般不需加入调理剂，只有当需要浓缩含固率大于 6% 的污泥时，才加入少量调理剂，而离心脱水机要求必须加入调理剂。

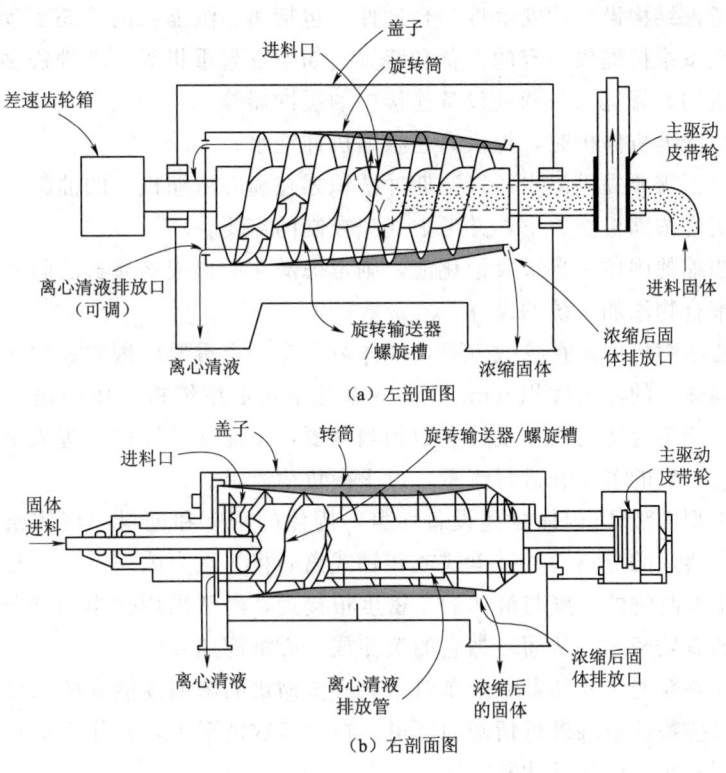

图 2-5 卧螺式离心浓缩机结构示意图

离心浓缩机的一个比较理想的特点是它的浓缩固体浓度和固体回收量可以控制，可以通过调节一些变量来达到所要求的值。这些变量包括进料流量、转筒和输送器的速度差值、化学药剂的品种和使用量等，因此适用于不同性质的污泥，不同规模的污水处理厂均可使用，并且占地少，不会产生恶臭，对于富磷污泥可以避免磷的释放，提高污泥处理系统的除磷效果，但运行费用和机械维修费用较高，经济性差。

对于某一特定的固体进料物质而言，加入聚合物后允许增加离心机的水力负荷，同时又能保持固体回收和浓缩固体的工艺性能。加入聚合物可以把固体回收效率提高至 90%，甚至高于 95% 的水平。

当不同的进料固体成分的特性有相当大的变化时，离心浓缩机可能会起分级器的作用。如果能在离心浓缩过程中，把固体回收率保持在85%以上（最好是90%以上），则能使这种分级副作用降低至最低限度。这里的"分级"指在对带离心清液的丝状微生物的选择性再循环的过程中，正常微生物与腐败微生物的典型的分离。这种分离对工艺过程有害。在高污泥体积指数期间，建议通过添加聚合物把固体回收率保持在95%以上。

离心浓缩机设计要点由于机型的不同存相当大的差别，设计时需考虑的问题包括：

（1）如果污水的格栅过滤或除砂不充分的话，则应当在离心浓缩机进料前设置粉碎机，以避免堵塞问题。

（2）使用带流量控制器的可调式进料泵，并尽量保持污泥性质的相对一致性，因此，储泥池内通常设置搅拌机，使污泥性质尽量保持一致性。

（3）适当考虑结构设计的安全性和合理性，包括离心浓缩机的静态和动态载荷、隔离振动，需要为设备维护提供一定的设备和装置，如架空起重机等。在地震多发地区，还需考虑振动隔离机构、管道及与辅助设备连接中的缓冲器等。

（4）当离心浓缩机停机时，提供离心浓缩机冲洗水。

（5）考虑是否需要提供温水，以定期冲洗积累在离心浓缩机上的油脂。

（6）保证离心浓缩机能放空，并考虑气味控制的需要。

（7）如果浓缩的固体来自厌氧消化池，则考虑潜在的形成鸟粪石的问题。

（8）注意聚合物添加系统的设计。

在确定离心浓缩机的运行参数方面，固体浓度是一个重要的因素。它既决定着浓缩后固体（湿泥饼固体）的输出体积（m^3/d），又决定着离心浓缩机具体的输入负荷（kg DS/d）。这些参数对确定合适的机器设计参数相当重要，也能帮助操作管理人员调整设备和工艺参数，例如输送器的差速和进料流量，以平衡负荷需求。

对于所有类型的液体-固体分离设备而言，固体的密度和进料中液体所占的比例是特别重要的，不管所用的分离设备是盘式或转轴式离心机、重力浓缩器，还是DAF浓缩器，通常活性污泥中絮凝物的密度与液体的总密度很接近，经常采化学药剂调理的方法来增加絮凝聚合体的有效密度，从而增加它的沉淀或离心沉淀速度。

进料中固体颗粒的尺寸和颗粒分布对于离心浓缩机的浓缩性能和脱水性能都有着重要的影响，但是这些特性很难进行精确的测量。在大多数情况下，操作人员只是简单地测量固体的浓度，而不是固体的尺寸和密度。

2.2.5.2 带式浓缩机浓缩

重力带式机械浓缩机（gravity belt thickener，GBT）主要用于污泥浓缩脱水一体化设备的浓缩段，由框架、进料装置、滤带承托、进料混合器、动态泥耙、滤带、冲洗和纠偏装置等组成。其主要工作原理是：经过混凝的污泥在浓缩段均匀分布到滤带上，依靠重力作用分离掉其中大量游离水分，污泥得到浓缩，流动性变差后，再进入后面的压滤段。

污泥浓缩脱水一体化设备的浓缩过程是关键控制环节，因此水力负荷显得极为重要。一般设备厂家会根据具体的泥质情况提供水力负荷或固体负荷的建议值。应当注意的是，不同厂商设备之间的水力负荷会相差很大，质量一般的设备只有20～30m^3/(m带宽·h)，但好的设备可以达到50～60m^3/(m带宽·h)，甚至更高。污泥浓缩脱水一体化设备，适用于进泥含水率99.5%以下的污泥,进泥含水率高于99.5%的污泥不宜直接进入,一般需要通过其他浓缩方法浓缩。

带式浓缩机一般与带式压滤机联合使用,按两者的安装关系,可分为分体机、组合机和一体机。带式浓缩脱水一体机如图2-6所示,其最为明显的特征是具有三张滤布,一张为浓缩段所有,且有单独的驱动和调速装置,以适应较大的水力负荷;另两张为脱水段所有,也有单独的驱动和调整装置,以接受污泥的固体负荷。浓缩段与压滤段共用一个机架和基础,共用一套进料、出料、清洗、压缩空气系统,但具有各自的张紧、调偏和调速装置。带式浓缩脱水一体机技术参数见表2-3。

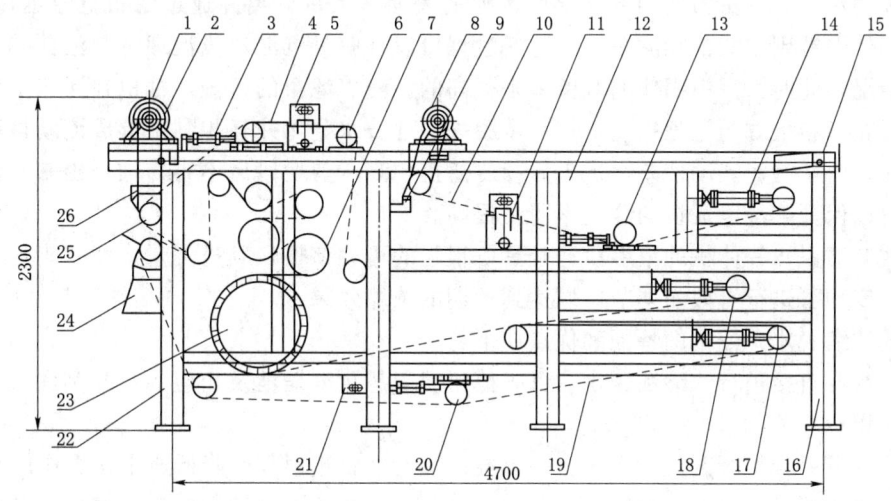

图2-6 带式浓缩脱水一体机的结构示意图

1—主电机;2—传动链条;3—上网调偏装置;4—上网带;5—上网清洗装置;6—导向辊;7—回旋辊;8—预浓缩电机;9—预浓缩刮刀;10—预浓缩网带;11—预浓缩清洗装置;12—预浓缩接水槽;13—预浓缩调偏装置;14—预浓缩张紧装置;15—进料器;16—机架;17—下网张紧装置;18—上网张紧装置;19—下网;20—下网调偏装置;21—下网清洗装置;22—挡泥板;23—T形辊;24—卸泥滑板;25—上下网主动辊;26—卸料刮刀

表2-3 带式浓缩脱水一体机技术参数

型　号		DNY-1000	DNY-1500	DNY-2000	DNY-2500	DNY-3000
滤带宽度/mm		1000	1500	2000	2500	3000
污泥处理量/(m³/h)		12~15	17~22	23~28	34~40	45~55
滤饼含水率/%		≤80	≤80	≤80	≤80	≤80
污泥回收率/%		≥95	≥95	≥95	≥95	≥95
滤带张力/(kN/m)		2~5	2~5	2~5	2~5	2~5
压榨滤带线速度/(m/min)		1.5~8	1.5~8	1.5~8	1.5~8	1.5~8
浓缩滤带线速度/(m/min)		3~10	3~10	3~10	3~10	3~10
冲洗水耗量/m³	回用水	<11	<16	<21	<26	<30
	净水	<4.8	<6.9	<9	<11.7	<15.1

续表

型号		DNY-1000	DNY-1500	DNY-2000	DNY-2500	DNY-3000
冲洗水压力/MPa	回用水	≥0.5	≥0.5	≥0.5	≥0.5	≥0.5
	净水	≥0.5	≥0.5	≥0.5	≥0.5	≥0.5
压榨带电机功率/kW		1.5	1.5	2.2	3	3
浓缩电机功率/kW		0.75	0.75	0.75	0.75	0.75

带式浓缩脱水一体机的浓缩过程如下：污泥进入浓缩段时被均匀摊铺在滤布上，好似一层薄薄的泥层，在重力作用下泥层中污泥的表面水大量分离并通过滤布空隙迅速排走，而污泥固体颗粒则被截留在滤布上。这一过程可以理解为沉淀池浅池理论中池深趋于零时的极限情况，此时污泥中固体的截留率是很高的。随着滤布的行进，截留在滤布上的固体颗粒被设在滤布上方的泥耙扰动，进一步脱去一部分水分，并互相黏结形成流动性较差的浆状污泥。由于污泥流动性差，进入后续压滤机的高压剪切段后不容易被挤出来，因此脱水效果得以保证，最终泥饼的含固率明显提高。

带式浓缩脱水一体机的浓缩段通常具备很强的可调节性，其进泥量、滤布走速、泥耙夹角和高度均可进行有效的调节，以达到预期的浓缩效果。

带式浓缩脱水一体机的特征和优点如下：

（1）污泥直接进行浓缩和脱水，可省掉污泥静态预浓缩池及相应的搅拌刮泥设备，节约占地面积。

（2）仅需一套絮凝剂投加系统、一个控制盘、一台进料泵，降低成本，操作便利。

（3）除磷效果好。由于缩短了污泥浓缩时间，避免了污泥浓缩时磷的释放，从而达到了很好的污水除磷效果。

（4）脱水后污泥含固率高，厌氧消化污泥达25%～28%（干重），好氧稳定污泥达20%～25%（干重），供水厂污泥达30%～40%（干重）。

（5）结构紧凑，牢固的框架、高强度轴承的挤压辊、气动滤带张力和运行控制，可同步驱动整个带宽并防止折叠。

（6）水耗量最小，预脱水产生的清澈滤液可循环用作滤带清洗喷洗水，以及用于絮凝剂调配和上道工序药剂的调配。

2.2.5.3 转鼓机械浓缩

转鼓（转筛）机械浓缩机（rotary drum thickener，RDT；或 rotary sieve thickener，RST）及类似的装置主要用于浓缩脱水一体化设备的浓缩段，使污泥含水率降低的一种简便高效的机械设备。北京小红门污水处理厂污泥处理采用了转鼓式浓缩机进行剩余污泥浓缩，并采用带式压滤机对浓缩后的污泥进行脱水。转鼓式污泥浓缩脱水一体机如图2-7所示，经过絮凝处理后的污泥通过低速旋转的转鼓进行固液分离，污

图2-7 转鼓式污泥浓缩脱水一体机

泥中的游离水透过滤网流入集水箱中，滤网截留下来的污泥得到浓缩，并在转鼓内螺旋导板的作用下，从出口处流入脱水机，经脱水段脱水后形成滤饼，经刮刀排出机外。

转鼓式污泥浓缩脱水一体机性能特点如下：

（1）采用转鼓筛网浓缩系统，可适应低含固率污泥处理，省去污泥浓缩池，大大减少占地面积，节省投资费用。

（2）滤布驱动机采用变频调速，可控制污泥处理量和含水量。

（3）侧板密封结构，采用水切割一次成型，可确保机台耐腐蚀、无侧漏。

（4）进口滤布，SUS316接口，使用寿命长。

（5）PLC智能控制自动清洗系统，用水更省。

（6）超长挤压段设计，脱水效果好，泥饼含固率高，能耗低，仅为离心脱水机的1/10。

2.3 污泥脱水技术

2.3.1 污泥脱水技术概述

污泥经浓缩之后，其含水率仍在95%以上，呈流动状，体积很大。浓缩污泥经消化之后，如果排放上清液，其含水率与消化前基本相当或略有降低；如不排放上清液，则含水率会升高。总之，污泥经浓缩或消化之后，仍为液态，难以处置消纳，因此需要进行污泥脱水。

污泥脱水分为自然干化脱水和机械脱水两大类。

污泥自然干化脱水是将污泥摊置到由一定级配砂石铺垫的干化场上，通过蒸发、渗透和清液溢流等方式实现脱水。污泥的自然干化脱水是一种古老、简便、经济的污泥脱水方法，但维护管理工作量很大，且产生一定的恶臭，卫生环境较差，适用于气候比较干燥、土地使用不紧张以及环境卫生条件允许的地区。

污泥机械脱水的原理基本相同，都是以过滤介质两面的压力差作为推动力，使污泥中水分通过过滤介质，形成滤液；而固体颗粒被截留在过滤介质上，形成滤饼，从而达到脱水的目的。目前，污泥机械脱水常用的设备形式有带式压滤机、离心脱水机、板框压滤机和螺旋压榨式脱水机，四种脱水机械的性能比较见表2-4。

表2-4　　　　　　　　　四种脱水机械性能比较

序号	比较项目	带式压滤机	离心脱水机	板框压滤机	螺旋压榨式脱水机
1	脱水设备部分配置	进泥泵、带式压滤机、滤带清洗系统（包括泵）、卸料系统、控制系统	进泥螺杆泵、离心脱水机、卸料系统、控制系统	进泥泵、板框压滤机、冲洗水泵、空压系统、卸料系统、控制系统	进泥泵、螺旋压榨式脱水机、冲洗水泵、空压系统、卸料系统、控制系统
2	进泥含固率要求/%	3~5	2~3	1.5~3	0.8~5
3	脱水污泥含固率/%	20	25	30	25
4	运行状态	可连续运行	可连续运行	间歇式运行	可连续运行

续表

序号	比较项目	带式压滤机	离心脱水机	板框压滤机	螺旋压榨式脱水机
5	操作环境	开放式	封闭式	开放式	封闭式
6	脱水设备布置占地	大	紧凑	大	紧凑
7	冲洗水量	大	小	大	很小
8	实际设备运行需换磨损件	滤布	基本无	滤布	基本无
9	噪声	小	较大	较大	基本无
10	机械脱水设备部分设备费用	低	较贵	贵	较贵
11	能耗/(kW·h/tDS)	5～20	30～60	15～40	3～15

2.3.2 污泥机械脱水原理

浓缩和脱水是两个不同的概念，浓缩主要用于分离污泥中的游离水和部分间隙水，脱水用于分离污泥中的间隙水和毛细水。污泥脱水主要靠机械方法，主要方式有压滤脱水、离心脱水和真空脱水。根据统计数据，中国正在运营的城市污水处理厂和在建城市污水处理厂中，带式压滤是主要的污泥脱水方式，离心脱水次之，真空脱水较少。

1. 压滤脱水

压滤脱水利用压力泵，将泥浆压入相邻两滤板形成的密闭滤室中，使滤布两边形成压力差，从而实现固液分离。污泥压滤机大多用在造纸、淀粉、酒精、维C等行业的工业污泥脱水中。

2. 离心脱水

离心式污泥脱水机利用固液两相的密度差，使污泥中的固体物在离心力作用下向离心机转筒周壁聚集，并经固定在中轴上的螺旋叶片推出筒外收集。离心脱水机容易操作，运行费用省，但分离液中仍有较高含量的悬浮物，后续处理困难。离心脱水机分为立式和卧式两种，国内行业主要使用卧式离心机中的螺旋沉降离心机。

3. 真空脱水

滚筒外张滤布，筒内抽真空，部分水分透过滤布排出，污泥被截留在滤布上后随滚筒转动脱落，收集处理。脱水后的污泥含水率约为80%。真空脱水机械形式较多，有转鼓式、盘式和带式。水处理行业多用转鼓式，一般用横断面为圆形的滚筒。

2.3.3 带式压滤机

带式压滤机由滚压轴及滤布带组成。污泥先经过压缩段（主要依靠重力过滤），使污泥失去流动性，以免在压榨段滤饼被挤出，浓缩段的停留时间为10～20s，然后进入压榨段，压榨时间为1～5min。滚压的方式有两种：一种是滚压轴上下相对，压榨的时间几乎是瞬时的，但压力大，如图2-8（a）所示；另一种是滚压轴上下错开，如图2-8（b）所示，依靠滚压轴施于滤布的张力压榨污泥，压榨的压力受张力的限制，压力较小，压榨时间较长，但在滚压过程中对污泥有一种剪切力的作用，可促进泥饼的脱水。带式压滤机的优点是动力消耗少，可以连续生产；缺点是必须正确选择高分子絮凝剂调理污泥，而且得到的脱水泥饼的含水率较高。

带式压滤机的设计元素主要包括生产能力、加药调整系统、储存设施、进泥泵、水冲洗装置、进泥管、切割机、平面布置及脱水泥饼的运输等。必须考虑进泥的特性，以及脱水后泥饼的处置与回用要求。

1. 生产能力

生产能力是确定带式压滤机脱水设施尺寸大小的首要考虑参数。通常认为由于进泥浓度的不同，其生产能力受到水力负荷和污泥负荷的限制。对大多数市政污水处理而言，污泥负荷是限制因素。

带式压滤机的流量限制因素是由于沉淀池或浓缩池及相关泵的回收容量等因素造成的。尽管速率很高，但仍能达到满意的处理效果。一般单位滤带宽度的进泥速率是 $10.8 \sim 14.4 \text{m}^3/(\text{m} \cdot \text{h})$。

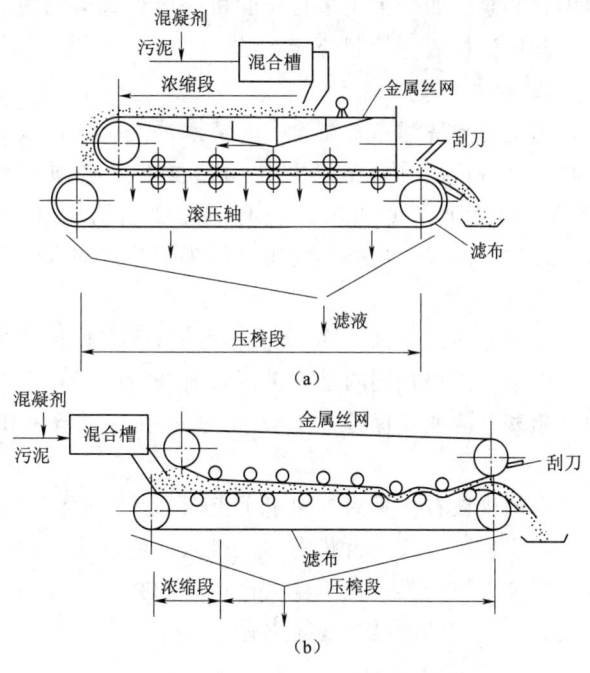

图2-8 两种带式压滤机示意图

2. 加药调理系统

典型的加药调理系统由药品计量泵、储药罐、混合设备、混合池和控制设备等组成。对于小一些的设备，可以直接将药剂投加于滚筒内，不再需要混合调节池以及进料泵。在上流式进水管和混合装置中，应设有多个旋塞或线轴。药剂类型、注射点、溶解时间和混合力的大小都是影响脱水耗费成本的变量。

计量泵是可调节式的，驱动装置应提供可变输出功率，通过控速或定位器来进行人工或自动调整，对于大的设备，药剂储存装置的大小应考虑批量投加。

混合设备可根据所选固态或液态高分子聚合物类型、黏度以及污泥特性而定。高分子聚合物在喷入之前被稀释到0.25%～0.5%（质量比）。另外，在连接混合池出水口处能够进一步稀释聚合物溶液（质量比可降到0.1%），并且把高分子聚合物彻底地分散到污泥中去。

3. 储存设施

选择储存设施时需要考虑的因素包括污泥类型、污泥浓度范围、产生污泥的工艺单元等。污泥浓度波动较小时，带式压滤机运行较好。如不能保持污泥浓度的恒定，就有可能出现问题。从有混合作用的储存容器或浓缩池底部吸取污泥，并伴有连续的打碎装置，对保持污泥浓度的恒定是很有利的。

4. 进泥泵

进泥泵是常开、流量可调的泵，通常是螺杆泵，把污泥打入带式压滤机。离心泵有可能破坏形成的絮状物，并且如果采用变口混合器，很难保持恒定的进泥速率，因此一般不使用离心泵。如果采用多台压滤机，应将管道和阀门相互连接以保证进泥可靠。进泥控制一般与压滤机的主控制台相互结合。

5. 水冲洗装置

为充分清洗滤布，需设一套清水冲洗装置，尤其是对二沉池的活性污泥和浮渣进行脱水时，这些污泥和浮渣会很快阻塞滤布，必须进行冲洗。冲洗水量占进泥量的50%～100%，压力通常为700kPa，有时需要用调压泵。滤布冲洗水可以是自来水、二沉池出水，过滤后的水也可循环使用，但采用清洁的水效果较好。

6. 进泥管

与其他污泥处理一样，进泥管的材料多种多样，压力、流速以及阻塞都应考虑。与其他污泥处理方法相同的是，进泥管管壁应平滑，可以采用玻璃软管或钢管，以避免污泥沉积和阻塞。流速应保持在1m/s以上，在管子弯头和"T"形接头处应保持清洁与平滑。

7. 切割机

切割机被看作是污泥泵和管道系统的一个组成部分，用来减小进入压滤机的污泥尺寸，并阻止拉长或锯齿状的污泥进入，使价格昂贵的滤布免遭损坏。即使在污水处理厂安装有其他的切割机，在压滤机进泥泵的吸入口处仍应安装切割机。虽然切割机自身维护要求较高，但它们能延长滤布寿命。

8. 平面布置

设计中应考虑的因素如下：

（1）不应将仪表板安装在压滤机框架上，因为冲洗时可能会溅水。控制面板应靠近压滤机，最好放在能观察到重力挤出区的地方。

（2）为防止周围地面被溅湿，压滤机四周边缘应设置凸起的边以防喷溅。

（3）为便于清洁，应在压滤机四周设大的斜坡和排水沟，另外一边需要大量的水龙带及龙带钩。

（4）压滤机应架起来，以便操作者能对所有的轴承加以润滑。

（5）压滤机之间应有足够大的空间，以方便拆卸单个滚轴。

（6）应提供操作平台或走道板，以使操作者能观察到压滤机的重力区。走道板的结构大小应满足从中取出滚轴和轴承的需要。

（7）上部设置吊起装置、起重机或者便携式提升装置，其大小应能提升压滤机的最大滚轴。

（8）有可能产生地震的地方，压滤机、溶药罐、储药池以及管道系统都应有防震锚固。

9. 脱水泥饼的运输

在选择从带式压滤机排泥处移走泥饼的设备时，应考虑压滤机的特殊结构、安装布置及提升装置的不同。泥饼运输系统一般包括带式传送机、螺旋输送机及泥泵。

2.3.4 离心脱水机

离心脱水机种类很多，适用于城镇污泥脱水的一般是卧式螺旋离心脱水机，其结构示意图如图2-9所示。随着污泥浓缩脱水一体化技术的发展，离心脱水机常作为离心式浓缩脱水一体机的主体。离心脱水机的优点是结构紧凑，附属设备少，臭味少，能长期自动

2.3 污泥脱水技术

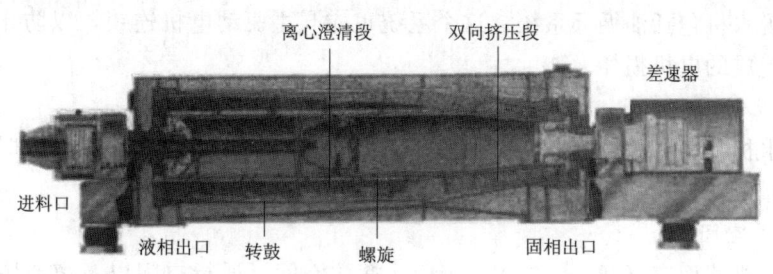

图 2-9 卧式螺旋离心脱水机结构示意图

连续运行；缺点是噪声大，脱水后污泥含水率较高，污泥中若含有砂砾，则易磨损设备。

离心脱水机的设计应考虑进料速率、泥饼排放、离心液、控制系统、气味控制等因素。

1. 进料速率

水力负荷和污泥负荷都是表征进料速率的参数，都是重要的控制变量。离心脱水机的水力负荷影响澄清能力，而污泥负荷则影响传送能力。增加水力负荷，离心液的澄清度降低，化学药剂的消耗也会增加。污泥负荷改变时，应相应改变差速度。一般情况下，想要得到的泥饼浓度最大，就必须使差速度达到最小。

2. 泥饼排放

应考虑泥饼排放及传送系统的要求。从离心脱水机中运出泥饼通常采用带式传送机、螺旋输送机以及泵输送的方式。传送机可以运送大量的泥饼，但是，这同样意味着管理起来复杂琐碎，以及需要特殊的空间。

3. 离心液

输送离心液的管道尺寸必须很准确，并且有一定倾斜以防止离心液回流，应避免使用 90°弯管。若管径不够大，离心液就会回到离心脱水机中去。对于厌氧消化污泥，会在离心液管路中形成鸟粪石，因此，设计中应考虑投加氯化铁的可能，氯化铁能与磷结合，从而避免鸟粪石的生成。

由于高分子聚合物会产生气泡或泡沫，有时就需要泡沫喷射池。通常，污水处理厂出水可通过喷射来消除泡沫。

4. 控制系统

电气控制设备以及连锁装置是整个系统的重要一环。在进泥控制开始工作之前，离心脱水机驱动电机应能全速运转。如果离心脱水机中出现错误动作，控制回路就会停止离心脱水机的工作，同时关闭进泥口。超载延迟开关和回路中的电流计只能启动实心斗离心脱水机。定时器将动作从启动回路传到运行回路。

驱动电机中应包括热保护装置，并且与启动装置连在一起，如果电机变得太热或超负荷，就应马上关掉离心脱水机。离心脱水机上应设有超载转矩装置，并应与主驱动开关控制和进泥系统开关控制互为连锁。反向驱动系统也应连锁。若使用特殊的反向驱动，应从离心脱水机生产商那里得到有关建议。通常当离心脱水机负荷增大时，为排走更多污泥，反向驱动速度就应增加。离心脱水机关掉之前，电机荷载达到高值时，进泥应该停止，并使机器能够自清。

若离心脱水机包括油循环系统，这个系统也应与主驱动电机连锁，以防止由于油量小或油压低所造成的电机损坏。

5．气味控制

离心脱水机是密封的，因此与其他脱水系统相比有气味小的优势。设计时应考虑离心脱水机的通风形式，尤其在使用传送机时，避免传送机将气味传入。

6．需要的空间

对一台大机器而言（760～2600L/min），摆放空间、通行空间以及离心脱水机本身所需要的空间加起来约40m^2，这比同容量的其他类型机械脱水设备所需空间要小。此外，以下方面也需要空间：①高分子聚合物调制及投料设备和管道；②冲洗水泵；③油润滑系统的水冷泵；④切割污泥泵、进泥泵和管道；⑤起重机和吊起设备；⑥脱水污泥的传送和控制，磨碎进泥的要求，控制离心机物质平衡的电子手段，通风道和气味控制系统，以及泥管的清洗等；⑦有些设备的上部和端部应留有维修空间。

7．预处理

设计应考虑设置粉碎装置，以使颗粒尺寸减小到6～13mm。直径为760～1800mm的离心脱水机，一般都能毫无困难地处理大颗粒物质。

2.3.5 板框压滤机

板框压滤机又可分为人工板框压滤机和自动板框压滤机两种。人工板框压滤机，需将板框一块一块地人工卸下，剥离泥饼并清洗滤布后，再逐块装上；因此劳动强度大，效率低。自动板框压滤机，上述过程都是自动进行的，因此效率较高，劳动强度低。自动板框压滤机有垂直式与水平式两种，如图2-10所示。

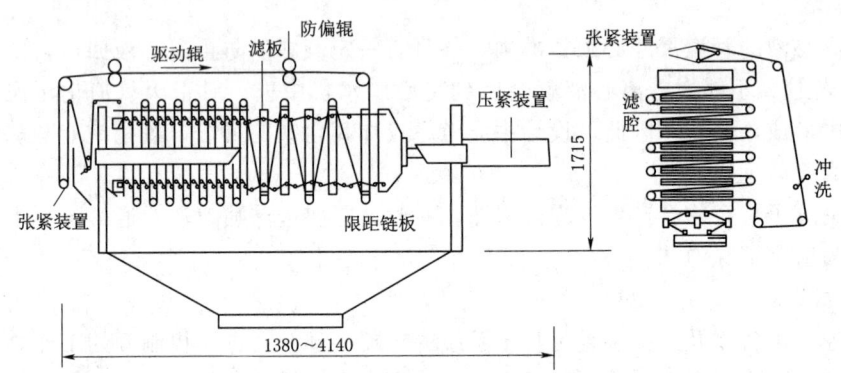

图2-10 水平式自动板框压滤机结构示意图

板框压滤机的工作原理是：板与框相间排列而成，在滤板的两侧覆有滤布，用压紧装置把板与框压紧，从而在板与框之间构成压滤室。污泥进入压滤室后，在压力作用下，滤液通过滤布排出压滤机，使污泥完成脱水。板框压滤机的优点是构造较简单，过滤推动力大，脱水效果好，一般用于城市污水处理厂混合污泥时泥饼含水率较低的情况；缺点是不能连续运行，脱水泥饼产率低。

板框压滤机设计应考虑的主要因素包括备用能力、平面布置、防腐处理、污泥调节系统、预膜系统、进料系统、冲洗系统、滤饼处理系统等。

2.3 污泥脱水技术

1. 备用能力

一个重要但常被忽视的问题是泥饼处理的备用问题,很多设施为污泥调节、进料、压滤提供了充足的备用,但未考虑泥饼输送出现故障时的备用。

2. 平面布置

压滤机房的尺寸不仅取决于压滤机本身的尺寸,还取决于压滤机周围供泥饼外运、板框移动、日常维护所需的空间。一般来讲,压滤机两端至少需要1~2m的清扫空间,压滤机之间需要2~2.5m的空间,高度上应能满足使用桥式吊车吊运板框的需要,有些系统会在压滤机一边装设滑轨,这样可以使滤布的移动和更换更加容易。对于多单元系统,滤布的移动及更换是维护工作的主要内容,应给予更多考虑。

尽管大型板框压滤机的使用寿命超过20年,仍然应该考虑压滤机在建筑物内的安装和移动问题;在脱水机房设计时,还应考虑增加设备的可能性;此外,还要考虑诸如固定端、移动端、板框支撑杆等配件拆卸检修时所需空间;应配备能提升最重配件所需的桥式吊车以供检修时使用,桥式吊车还可用来移动替换板框。

压滤机一侧需有一个平台,供泥饼排除及检修时用,如果压滤机不会提升至压滤机所在平台以上高度,那么压滤机自身的平台就是一个很好的选择。该平台应具有足够的尺寸以供滤布及其他配件的储存。

此外,还应为外运泥饼所需的运输工作及其情况考虑足够的空间,高度上至少应为4m;还应满足卡车进出所需的空间。

3. 防腐处理

由于压滤机需要经常冲洗,所以压滤机周围应采用防腐材料,一般采用陶瓷地面及墙面来防止腐蚀及便于冲洗。然而,更易腐蚀的是污泥及化学药剂储存设备,因而这些设备及管路系统应采取防腐措施。

污泥调节化学剂所需设备是极易腐蚀的,石灰水易在管道内形成$CaCO_3$污垢,因此应采用快速接头的软管输送石灰水,且输送管道应尽量缩短。

由于$FeCl_3$调节污泥时pH值为3~5,具有腐蚀性,因此与这些物质接触的设备及管道应考虑防腐,PVC管材可较好地满足要求。还应特别注意调节池进口,这些地方往往没有保护措施而易受腐蚀。调节池本身由于石灰水产生的$CaCO_3$会形成一层保护膜而不需要另外的防腐处理。

冲洗用乙酸同$FeCl_3$一样具有腐蚀性,石灰水虽然不具有腐蚀性,但对管道及设备也有很大的破坏性。

4. 污泥调节系统

大部分压滤机采用石灰水或$FeCl_3$对污泥进行调节,所需装置包括石灰熟化器、石灰水输送泵、$FeCl_3$设备和调节池等。当采用高分子聚合物时,污泥调节系统相对简单,因为高分子聚合物的添加是连续的而不是序批的。高分子聚合物的添加应与进泥相匹配,因此需要相应的计量控制仪表。

5. 预膜系统

预膜系统可促进泥饼脱落,保护滤布不被堵塞。常用的预膜方法有两种:干法预膜和湿法预膜。干法预膜适用于连续运行的大型系统中。

预膜材料可以是飞灰、炉灰、硅藻土、石灰、煤、炭灰等。在每个压滤周期前，将上述物质薄薄地附在滤布表面，所需上述物质的量为 0.2~0.5kg/m²，设计时取 0.4kg/m²，预膜泵设计预膜时间为 3~5min。

6. 进料系统

进料系统应能在不同的流量和运动下将调节后的污泥送入压滤机。进料方法有两种，每个系统均须具有这两种功能。

第一种较为典型，通过设计使进料系统在 5~15min 内将系统压力提高至 70~140kPa，以完成初始进料过程，并且使滤饼形成的不均匀性降到最低。这可以通过单独的快速泵来完成，或者使用两台泵向一个压滤机中进料。初始进料完成后，泥饼形成，压滤阻力增加，这就要求进料具有更高的压力。在此阶段，进料系统需要在持续升高的压力下保持一个相对稳定的、高的进料速率，直至达到系统最大设计压力。当系统压力达到设计值后，进料速率下降以维持稳定的系统压力。

第二种方法尽管慢一些，但可以达到同样的结果。进料泵开始以低流速运行（通常小于进料泵能力的一半），当压力达到操作压力一半时，进料泵满负荷运行，此时由系统压力控制，类似第一种方法。这种方法使用粗滤布，以防止第一种方法在初始高流量时产生的滤布堵塞问题。

设计者应选择上述工作最好的一种方法。

7. 冲洗系统

过滤介质冲洗决定压滤机工作状况的好坏，冲洗用于去除下列物质：正常滤饼排放时的残留物、进入板框间未经脱水的原始污泥、滤布中残留的固体物质及乳状物和滤布背面排水沟表面积累的污泥。

这些物质的去除对于防止滤布堵塞、保持滤布与滤液间的压力平衡有重要意义，如果有负压产生，则工作压力对压滤过程的影响会相应地下降。

板框压滤机的冲洗方法有水洗和酸洗两种。通常两种冲洗设备均安装。水洗常用来冲洗滤布中的固体残余物；酸洗间歇性地用来冲洗水洗无法去除的物质。最常用的水洗方法为便携式冲洗设备，该设备由储水箱、高压冲洗泵及冲洗管组成。高压水流由操作者控制，压力为 13.8MPa。除了劳动强度较大外，该方法还可以用来冲洗较大的板框。酸洗系统可对滤布进行现场冲洗，当板框挤在一起时，盐酸稀溶液泵入板框间进行冲洗。酸洗可以在板框间循环或积于板框间，对滤布进行冲洗。该系统由酸洗储池、酸泵、稀释设施、稀酸储存池、冲洗泵、阀门及管道等部分组成。

压滤机制造商还开发了一种自动水洗设备。该系统由板框移动装置及位于上部的冲洗装置组成，高压水泵将水加压，可对整个滤布表面进行冲洗。尽管该设施价格较贵，却可以对滤布进行完全、高效、经常的冲洗，且劳动强度不大。

8. 滤饼处理系统

该系统一般取决于污泥最终处置方法。当用卡车外运时，最简单的方法是将滤饼直接卸入卡车中。

当采用焚烧处置时，一种方法是在压滤机底部留有空间，储存泥饼并将其计量后输送至焚烧炉；另一种方法是在压滤机及焚烧炉之间设置泥饼储存设施。

2.3 污泥脱水技术

9. 取暖与通风

取暖很大程度上取决于压滤机现场条件。脱水机房应有防止冰冻措施，有人活动的空间应有就地加热装置，控制室应满足办公环境要求。当采用橡胶衬钢滤板时，压滤机及板框的存放场所必须保持在4℃以上，以防止由于热力收缩对板框的橡胶膜造成危害。

压滤机房的通风对提升操作者的舒适度、减少气味、防止臭气有重要意义。气味主要来自污泥调节池。特别是当污泥调节采用石灰水和$FeCl_3$时，一旦调节池及压滤机的pH值上升，会产生相当数量的NH_3。当泥饼排出系统是开放系统时，会产生臭气。应封闭调节池及压滤机周围并应有通风设施。

新型压滤机配有可拆卸的罩子用来收集臭气。另外，当排水沟为封闭系统时应有排气系统。

10. 安全

压滤机首要的安全问题在于，当操作者在板框间协助排泥时，应防止板框不适当的移动等操作。大多数压滤机中常用的安全设施为电子光带，该光带由一组垂直安装的光电（或红外线）电池来监测压滤机的一侧。在压滤机运行时，如果操作者干扰了光电池之间的光线，系统会停止运行直到干扰消失。另外，压滤机一侧还有手动装置供操作者手动对压滤机进行控制。

压滤机系统其他部分如进料泵、料池、高压管道及阀门、药剂池等机械及电子部件也应注意安全问题。

11. 板框脱水工艺设计

图2-11是布置有2套处理能力为6.5tDS/d的水厂污泥板框压滤机的脱水机房的平面布置图和剖面图。

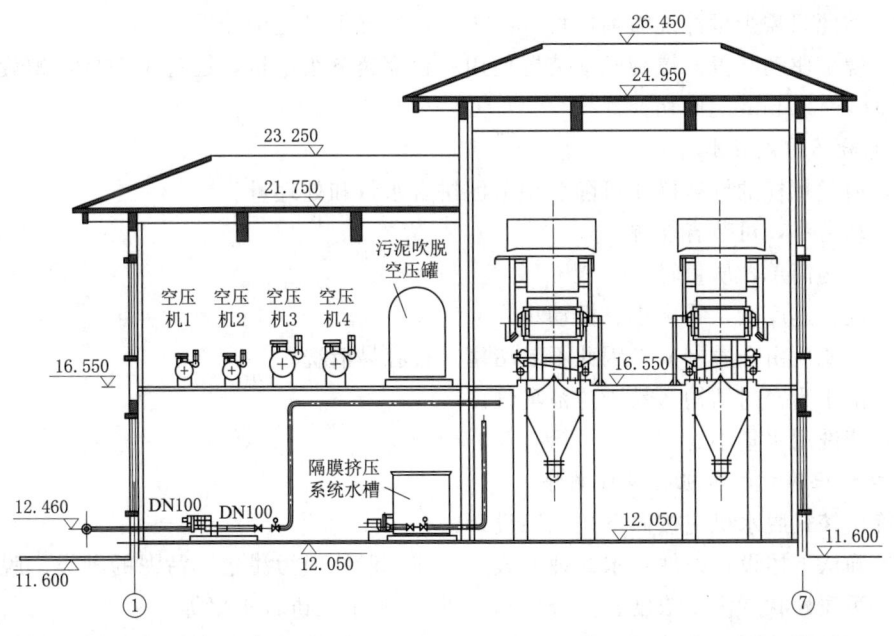

图2-11 2套处理能力为6.5tDS/d的板框压滤脱水机房布置图

2.3.6 螺旋压榨式脱水机

螺旋压榨式脱水机由滤筒外套及螺旋轴组成,螺旋转动时完成污泥的过滤、脱水工作,具有低转速、低功耗的特点,其结构如图2-12所示。螺旋压榨式脱水机的工作原理是:圆锥状螺旋轴与圆筒形的外筒共同形成了滤室,污泥利用螺旋轴上螺旋齿轮从入泥侧向排泥侧传送,在容积逐渐变小的滤室内,污泥受到的压力会逐渐上升,从而完成压榨脱水。螺旋压榨式脱水机的优点是设备占地小、噪声小、电耗少,缺点是目前工程应用还较少,设备较贵。

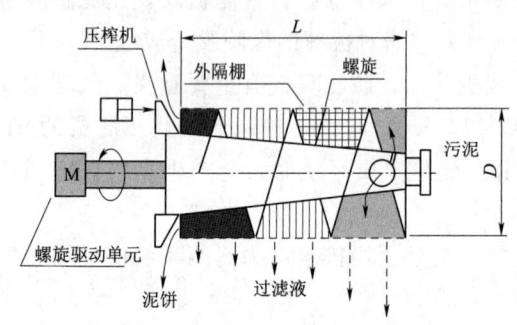

图2-12 螺旋压榨式脱水机结构示意图

1. 螺旋压榨式脱水机的基本结构

螺旋压榨式脱水机主要由以下部分组成:

(1) 筒屏外套。筒屏外套由筒屏(耐高压金属)和外壳(用于支撑筒屏)组成。筒屏的圆孔尺寸从入口到出口由小变大。

(2) 螺旋轴及螺旋叶片。螺旋叶片附在螺旋轴周围,其直径大小从入口到出口逐渐增大。叶片推动污泥,使污泥在筒屏与螺旋间压榨过滤。

(3) 压榨机。压榨机是一个可移动的挤压板,由气缸控制,可根据泥饼情况通过控制空气压力自动调节压榨机周围的空间,运行平稳。

(4) 清洗装置。清洗装置为一排含喷嘴的冲洗管,用于冲洗筒屏外套。由于筒屏外套可旋转,因此只需少量冲洗喷嘴即可。在无负荷情况下可完全冲洗。

(5) 螺旋驱动装置。螺旋驱动装置使用一台变速分级电机,通过手动杆,螺旋旋转速度可在0.5~2r/min之间切换。

2. 螺旋压榨式脱水特点

(1) 通过螺杆的旋转操作可随意调节泥饼含水量和处理量。

(2) 动力小,可节省能源。

(3) 结构简单,质量轻。

(4) 旋转速度低,噪声小、振动小。

(5) 过滤面由金属制成,因此不易堵塞,且容易清洗。

(6) 由于为密封结构,易于防范臭气。

(7) 清洗用水量小。

3. 螺旋压榨式脱水机的设计顺序

螺旋压榨式脱水机应按照下述顺序设计:

(1) 确认下述设计条件:水处理方式、设施计划处理污泥量、污泥的种类、脱水机运转条件、污泥性状(污泥浓度、VTS、粗纤维)、脱水泥饼含水率等。

(2) 研讨安装脱水机的适当数量。考虑到流入水量几年的变化和处理厂全部的阶段性设施计划,并考虑检验、整备以及发生故障时的需要,需要准备两台以上。另外,考虑零

2.3 污泥脱水技术

件的互换性和处理的便捷性,最好选择同容量机型。如果需要考虑初期对应,可以研究初期对应专用机的设置。

关于脱水机的预备机,由于螺旋压榨式脱水机结构简单,并不需要长时间的维修和整备检验工作。平日白天运转时,对发生的问题,以运转时间的延长对应,不设预备机。24小时运转时,考虑处理厂整体的滞留等因素后,研讨预备机的设置。

(3) 选定脱水机的容量。选定脱水机的容量时,按下述顺序实施:根据设施计划处理污泥量、脱水机运转条件以及脱水机设置数量,计算每台脱水机需要的处理量;根据设计对象的水处理方式、污泥的种类、污泥性状以及适应泥饼含水率的脱水性能表,选定具有所需处理量以上处理能力的脱水机。

(4) 计算辅机容量。根据选定的脱水机的处理能力,确定对应的辅机的容量。

4. 螺旋压榨式脱水设备构成

螺旋压榨式脱水设备由螺旋压榨式脱水机、污泥供给设备、加药设备、泥饼搬运/储存设备、压缩空气供给设备和清洗水设备等构成。

凝聚装置用于对污泥注入高分子凝聚剂,是螺旋压榨式脱水机的附属设备。

污泥供给设备是向螺旋压榨式脱水机供给污泥的设备,由污泥储存槽和污泥供给泵构成。加药设备,由接受药品仓斗、供给机、药品溶解槽和药品供给泵构成。

泥饼搬运/储存设备由泥饼传送带、泥饼搬运泵和泥饼储存仓斗构成。

压缩空气供给设备由空气压滤机和除湿机构成,如果加药设备使用压缩空气时,空气压滤机和除湿机共同使用也可以。

清洗水设备是向螺旋压榨式脱水机供给清洗水的,由清洗水泵构成。

5. 螺旋压榨式脱水机的性能

(1) 污泥调质方式。螺旋压榨式脱水机的污泥调质方式是以高分子调理剂作为基础。

(2) 脱水性能。螺旋压榨式脱水机的脱水性能以单位外屏直径每 1h 处理的固体物量 (kgDS/h) 和泥饼含水率 (%) 来表示。

(3) 泥饼含水率。螺旋压榨式脱水机通过操作螺旋回转数能够很容易地调整泥饼含水率。

(4) 加药率。螺旋压榨式脱水机的加药率与离心脱水机和带式压力脱水机等高分子系脱水机相近。

(5) 固体物回收率。螺旋压榨式脱水机对混合生污泥和厌氧消化污泥的固体物回收率是以 95% 作为标准的,而氧化沟工艺浓缩剩余污泥的固体物回收率是以 90% 作为标准的。

6. 螺旋压榨式脱水机的运转操作

(1) 控制运转系统。螺旋压榨式脱水机的自动运转控制是以压入压力固定控制和加药比率控制的配合作为标准的。

(2) 絮凝不良检出控制。螺旋压榨式脱水机的絮凝不良通过泥饼出口的压滤机位置来检出。螺旋压榨式脱水机具有使脱水运转正常停止的自动运转控制功能。

2.4 污泥浓缩脱水技术发展趋势

2.4.1 污泥浓缩脱水技术研究进展

作为污泥预处理阶段基础的城镇污泥浓缩工艺,尤其是传统重力浓缩工艺,是目前我国污水处理厂采用率最高的污泥处理工艺。然而,随着污水处理工艺的更新换代,一方面,以单一去除 COD 为目的的污水处理工艺已经逐渐被以脱氮除磷为目的的生物盐去除工艺所取代,产生的剩余污泥中氮磷含量显著增加;另一方面,膜生物反应器等新工艺产生的剩余污泥性质与传统的剩余污泥性质差异巨大。因此,传统重力浓缩工艺浓缩生物污泥效果差、氮磷释放严重等缺陷被进一步放大,已经不能满足新形势的要求,这必将促进城镇污泥浓缩工艺的进一步发展。

(1) 机械浓缩将逐步取代重力浓缩。在新建或改建的污水处理厂,剩余污泥将主要采用机械浓缩,只有初沉污泥才会采用重力浓缩,或者初沉污泥和剩余污泥混合后全部由机械浓缩处理。如何进一步提高浓缩效率、降低运行成本,是机械浓缩的重要发展方向。

(2) 污泥处理组合工艺大量涌现。包括浓缩脱水组合工艺和浓缩消化组合工艺在内的一体化工艺将会受到青睐。这些组合工艺具有占地面积小、处理效率高、自动化程度高、适应性强等优点。

(3) 浓缩副产物的控制。污泥浓缩工艺产生上清液和臭气等副产物。上清液虽然产生的量不大,但是含有的污染物浓度高,对其单独进行处理或者进行氮磷的回收将是以后的研究方向。

目前,西欧国家平均有 69.3% 的污泥经过脱水处理,而进行机械脱水处理的污泥达 51.4%,其中离心脱水机占 21.7%,带式压滤机占 15.8%,其他脱水机械占 13.9%。

污泥脱水的效率与污泥的性质、脱水机械等直接有关,具体选择何种类型的脱水机械,应根据排泥水污泥的沉降性质、污泥粒径分布、现场条件、最终处置类型等,综合考虑技术、经济、环境和运行管理等因素,全面分析判断后作出合理恰当的选择。

带式压滤机和板框压滤机能获得含水率低的滤饼,因此具有较为广泛的应用;而真空过滤机的使用数量正在下降;卧螺式沉降离心机具有能自动连续操作、对污泥流量的波动适应性强、密闭性能好、单位占地面积处理量大等优点,其应用也在逐步增加。

随着工艺和设备的进步,污泥浓缩脱水技术现在正向着浓缩脱水一体化的方向发展。污泥浓缩脱水一体化技术将污泥浓缩和脱水技术有机结合,以实现污泥减容的连续运行,具有工艺流程简单、工艺适应性强、自动化程度高、运行连续、控制操作简单和过程可调节性强等一系列优点,正受到越来越多的设计单位和用户特别是中小污水处理厂用户的关注。

2.4.2 污泥浓缩脱水新技术

2.4.2.1 污泥膜分离技术

膜分离技术近年来发展迅速,随着膜使用范围的推广和技术研究的深入,膜分离在污水、污泥处理中的应用也日趋成熟。利用超滤、微滤膜对城市污水处理厂的剩余污泥进行固液分离，提高污泥的含固率，以利于后续的消化和其他处理处置方式，其思路与应用于污水处理的膜生物反应器有异曲同工之妙。

将膜分离技术应用于污泥的处理，可以达到既浓缩污泥又减小污泥体积的双重目标。将膜的物理分离和污泥浓缩或消化处理结合起来，利用膜分离克服常规污泥消化中上清液污染物浓度高、回流影响主体生物处理的缺点，又利用低氧消化的曝气对膜组件进行冲刷，解决了膜自清洗问题，优势互补。

目前关于膜分离技术在水污染治理中的研究热点集中在膜污染的机理与防治方面，Le-Clech 等的研究表明：①仅仅在小孔径或者低 MLSS 水平下，可观察到膜孔径对于临界通量 J_c 存在影响；②MLSS 对 J_c 的影响是曝气影响的 2 倍左右，对一系列压力相关临界参数、次临界参数的计算表明，较大的膜孔径能够降低短期膜污染，但是也伴随着内部膜污染。Lim 等的研究成果表明，活性污泥微滤中膜孔堵塞和泥饼形成在膜污染机制中占主导，膜孔堵塞在微滤操作的初期阶段占优势，它导致了渗透通量随时间的急剧降低；颗粒尺寸和尺寸分布在膜孔污染中占主要作用，小颗粒导致的膜污染比大颗粒严重；膨胀污泥导致的污染比颗粒污泥严重；经过初期的膜孔污染机制后，在微滤操作的后期阶段，泥饼形成的污染占据了主要部分，这导致了随时间衰减的更低的渗透通量。Hwang 等则认为对于软胶体，在死端过滤（全量过滤）运行条件下，阻力层的形成分为三个阶段：过滤开始阶段，胶体颗粒在膜表面的沉积与重排导致了整个过滤阻力的增加，在此期间，阻力层的平均空隙率与平均比过滤阻力变化很小；在第二阶段，由于阻力层的压缩和可被观察到的胶体颗粒的变形，过滤阻力激增，空隙率降低，在这个阶段，紧贴膜表面形成了压实的表皮层，它的厚度只有整个阻力层的 10%～20%，但它的阻力却占到了整个过滤阻力的 90%；在第三阶段，由于新形成的层比较疏松，所以这个阶段，阻力层的平均空隙率是逐渐增加的。

在膜清洗方面，Lim 等在活性污泥混合液中，通过中空纤维膜的实验证明，在微滤膜的活性污泥混合液分离中主要的膜污染类型是初始的膜孔污染，其次是泥饼污染；周期性的超声作用能够有效地清除膜表面的泥饼污染，因此能够极大地恢复膜通量；但是超声作用并不能有效地恢复其他机制造成的膜污染，比如孔污染，因此超声作用的效果随着清洗周期的延续而降低。净水反冲、超声作用和酸碱化学清洗的联合作用几乎能够取得膜通量的完全恢复。

在膜分离过程的理论研究方面，Dianne 等认为流体方程与溶质性质可变性的双重影响的复杂性限制了对压力驱动膜过程中流动和浓差极化模型的精确性，于是他们整合了这些影响因素来描述流动过程，发展了一种计算流体动力模型（CFD），结果证明其相对于文献中的经典溶解质更有效，延伸的工作表明过分的简化黏度与扩散性和浓度的相关性表达容易导致速率与浓度的失真。

2.4.2.2 电渗析技术

污泥是由亲水性胶体和天然颗粒凝聚体组成的非均相体系，具有胶体性质，机械方法只能把表面吸附水和毛细水除去，很难将结合水和间隙水除去。电渗透脱水时利用外加直流电场增强物料脱水性能的方法，可脱除毛细管水，因此电渗析脱水方法逐渐得到应用。

带电颗粒在电场中运动，或由带电颗粒运动产生电场统称为动电现象。在电场作用下，带电颗粒在分散介质中做定向运动，即液相不动而颗粒运动称为电泳。在电场作用下，带电颗粒固定，分散介质做定向移动称为电渗透。污泥中细菌的主要成分是蛋白质，而蛋白质是由两性分子氨基酸组成的。在环境 pH 值小于氨基酸等电点时，氨基酸发生电离，使细菌带正电荷；当 pH 值大于等电点时，氨基酸发生电离，但使细菌带负电荷。细菌的等电点为 pH=3.0，因此，污泥通常在接近中性的条件下带负电荷，其电压通常在 $-10\sim20V$ 之间。根据能量最低原则，颗粒表面上的电荷不会聚集，而势必分布在颗粒的整个表面上。但颗粒和介质作为一个整体是电中性的，故颗粒周围的介质必有与其表面电荷数量相等而符号相反的离子存在，从而构成所谓的双电子层。在电场作用下，带电的颗粒向某一电极运动，而符号相反的离子带着液体介质一起向另一电极运动，发生电渗透而脱水。由于水的流动方向和污泥絮体流动方向相反，水分可不经过泥饼的空隙通道而与污泥分离，因此不受污泥压密引起的通道堵塞或阻力增大的影响，脱水效率高。

电渗透脱水具有以下优势：

(1) 脱水控制范围广。电渗透脱水可以在很宽的范围内改变电流强度和电压，调整脱水泥饼的含水率。

(2) 脱水泥饼性能好。电渗透脱水泥饼含水率低，可达到 50%~60%，对污泥焚烧或堆肥化处理有利。电渗透脱水过程中污泥温度上升，污泥中一部分微生物被杀灭，泥饼安全卫生。

(3) 便于对现有装置进行改造。电渗透装置具有独立性，可在现有的污泥脱水装置上单独增设，改善原有的脱水装置性能，降低脱水泥饼的含水率。

2.5 工 程 实 例

2.5.1 上海市石洞口污水处理厂污泥机械浓缩及脱水处理工程

2.5.1.1 应用工程简介

上海市石洞口污水处理厂设计处理规模为 40 万 m^3/d，目前实际处理量为 32 万～33 万 m^3/d，服务面积 $150km^2$，服务人口 70 万人，处理对象为城市污水（其中含有大量化工、制药、印染废水为主的工业废水），污水处理采用一体化活性污泥法脱氮除磷工艺，实际排泥量为 33～36tDS/d。

2.5.1.2 应用工程的处理流程

污泥处理工艺采用机械浓缩及机械脱水处理、脱水污泥料仓储存及干化、焚烧处置工艺，实现污泥处置的资源化及减量化。

污泥的浓缩及脱水效果的优劣是决定整个石洞口污泥处理处置过程的重要环节。污泥的浓缩及脱水采用螺压式污泥浓缩机，污泥脱水采用板框压滤机、滤带式压滤脱水机和离心脱水机。工艺流程如图 2-13 所示。

考虑到污泥干化焚烧处置系统对脱水泥饼含水率要求较高，因此新增了离心脱水机系统。应根据实际运行情况，对离心脱水机的工艺参数进行调试，以保证整个系统的正常运转。

2.5 工程实例

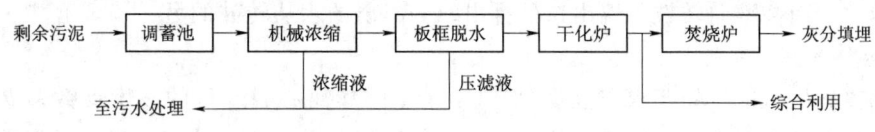

图 2-13 污泥脱水工艺流程

2.5.2 桂林市北冲污水处理厂污泥离心脱水处理工程

2.5.2.1 工程简介

桂林市北冲污水处理厂采用 A^2/O 活性污泥法处理工艺对污水进行处理，设计处理量为 3 万 m^3/d。自 2005 年 4 月投产试运行以来，随着当地市政管网的不断完善，该厂的污水处理规模也在逐年上升，同时污泥的处理量亦随之增加。数据显示，2009 年桂林市北冲污水处理厂的实际平均污水处理量已达 2.5 万 t/d，干泥处理量则约为 3t/d。

离心脱水机能得到高干度的脱水泥饼，污水处理所产生的剩余污泥含水率约为 98%，经过脱水处理，当含水率降至 80% 左右时，进行外运处置。污泥处理过程能耗及药耗低、臭气不外逸、污水不外流、污泥不落地，自动化程度高，便于连续运行，也能解决噪声和磨损问题等，实现了污水处理工艺所产生剩余污泥的及时处理与污泥处理系统的正常运行。

2.5.2.2 应用工程的处理流程

1. 机组构成及工艺流程

脱水机组中设置的 2 台 ALDEC408 型卧螺离心脱水机，是机组的核心部分，由高速旋转的转鼓、与转鼓转向相同但转速略低的内置螺旋输送器、进料管、排渣口、排液口、驱动装置、润滑装置、差转速控制器等部件组成，主要作用是把固体从液体中分离出来。ALDEC408 型卧螺离心脱水机采用单电机驱动主转鼓产生转动，通过电磁涡流差转速器产生转速差，能耗低，便于管理控制。此外，机组还配备有 TOMAL 型全自动絮凝剂制备投加装置、污泥破碎切割机、单螺杆污泥输送泵、加药泵、流量计和全自动控制系统等。

ALDEC408 型卧螺离心脱水机工作流程如图 2-14 所示。

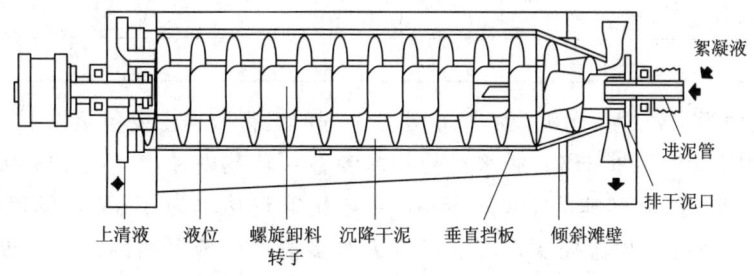

图 2-14 ALDEC408 型卧螺离心脱水机工作流程

脱水机组的工艺流程为：泥泵及加药泵将含水率较高的污泥和高分子絮凝剂通过进料管泵入离心机圆锥体转鼓腔后，高速旋转的转鼓产生强大的离心力，污泥颗粒和水由于密度不同而受到不同大小的离心力，污泥被甩贴在转鼓内壁上，形成固环层，而密度较小的水受到的离心力也小，在固环层内侧形成液环层。沉积在转鼓内壁的污泥由于螺旋和转鼓存在转速差,而被推向转鼓小端出口处排出,分离出的水从转鼓的另一端排出。

2. 运行数据及分析

根据离心机对进泥的要求以及 ALDEC408 型卧螺离心脱水机的技术参数,立足于桂林市北冲污水处理厂的实际情况,从而确定出该厂污泥离心脱水处理工程的运行数据。离心机进泥要求和 ALDEC408 型卧螺离心脱水机的技术参数分别见表 2-5 和表 2-6。

表 2-5　　　　　　　　　　　　离心机进泥要求

离心机进泥		泥饼含水率/%
进泥量/(m³/h)	进泥含水率/%	
10	98.5	81.3
11	98.5	81.9
10.5	98.5	81.8
12	98.5	82.9
11.5	98.5	82.5
13	98.5	82.8
15	98.5	83.9
14	98.5	83.1

表 2-6　　　　　　ALDEC408 型卧螺离心脱水机的技术参数

频率/Hz	转鼓转速/(r/min)	差转速/(r/min)	扭矩/(kN·m)	主电机电流/A
34.43	2500	6.0	0.65	29.55
34.44	2500	6.0	0.67	29.96
34.45	2500	6.0	0.70	30.15
34.44	2500	6.0	0.71	32.88
34.46	2500	6.0	0.64	29.23
34.43	2500	6.0	0.63	29.09
34.44	2500	6.0	0.71	30.07
34.46	2500	6.0	0.65	29.16

桂林市北冲污水处理厂污泥离心脱水处理工程的运行数据主要包括以下几个方面:

(1) ALDEC408 型卧螺离心脱水机的技术参数:转鼓内径为 353/198mm,总长度为 3572mm,长径比为 5,转速为 3600r/min,主电机额定功率为 37kW,额定电流为 72A,经过技术改造后采用变频器控制,主电机可无级多段速调节,实际运行转鼓转速 2500r/min,差转速范围设定为 0~19r/min,分离因数为 2557,噪声控制在 85dB 以下。

脱水机要求进泥含水率在 98% 左右的条件下,离心脱水机的处理能力为 20m²/h,单机最大日处理量为 480m³/d,生产干泥 0.2/h,最终脱水泥饼的含固率则不小于 20%。

(2) 脱水机的能耗数据。ALDEC408 型卧螺离心脱水机的实际频率为 25Hz,功率约为 26kW,实际电流为 34A,实现每小时节电 11kW。

(3) 絮凝剂的消耗数据。根据污泥性质和设备特点,选择适用的进口高分子聚合物,在离心脱水机的进料口处，污泥和絮凝剂同时进入转鼓腔，每吨干泥耗药量约为4.2kgDS/t。

3. 运行中遇到的问题及其处理方法

（1）机组启动时频繁出现振动预报警而无法开机。针对此问题，分析是否由于转鼓内腔污泥未冲洗干净。如未冲洗干净，则应先进水冲洗后，再进行开机；如转鼓内腔污泥已经冲洗干净，但仍不能开机，则应进行变频低速启动，检查振动开关、减震器，并听主电机皮带罩和主轴承的响声，检查主轴承温度、磨损和润滑情况，检查皮带松紧程度。

（2）机组过载停机。先对控制系统进行复位，重新启动前分析进泥流量、差转速值、扭矩值的情况。发生机组堵塞时，应检查离心机排出口是否有泥堵塞，堵塞严重时必须打开罩壳清理，手动转动转鼓，注水甩掉沉积物。此外，还应对过载原因进行排除。

（3）当污泥性质变化，存在较多密度较小的有机污泥颗粒时，离心脱水机无法将其分离出来，随水排出而造成上清液的浑浊现象。可以通过分析污泥性质及污泥浓度、改变转鼓转速和加药泵流量、调节出水口堰板等手段加以缓解。

（4）絮凝剂溶解液放置时间不宜过长，否则其絮凝性吸附颗粒的功能变差，不宜使小颗粒的粒径增大，进入离心机后使泥水不易分离，分离效果变差。

2.5.3 厦门市城市污泥深度脱水处理和资源化处置利用工程

2.5.3.1 应用工程简介

厦门市污泥深度处理工程投资 1700 万元，处理规模为 350t/d（含水率80%），于 2009 年 6 月投入运行。污泥处理处置价格为 28 元/t，运行成本为 124 元/t。该深度处理工程采用的主要技术包括 $FeCl_3$ 加 CaO 调理浓缩污泥、隔膜压滤、滤液循环利用、深度脱水泥饼土地利用、粉碎和 pH 值调节技术。该工程所采用的深度脱水和资源化利用技术申请了国家发明专利，专利公开号为 CN101691272 A。

2.5.3.2 应用工程的处理流程

厦门市污泥深度处理工程工艺流程如图 2-15 所示。

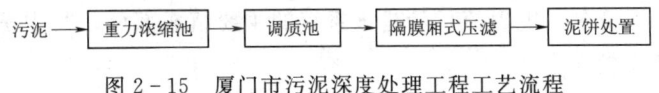

图 2-15 厦门市污泥深度处理工程工艺流程

该工程采用重力浓缩池直接对含水率为98%的二沉池剩余污泥进行处理，而不需要采用聚丙烯酰胺进行预先处理。然后，污泥被潜污泵输送至调质池中，采用电子计量装置定量投加 $FeCl_3$、CaO 对污泥进行调理，破除细胞壁，释放结合水、吸附水和细胞内水，改善污泥的脱水性能。除了调理作用之外，$FeCl_3$、CaO 还能杀菌除臭。调理剂种类单一，便于生产应用与管理。将已经在调质池中均匀搅拌的污泥通过隔膜泵或螺杆泵注入经过改进的高压隔膜厢式压滤机，压滤脱水至含水率小于60%。

污泥深度脱水工艺的减量化效果明显，自然放置 7d 后，含水率可进一步降至45%左右，而且泥饼粪大肠菌群数为 0，污泥实现无害化处理，基本没有臭味，对污水处理厂周边的环境基本不会产生影响，满足与后续污泥处置衔接的要求。当对泥饼采用填埋处置时，基本符合垃圾填埋场的准入条件；焚烧时具有一定的热值；制砖时，砖体满足烧结普通砖的标准；园林绿化利用时，基本能满足园林绿化土的准入条件。

2.5.4 广州市南洲水厂污泥浓缩及脱水处理工程
2.5.4.1 应用工程简介

广州市南洲水厂的原水取自顺德水道西海段，净水供水量为 100 万 m^3/d。该水厂配套设置的排泥水处理工程采用了国产离心脱水设备进行脱水处理，于 2005 年 4 月投入试运行，是目前国内净水厂中采用离心脱水工艺进行污泥脱水的规模最大的应用工程。

2.5.4.2 工艺流程和参数

排泥水处理工艺流程如图 2-16 所示。若再细化，污泥脱水工艺流程可分为进料、投药、脱水、污泥收集和供压力水五部分，如图 2-17 所示。

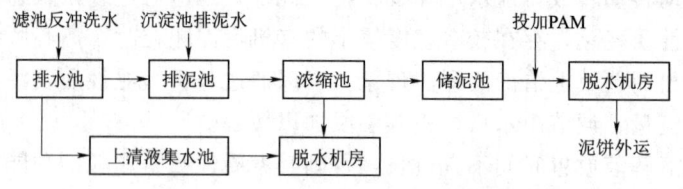

图 2-16 排泥水处理工艺流程

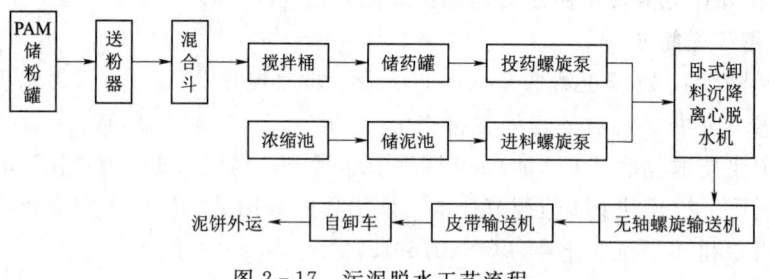

图 2-17 污泥脱水工艺流程

1. 进料系统

带变频装置的螺杆泵与电磁流量计是该系统的主要组成部分，其中螺杆泵可根据污泥浓度自动调速改变流量大小。

2. 投药系统

投药系统主要包括螺旋送粉器、储粉罐、混合斗、搅拌桶、储药罐、负压装置、带变频装置的投药螺杆泵、流量计、混合器等部分。通过螺旋送粉器，储粉罐内的 PAM 粉剂被计量后，送进混合斗与压力水混合，然后通过水射器送入搅拌桶，溶解搅拌成质量分数为 0.3% 的 PAM 溶液并送进储药罐备用。根据絮凝剂投加量的大小，螺杆泵从储药罐抽吸 PAM 溶液送进离心脱水机。为保证药液的良好流动性，在投加管上计量加注压力水，以将药液稀释成浓缩和脱水过程所需要的不同浓度。

3. 脱水系统

脱水系统主要由卧式螺旋卸料沉降离心机与配套的机旁液压站组成。进料螺杆泵用于将分别抽吸的污泥和 PAM 溶液计量送向离心机处运送，两者在离心机进口处混合均匀后，一同进入离心机内，并通过离心脱水机的 24 小时连续运行，以实现泥水分离。待脱水的污泥含固率为3%~5%,若按4%计算,则每天产生的脱水污泥量为2590m³/d,干污泥量为103.6t/d。脱水泥饼含固率为30%~35%,固相平均回收率不小于95%。

4. 污泥收集系统

污泥收集系统包括全密封型无轴螺旋输送器与皮带运输机,其主要工作是收集从离心机固相排口排出的泥饼,再通过螺旋输送器运送至用于水平双向输送物料的皮带运输机,然后通过自卸车实现泥饼的外运。

5. 管道系统

该工程的管道系统用于溶解稀释PAM、清洗进料螺杆泵及为离心机提供压力水,并为离心机的液压站提供冷却水,其选材为镀锌钢管,直径根据用途的不同在15~150mm内取值。

2.5.5 芝加哥市斯蒂克尼污水处理厂污泥离心脱水处理工程

2.5.5.1 应用工程简介

斯蒂克尼污水处理厂位于美国伊利诺伊州西塞罗市,服务范围覆盖了总面积为673km²的芝加哥市区和郊区的43个居住区。该污水处理厂采用传统的活性污泥工艺对污水进行处理,先对污泥进行消化处理后再进行脱水,设计污水处理能力约为560万m³/d,实际处理量约为300万m³/d。每年可产生消化、脱水后的干污泥量约为65000t。

2.5.5.2 应用工程的处理流程

该厂采用的污泥脱水设备是离心机。离心机进泥是初沉污泥和剩余污泥的混合泥,比例约为4:6,含固率约为3%~4.5%。污泥脱水后的平均含固率为32%,泥饼输出量为46.5t/d,污泥回收率97%,离心机运行结果见表2-7。之后再对脱水污泥进行空气干燥,使其含固率达到60%。

表2-7　　　　　　　　干污泥负荷与离心机运行情况

干污泥负荷/(t/d)	转速/(r/min)	含固率/%	回收率/%
26.92	1.66	30.2	94.25
34.94	1.98	30.2	96.38
41.00	2.16	30.3	96.39
51.76	2.88	30.3	97.35
58.14	3.31	30.4	96.60

该污泥脱水工程投资和处理处置费用主要为总投资和运行维护费,包括设备费、设备安装费、土建费、药剂费、运输费、能耗费和人员工资等。总费用估算见表2-8。

表2-8　　　　　　　　总 费 用 估 算 表

费用项目	费用估算	费用项目	费用估算
投资额/(美元/t干泥)	7.01	药剂费用/(美元/t干泥)	20.66
土建费用/(美元/t干泥)	13.09	其他费用/(美元/t干泥)	8.76
操作与维护费用/(美元/t干泥)	57.73	总计/(美元/t干泥)	122.12
运输费用/(美元/t干泥)	14.87		

第 3 章

污泥稳定化技术

【学习目标】

通过本章的学习，了解常见的污泥稳定化技术及特点；熟悉污泥厌氧消化技术、好氧消化技术、好氧堆肥技术及石灰稳定技术的原理及工艺流程；了解污泥厌氧消化技术、好氧消化技术、好氧堆肥技术及石灰稳定技术的工艺控制参数及影响因素；了解比较典型的污泥稳定化技术工程案例。

【学习要求】

知识要点	能力要求	相关知识
污泥稳定化技术概述	了解污泥稳定化技术的主要种类及特点	污泥稳定化技术的主要种类及特点
污泥厌氧消化技术	(1) 熟悉污泥厌氧消化的原理及工艺流程； (2) 熟悉厌氧消化的主要影响因素； (3) 了解厌氧消化气体的收集与处置； (4) 熟悉厌氧消化的优缺点	(1) 污泥厌氧消化的原理及工艺流程； (2) 厌氧消化的主要影响因素； (3) 厌氧消化气体的收集与处置； (4) 厌氧消化的优缺点
污泥好氧消化技术	(1) 熟悉污泥好氧消化原理及工艺流程； (2) 熟悉好氧消化的主要影响因素； (3) 了解好氧消化的工艺设计要点； (4) 熟悉好氧消化的优缺点	(1) 污泥好氧消化原理及工艺流程； (2) 好氧消化的主要影响因素； (3) 好氧消化的工艺设计要点； (4) 好氧消化的优缺点
污泥好氧堆肥技术	(1) 掌握污泥好氧堆肥的原理； (2) 熟悉好氧堆肥的工艺流程及工艺类型； (3) 了解好氧堆肥的工艺控制参数	(1) 污泥好氧堆肥的原理； (2) 好氧堆肥的工艺流程及工艺类型； (3) 好氧堆肥的工艺控制参数
污泥石灰稳定技术	(1) 熟悉石灰稳定的原理； (2) 熟悉石灰稳定的工艺控制参数	(1) 石灰稳定的原理； (2) 石灰稳定的工艺控制参数
典型案例	了解污泥稳定化技术的典型案例	污泥稳定化技术的典型案例

3.1 污泥稳定化技术概述

根据《城镇污水处理厂污染物排放标准》（GB 18918—2002）的规定：城镇污水处理厂的污泥应进行稳定化处理。

污水污泥中有机物的含量通常在50%以上，若不进行稳定化处理，极易腐败并产生恶臭。目前常用的稳定化工艺有好氧消化、厌氧消化、好氧堆肥、干化稳定和碱法稳定等。

好氧消化、厌氧消化和好氧堆肥这三种方式是利用微生物将污泥中的有机组分转化成稳定的最终产物；碱法稳定是通过添加化学药剂来达到污泥稳定化，如投加石灰等，但是通过碱法稳定，污泥pH值会逐渐下降，微生物逐渐恢复活性，最终使污泥再度失去稳定性；干化稳定则是通过高温杀死微生物，低含水率也能使污泥稳定。

针对具体工程实践，选择污泥稳定化工艺时，需要考虑的重要影响因素是后续污泥处置方式。表3-1列出了几种污泥稳定化工艺的衰减效果，表3-2列出了几种污泥稳定化工艺的优缺点，从两个表的比较可以看出，对稳定化要求越高，所需要的投资和运行费用也相对较高。

表3-1　　　　　　　　　　几种污泥稳定化工艺的衰减效果

工　艺	衰减程度		
	病原体	腐败物	臭味强度
厌氧消化	中	良	良
好氧消化	中	良	良
好氧堆肥	中	良	良
石灰稳定	良	中	良
干化稳定	优	良	良

表3-2　　　　　　　　　　几种污泥稳定化工艺比较

工艺	优点	缺点
厌氧消化	良好的有机物降解率（40%～60%）；如果气体被利用，可降低净运行费用；应用性广、生物固体适合农用；病原体活性低；总污泥量减少，净能量消耗低	要求操作人员技术熟练；可能产生泡沫；可能出现"酸性消化池"；系统受扰动后恢复缓慢；上清液中富含COD、BOD和SS及氨；清洁困难（浮渣和粗砂）；可能产生令人厌恶的臭气；初期投资较高；有鸟粪石形成（矿物沉积）和气体爆炸的安全问题
好氧消化	特别是对小厂来说初期投资低；同厌氧消化相比，上清液少；操作控制较简单；活性广；不会产生令人厌恶的臭味；总污泥量有所减少	高能耗；同厌氧消化相比，挥发性固体去除率低；碱度和pH值降低；处理后污泥较难使用机械方法脱水；低温严重影响运行；可能产生泡沫
好氧堆肥	高品质的产品可农用，可销售；可与其他工艺联用；初期投资低（静态堆肥）	要求脱水后的污泥含水率降低；要求填充剂；要求强力透风和人工翻动；投资随处理的完整性、全面性而增加；可能要求大量的土地面积，产生臭气
石灰稳定	低投资成本，易操作，作为临时或应急方法良好	生物污泥不都适合土地利用；整体投资依现场而定，需处置的污泥量增加；处理后污泥不稳定，若pH值下降，会导致臭味
干化稳定	大大减小体积，可与其他工艺联用，可快速启动；保留了营养成分	投资较大，产生的废气必须处理

为了选择污泥稳定化工艺及优化工艺运行，需要确立评价污泥稳定程度的一系列参数和指标体系。该评价指标应该可以正确反映污泥的稳定程度，并具有测定简单、经济、重现性好等特点。由于污泥生物稳定过程是一个逐步完成的过程，因此在实践中不会存在具有明确临界值的参数指标。因此，一些常用的评价污泥稳定程度的参数指标值也仅具有相对意义。尽管目前通过查阅文献，可获得污泥稳定的评价参数有50余个，但只有为数不多的参数具有真正的实用价值。这种现实状况的客观存在，给污泥稳定工艺的设计和运行带来相当大的不便。由于在污泥厌氧消化和好氧稳定过程中，微生物对有机物的降解途径、最终产物的能量水平、污泥进一步堆置时的介质变化等都不同，因此评价污泥稳定化程度的指标和参数必须与所采用的污泥稳定工艺及运行方式结合起来考虑。

目前，污泥稳定化评价体系并没有统一的规定，但随着污泥处置尤其是污泥土地利用要求的不断提高，对污泥稳定化处理的要求也必将日益正规和严格。

3.2 污泥厌氧消化技术

3.2.1 厌氧消化的原理

厌氧消化又被称为厌氧发酵，是指在厌氧条件下由多种（厌氧或兼性）微生物共同作用，使有机物分解并产生CH_4和CO_2的过程。对于厌氧消化过程基本原理的认识经历了几个过程：两阶段理论、三阶段理论、四阶段理论和多阶段理论。

3.2.1.1 两阶段理论

在20世纪30—60年代，人们普遍认为厌氧消化可以简单地分为两个阶段（图3-1），即两阶段理论。第一阶段称为酸性发酵阶段，复杂的有机物（如糖类、脂类和蛋白质等）在发酵细菌的作用下发生水解和酸化反应，被分解成为以脂肪酸、醇类、CO_2和H_2为主的产物。第二阶段称为产甲烷阶段或碱性发酵阶段，产甲烷菌（专性厌氧菌）以第一阶段产生的产物脂肪酸、醇类、CO_2和H_2等为基质，最终将其转化为CH_4和CO_2。

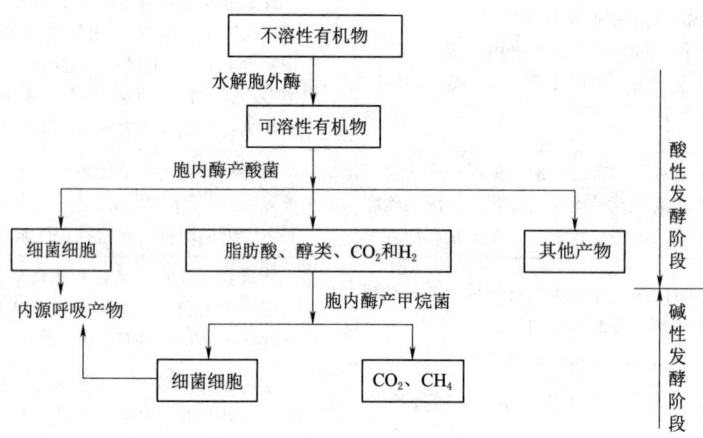

图3-1 厌氧消化两阶段理论示意图

3.2.1.2 三阶段理论

随着厌氧微生物学研究的不断发展，人们对厌氧消化的生物学过程和生化过程的认识不断深化，厌氧消化理论得到不断发展。1979年，Bryant等发现原来被认为是"奥氏产甲烷菌"的细菌，实际上是由两种细菌共同组成的，其中一种细菌将乙醇氧化为乙酸和H_2，另一种细菌则利用H_2、CO_2以及乙酸产生CH_4。由此，Bryant提出了三阶段理论（图3-2）。第一阶段：水解和发酵。在这一阶段中复杂有机物在微生物（发酵菌）作用下进行水解和发酵。多糖先水解为单糖，再通过酵解途径进一步发酵成乙醇和脂肪酸等。蛋白质则先水解为氨基酸，再经脱氨基作用产生脂肪酸和氨。脂类转化为脂肪酸和甘油，再转化为脂肪酸和醇类。第二阶段：产氢、产乙酸（即酸化）阶段。在产氢产乙酸菌的作用下，把除甲酸、乙酸、甲胺、甲醇以外的第一阶段产生的中间产物，如脂肪酸（丙酸、丁酸）和醇类（乙醇）等水溶性小分子转化为乙酸、H_2 和 CO_2。第三阶段：产甲烷阶段。产甲烷菌把甲酸、乙酸、甲胺、甲醇和（H_2+CO_2）等基质通过不同的路径转化为甲烷，其中最主要的基质为乙酸和（H_2+CO_2）。厌氧消化过程约有70%的甲烷来自乙酸的分解，少量来源于 H_2 和 CO_2 的合成。

3.2.1.3 四阶段理论

几乎在三阶段理论提出的同时，Zeikus 在第一届国际厌氧消化会议上提出了四种群理论（四阶段理论）。第一阶段（水解阶段）：将不溶性大分子有机物分解为小分子水溶性的脂肪酸。第二阶段（酸化阶段）：发酵细菌将水溶性的脂肪酸转化为 H_2、甲酸、乙醇等。第三阶段（产氢产乙酸阶段）：专性产氢产乙酸菌对还原性有机

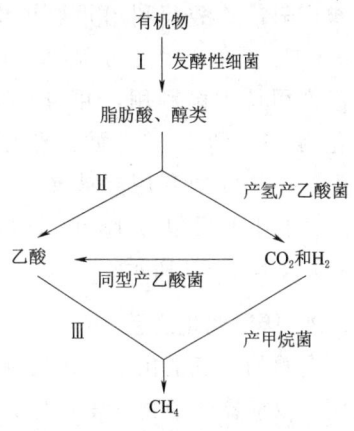

图 3-2 厌氧消化三阶段理论示意图

物进行氧化，生成 H_2、HCO_3^-、乙酸。同型产乙酸细菌将 H_2、HCO_3^- 转化为乙酸，此阶段由于大量有机酸的分解导致 pH 值上升。第四阶段（甲烷化阶段）：产甲烷菌将乙酸转化为 CH_4 和 CO_2，利用 H_2 将 CO_2 还原成 CH_4，或利用其他细菌产生甲酸形成 CH_4。该理论认为参与厌氧消化的，除水解发酵菌、产氢产乙酸菌、产甲烷菌外，还有一个同型产乙酸菌种群。这类菌可将中间代谢产物的 H_2 和 CO_2（甲烷菌能直接利用的一组基质）转化成乙酸（甲烷菌能直接利用的另一组基质）。

无论是三阶段理论，还是四种群理论，实质上都是对两阶段理论的补充和完善，更好地揭示了厌氧发酵过程中不同代谢菌群之间相互功能、相互影响、相互制约的动态平衡关系，阐明了复杂有机物厌氧消化的微生物过程。

3.2.1.4 多阶段理论

当利用厌氧生物处理工艺处理含有复杂有机物的废水时，在厌氧反应器中发生的反应会远比上述"三阶段理论""四阶段理论"中所描述的反应过程复杂。1998年IWA成立了专门的课题组来进行厌氧消化建模和模拟方面的研究，并于2002年正式推出了厌氧消化1号模型（Anaerobic Digestion Model No.1，简称ADM1）。ADM1是一个结构化模型，它对厌氧系统内的生化过程和物理化学过程进行了详细分析，明确划分了模型组分并建立了相应的反应动力学方程，从而实现了厌氧消化的可计量性。

ADM1将厌氧消化过程中的生化反应分为胞内和胞外两大类。ADM1认为胞外生化过程可分为初步分解和水解两步。初步分解是指废水或废弃物中性质复杂的颗粒化合物被转化为惰性物质、颗粒状碳水化合物、蛋白质和脂类的过程；而水解则是指在胞外水解酶的作用下，碳水化合物、蛋白质和脂类等物质被转化为单糖、氨基酸和长链脂肪酸（LCFA）等的过程。这两个过程中所有生化反应均可用一级动力学方程式来表达。同时，ADM1还认为厌氧消化系统内部微生物的死亡也可用一级动力学方程式来表达，死亡后的微生物仍以颗粒状化合物的形式保留在系统内，并再次进入循环。

胞内的生化过程则包括发酵产酸、产氢产乙酸和产甲烷三步。ADM1认为厌氧系统中存在两类独立的产酸菌能分别将单糖和氨基酸降解为混合有机酸、H_2 和 CO_2；有机酸随

后被产氢产乙酸菌利用并被转化为乙酸、H_2和CO；在产甲烷过程中，H_2被氢营养型产甲烷细菌利用，并与CO_2一起被转化为CH_4和H_2O，而乙酸则被乙酸营养型产甲烷细菌利用并被转化为CH_4和CO_2。上述过程包含19个子过程7类微生物，如图3-3所示。

3.2.2 厌氧消化工艺

完整的厌氧消化系统包括预处理、厌氧消化反应器、消化气净化与储存、消化液与污泥的分离、处理和利用。采用不同的消化反应器时，可组成多种厌氧消化工艺。厌氧消化工艺类型较多，按消化温度、运行方式、反应器形式的不同划分为几种类型。

1. 按温度分类

根据消化温度，厌氧消化工艺可分为高温消化（50～55℃）工艺和中温消化（30～35℃）工艺两种。有研究表明，当温度处于35℃或55℃附近时，消化菌较为活跃，消化效率较高。其中在35℃

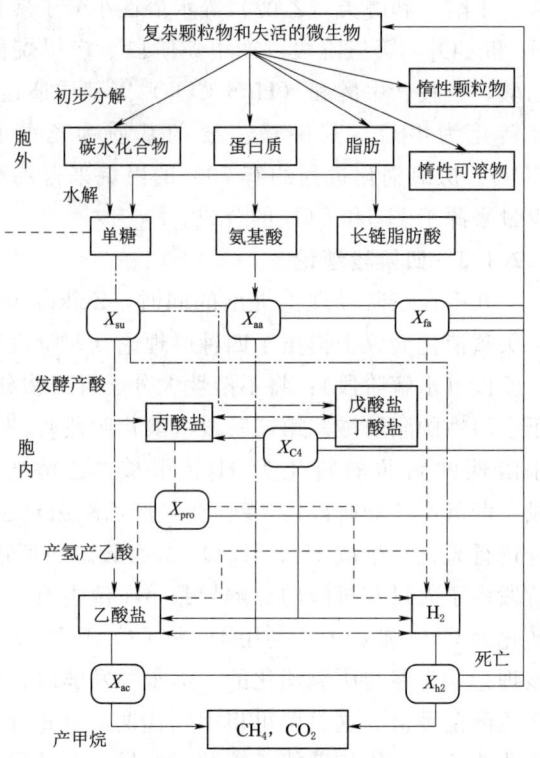

图3-3 ADM1中涉及的厌氧消化子过程和微生物

附近活跃的是中温厌氧消化菌，在55℃附近活跃的是嗜热消化菌。因此，在实际的工程应用中多将反应温度控制在这两个温度区间。

（1）高温消化工艺。高温消化工艺的有机物分解旺盛，发酵快，物料在厌氧池内停留时间短，非常适合有机污泥的处理。其工艺过程如下：

1）高温消化菌的培养。一般是将采集到的污水池或地下水道有气泡产生的中性偏碱的污泥加到备好的培养基上，进行逐级扩大培养，直到消化稳定后即为接种用的菌种。

2）高温的维持。高温消化所需温度的维持，通常是在消化池内布设盘管，通入蒸汽加热料浆。我国有城市利用余热和废热作为高温消化的热源，是一种技术上十分经济的方法。

3）原料投入与排出。在高温消化过程中，原料的消化速度快，因而要求连续投入新料与排出消化液。其操作有两种方法：一种是用机械加料出料；另一种是采用自流进料和出料。

4）消化物料的搅拌。高温厌氧消化过程要求对物料进行搅拌，以迅速消除邻近蒸汽管道区域的高温状态和保持全池温度的均一。

（2）中温消化工艺。中温消化（30～35℃）运行相对稳定，不过两种厌氧消化工艺的消化菌均较为活跃，但在实际运行中还是有较大差别的。在停留时间方面，中温厌氧消化一般为20～30d，而高温厌氧消化一般为10～15d。这是因为持续的高温加速了有机物的降解，进而加快了厌氧消化总体速度。停留时间的缩短直接反映在处理能力的提升，高温厌氧消化相对中温消化处理能力提高2~3倍。在对病原菌的去除方面，高温厌氧消化对寄生虫卵的杀灭率可达95%，大肠菌指数可达10~100个/gDS，能满足卫生要求（卫生要求对蛔虫卵的杀灭率达95%以上，大肠菌指数为10~100个/gDS）。而中温消化的温度因与人体温接近，对寄生虫卵及大肠杆菌的杀灭率相对较低。在产气率方面，由于易于降解有机物没有随温度变化而大幅增加，因此高温消化比中温消化的产气率水平没有显著提高。在能耗方面，高温消化所需的温度远高于中温消化，能耗也远大于中温消化。有研究表明，高温消化增加的沼气产量不足以弥补其高能耗，同时在对高温的控制方面要难于对中温的控制。

因此，两类厌氧消化各有优劣。中温消化运行较为稳定，运行费用低；高温消化效率高，消化池投资费用省，卫生学指标好。在国内众多的厌氧消化应用案例中多采用稳定的中温厌氧消化，国外采用高温厌氧消化的案例也较少，可能大多数的运营公司更加看重系统的稳定。

2. 按运行方式分类

按照运行方式分类，可将厌氧消化分为一级消化和两级消化。一级消化指污泥厌氧消化是在一个消化池内完成；两级消化指污泥厌氧消化在两个消化池内完成，第一级消化池设有加热、搅拌装置及气体收集装置，不排上清液和浮渣，第二级消化池不进行加热和搅拌，仅利用第一级的余热继续消化，同时排上清液和浮渣。

设置两级厌氧消化的目的是节省污泥加热和搅拌所需的能量。这是因为，一般认为中温消化前8d产生的沼气量约占全部产气量的80%，而中温消化的全周期需要20~30d，如果对已经产生大量沼气的污泥继续进行加热和搅拌，将使大部分能耗用于产出不到20%的沼气上。而如果将消化工艺设计成两级，对第一级消化进行加热、搅拌，同时收集沼气，然后将污泥送入第二级，第二级消化池不设加热和搅拌，仅依靠余热继续消化，并最终使污泥达到厌氧消化稳定的要求，同时第二级消化还起到污泥脱水前的浓缩和调节作用。

尽管两级消化有上述优点，但两级消化工艺的土建费用较高，运行操作比一级消化复杂，在有机物的分解率方面略有提高，产气率比一级消化约高10%，目前在国内及国外应用相对较少。国内的北京高碑店污水处理厂采用了两级厌氧消化工艺，其运行了近20年，目前运行良好。两级消化是在损失少量运行能力的前提下进行的，节省了大量因加热和搅拌而产生的能耗，同时达到了厌氧稳定。

3. 按相分类

单相消化和两相消化是基于厌氧消化原理进行的分类。其中单相消化工艺指把产酸菌和产甲烷菌这两大类菌群放在一个消化池内进行厌氧消化；两相消化工艺指将水解酸化和产甲烷两个过程分离，在不同的消化池进行，这样能够使产酸菌和产甲烷菌均可以在适合自身的环境条件下生长。

之所以称为分相，是因为从生物学的角度来看，发酵菌和产氢产乙酸细菌是共生互营菌，因此将这一类划为一相，为产酸相；把产甲烷菌划为另一相，为产甲烷相。一般产酸菌生长快，对环境条件变化不太敏感；而产甲烷菌则恰好相反，对环境条件要求苛刻，繁殖缓慢，这也是两相工艺的理论依据。产酸相的主要作用是提高物料的可生化性，即乙酸化，以便于产甲烷相降解，BOD和COD的去除也主要在产甲烷阶段。

两种工艺各有优劣，如单相消化系统耐冲击负荷较差，但运行较为简单；两相消化系统可以充分发挥各反应阶段的作用，进而提高效率、节省投资等，但运行难度较大，这也是目前国内外很少采用该工艺的原因之一。国内仅在宁波有采用分级分相厌氧消化工艺处理污泥、粪便和餐厨垃圾的工程案例。

4. 按反应器类型分类

厌氧消化反应器的主体结构为顶盖、筒体和搅拌设备，因此可按照这三部分的差异进行分类。

按照顶盖形式可分为固定盖、浮动盖和膜式盖，三种形式的顶盖主要对池容是否变化产生影响，其中固定盖顾名思义为盖固定不动，为定容式；浮动盖和膜式盖顶盖随池内沼气压力的高低变化而上下浮动，属于变容式。

按照筒体型式可分为平底圆柱形、锥底圆柱形和卵形。平底圆柱形在欧洲应用较为普遍，其高度与直径相等。这种平底对循环搅拌系统要求较为单一，多采用在池内多点安装的悬挂喷入式沼气搅拌技术。锥底圆柱形在我国应用较多，其中部高度与直径相等，上下皆为圆锥体，下底坡度1.0～1.7，顶部坡度0.6～1.0，这类消化池有利于内循环，热量损失相对于平底圆柱形要小，搅拌系统可选择性好，存在的缺点是底部容积较大，易堆积砂料，需要定期进行清理。另外，从结构上看，圆锥部分难以施工，且受力集中，需要特殊处理。卵形消化池是在锥底圆柱形的基础上进行的改进，该池形相对于以上两类消化池有很多优点，如搅拌效果好，池底不容易板结；一定池容条件下，池体总表面积小，热量损失少；池顶部表面积小，易于去除浮渣和易于沼气收集。从结构上看，卵形结构受力好，节省建材。

按照搅拌方式可分为气体搅拌、机械搅拌（提升式、叶桨式等搅拌机械）和污泥循环搅拌三大类。气体搅拌又分为蒸汽搅拌和沼气搅拌。蒸汽搅拌的特点是热效率高，但会增大污泥量；沼气搅拌是将沼气经压缩机压缩后，再经消化池内的喷嘴或喷管从消化池底部喷入池内来实现搅拌。机械叶轮搅拌（叶桨式）有涡轮桨叶搅拌和直板桨叶搅拌。污泥循环搅拌是一种在池中间带垂直导流管式机械搅拌的系统，消化污泥可以在导流管内外向上或向下混合流动，其特点是搅拌效果好，池面浮渣和泡沫少。

3.2.3 厌氧消化的主要影响因素

3.2.3.1 污泥成分

1. 有机物的成分与产气量

城市污水处理厂的污泥主要成分有碳水化合物、蛋白质和脂肪等三类有机物质，污泥产生的沼气量及其中甲烷的含量会随着污泥的种类不同而发生较大变化。污泥的组成一般决定着污泥产生量的大小。德国采用污泥中的脂肪含量作为气体产生量的指标。

2. 有机物含量与分解率

在污泥厌氧消化过程中常用有机物的分解率作为消化过程的性能和气体发生量的指标。图3-4表示在中温消化过程中生污泥的有机物含量与分解率的关系。在消化温度、有机物负荷都正常的情况下，有机物分解率受污泥中有机物含量的影响，所以，要增加消化时的气体发生量,重要的是使用有机物含量高的污泥。

3. 碳氮比（C/N）

碳作为能量供给的来源,氮作为形成蛋白质的要素,对微生物来说都是非常重要的营养素。厌氧菌的分解活动受被分解物质的成分,尤其是碳氮比的影响很大。用含有葡萄糖和蛋白质的混合水样所做的消化试验表明,当被分解物质的碳氮比为12~16时,厌氧菌最为活跃,单位质量的有机物产气量也最多。如果碳氮比太高,消化液缓冲能力低,

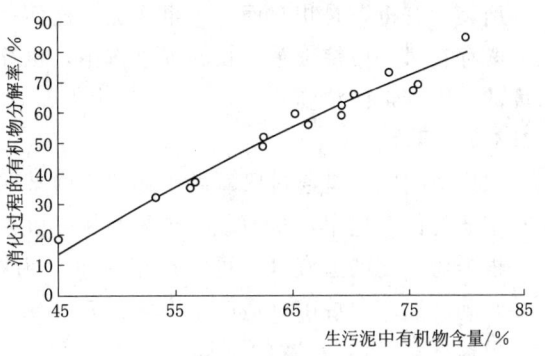

图3-4　中温消化过程中有机物含量与
　　　分解率的关系

pH值容易降低。如果碳氮比太低,pH值可能上升到8.0以上,铵盐要积累,从而抑制消化过程。

4. 污泥种类

污水处理厂所产生的污泥有初沉污泥和剩余污泥。

(1) 初沉污泥。初沉污泥是污水进入曝气池前通过沉沙池时,由非凝聚性粒子及相对密度较大的物体沉降、浓缩而形成的。作为基质来讲,初沉污泥与生物处理的剩余污泥有很大的区别。初沉污泥浓度通常高达4%~7%,浓缩性好,碳氮比在10左右,是一种营养成分丰富,容易被厌氧菌消化的基质,气体发生量也很大。与剩余污泥相比,初沉污泥容易消化基质的含量多,所以有机物分解率高,气体发生量大。这说明初沉污泥所含的有机物组成与剩余污泥不同。

(2) 剩余污泥。最终沉淀池的剩余污泥是以好氧细菌菌体为主,碳氮比值在5左右,所以有机物分解率低,分解速度慢,气体发生量特别少。

5. 有毒物质

污泥中含有毒物质时,由于其种类与浓度不同,会给污泥消化、堆肥等各种处理过程带来不同影响。由于处理厂的污泥数量与成分经常发生变化,为了及时发现有毒物质的危险含量,必须进行长期的观察。单纯的生活污水污泥,其特殊的有毒物质含量不会超过危险限度。但是,由于汽车数量的急剧增加和采暖设备用油,致使一般生活污水中的含油量或含油物质增加。消化池中含油分的物质产生浮渣、泡沫,容易使运行操作出现故障。通常,流入处理厂污水中的合成洗涤剂约有10%与污泥一道进入消化池,这不仅会产生泡沫,还会妨碍污泥的生物消化作用。

单纯的工业废水污泥,通常只要根据废水的来源就很容易判断其是否含有有毒物质。但是,当城市污水污泥中含有一些工业废水污泥时,特别是在许多小型企业排的废水或污泥中,有毒物质不易确定。这时,不仅要确定有毒物质是否存在,而且要查清这种有毒物质的来源,从而阻止其排放。为此,需要进行系统的调查。当污泥中有毒物质存在时,有毒物质会抑制甲烷的形成,导致挥发性酸的积累和pH值的下降,严重时会使消化池无法正常操作。

所谓"有毒"是相对而言。事实上，任何一种物质对甲烷的消化作用都有两方面的作用，既存在对产甲烷细菌生长的促进作用，也存在对产甲烷细菌的抑制作用，其关键在于浓度的界限（毒阈浓度）。

3.2.3.2 温度

温度影响主要是通过厌氧微生物细胞内某些酶的活性而影响微生物的生长速率和微生物对基质的代谢速率，从而影响厌氧消化的效果和反应器所能承载的有机负荷。

根据对温度的适应性，可将产甲烷菌分为两类：中温产甲烷菌（适应温度区为30~38℃）和高温产甲烷菌（适应温度区为50~55℃）。

根据厌氧消化温度的不同，可将消化过程分为常温消化（自然消化）、中温消化（28~38℃）和高温消化（48~60℃）。常温消化也称自然消化、变温消化，其主要特点是消化温度随着自然气温的四季变化而变化；但常温消化过程的甲烷产量不稳定，转化效率低。一般认为15℃是厌氧消化在实际工程应用中的最低温度。在中温消化条件下，温度控制恒定在28~38℃，此时甲烷产量稳定，转化效率高。但因中温消化的温度与人体温度接近，故对寄生虫卵及大肠菌的杀灭率较低。高温消化的温度控制在48~60℃，因而分解速度快，处理时间短，产气量大，并且能有效杀死寄生虫卵。高温消化对寄生虫卵的杀灭率可达99%以上，大肠菌指数为10~100，能满足卫生要求（卫生要求对蛔虫卵的杀灭率应达到95%以上，大肠菌指数为10~100）。但高温消化需要加温和保温设备，对设备工艺和材料要求高。消化时间指产气量达到产气总量的90%时所需的时间。中温消化时间约为20d，高温消化时间约为10d。

产甲烷菌对温度的剧烈变化比较敏感，因此，厌氧消化过程要求温度相对稳定。中温或高温厌氧消化允许的温度变化范围为±(1.5~2.0)℃。当变化范围达到±3℃时，就会抑制消化速度；变化范围达到±5℃时，就会停止产气，使有机酸大量积累。消化温度与消化时间及产气量之间的关系如图3-5所示。

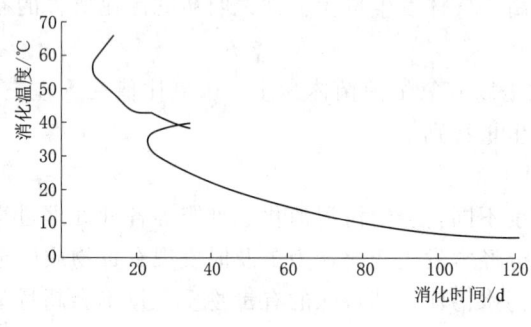

图3-5 消化温度与消化时间的关系

大多数厌氧消化系统设计在中温范围内（35℃左右）操作，但也有少数系统设计在高温范围内操作。不过由于高温操作费用高，且涉及更高的压力而对设备结构要求高，因此高温消化应用较少。

3.2.3.3 pH值和碱度

在厌氧消化过程中，水解菌与产酸菌对pH值有较大范围的适应性，可以在pH值为5.0~8.5的范围生长良好。而产甲烷菌对pH值的变化较敏感，应维持在6.5~7.8的范围内，最宜pH值范围是7.0~7.3，pH值发生较大变化时，会引起细菌活力的明显下降。由于产甲烷菌和非产甲烷菌对pH值的不同适应性，应特别注意反应器内pH值的控制，若pH值变化幅度过大会导致反应器内有机酸的积累和酸碱平衡失调，这将使产甲烷菌的活性受到更大抑制，最终导致反应器的运行失败。在传统厌氧系统中，通常维持一定的

pH 值，使其不限制产甲烷菌生长，并阻止产酸菌（可引起挥发性脂肪酸累积）占优势，因此，必须使反应器内的反应物能够提供足够的缓冲能力来中和任何可能产生的挥发性脂肪酸，这样在传统厌氧消化过程中就阻止了局部酸化区域的形成。而在两相厌氧系统中，各相可以调控不同的 pH 值，使产酸过程和产甲烷过程分别在最佳的条件下进行。

消化液的碱度通常由其中氨氮的含量决定，它能中和酸而使消化液保持适宜的 pH 值。在消化系统中，NH_3 和 CO_2 反应生成 NH_4HCO_3，使消化液具有一定的缓冲能力，一定范围内避免了 pH 值的突然降低。缓冲剂是在有机物分解过程中产生的，消化液中有 H_2CO_3、氨（NH_3 和 NH_4^+）和 NH_4HCO_3 存在，HCO_3^- 和 H_2CO_3 组成缓冲溶液。该缓冲溶液一般以碳酸盐的总碱度计。当溶液中脂肪酸浓度在一定范围内变化时，不足以导致 pH 值变化。在消化系统中，应保持碱度在 2000mg/L 以上，使其有足够的缓冲能力。在消化系统管理过程中，应经常测定碱度。氨有一定的毒性，一般以不超过 1000mg/L 为宜。氨的存在形式有 NH_3 和 NH_4^+，两者的平衡浓度决定于 pH 值。当 pH 值降低时，NH_3 解离为 NH_4^+，NH_4^+ 浓度超过 150mg/L 时，消化过程一般受到抑制。

3.2.3.4 污泥接种

消化池启动时，把另一消化池中含有大量微生物的成熟污泥加入其中与生污泥充分混合，称为污泥接种。好的接种污泥大多存在于最终消化池的底部。接种污泥应尽可能含有消化过程所需的兼性厌氧菌和专性厌氧菌，而且污泥中有害代谢产物越少越好。

消化池中消化污泥的量越多，有机物的分解过程就越活跃，单位质量有机物的产气量便越多。

3.2.3.5 污泥浓度

污泥浓度在实施气体发电的欧洲各污水处理厂里，投入消化池的污泥浓度一般为 4%～6%。在日本，多数污泥浓度在 3%左右，特别是污泥中有机物的含量增加以后，污泥浓度下降到 2.5%，与欧洲相比要低，这是气体发生率小的原因之一。提高污泥浓度使消化池有机负荷在适当的范围，有助于气体发生量的增加。在消化天数一定以及消化池内种污泥充分存在的条件下，只要提高投入污泥的浓度，气体发生量就会有显著增加。提高污泥浓度具有以下优点：

（1）消化天数一定时，随着投入污泥浓度的提高，消化池体积缩小，设备费用降低。

（2）减少投入消化池的污泥量，也可节约污泥加热用的能源。但是随着污泥浓度的提高，需要注意如下问题：①污泥浓度提高，污泥黏度也会增加，消化池内的混合容易变得不充分，所以搅拌装置和消化池形状的选择必须重新考虑；②到目前为止的消化工艺都把第一消化池作为生物反应池，第二消化池作为固-液分离池。在第二消化池固-液分离后，浓的厌氧菌体返回第一消化池，确保第一消化池必需的菌体浓度。污泥浓度过高，第二消化池固-液分离难以进行，发生污泥洗出现象，将失去第二消化池的作用，从而使第一消化池必需的污泥浓度难以确保，第一消化池的功能急剧降低。

3.2.3.6 污泥龄和负荷

厌氧消化效果的好坏与污泥龄，即生物固体停留时间（solid retention time，SRT），有直接关系，对于无回流的完全混合厌氧消化系统，SRT 等于水力停留时间（hydraulic retention time，HRT）。

由于产甲烷菌的增殖较慢，对环境条件的变化十分敏感，因此污泥消化系统需要保持较长的污泥龄。消化池的容积设计应按有机负荷污泥龄或消化时间设计，只要提高进泥的有机物浓度，就可以更充分地利用消化池的容积。

水力停留时间的延长，有助于提高有机物降解率和甲烷产率，但提高的幅度与污泥性质、温度条件、有无有毒物质等因素相关。

另外，厌氧消化的效果还取决于有机负荷的大小，有机负荷是消化工艺设计的重要参数。污泥厌氧消化的有机负荷一般以容积负荷表示，容积负荷表示单位反应器容积每日接受的污泥中有机物质的量（可按 VS 计或按 COD 计），其单位可用 $kg/(m^3 \cdot d)$ 表示。有机负荷过高，可能影响产甲烷菌的正常生理代谢，使 pH 值下降，污泥消化不完全；有机负荷过低，污泥消化较完全，但消化周期长，基建费用增高。

3.2.3.7 搅拌

有效的搅拌不仅能使投入的生污泥与熟污泥均匀接触，加速热传导，把生化反应产生的甲烷和硫化氢等阻碍厌氧菌活性的气体赶出来，也能起到粉碎污泥块和消化池液面上的浮渣层的作用。充分均匀的搅拌是污泥消化池稳定运行的关键因素之一。表 3-3 所列为搅拌对产气量的影响。由表可见，搅拌比不搅拌产气量约增加 30%。

表 3-3　　　　　　　　　　搅拌对产气量的影响

投配率/%		2	3	4	5	6	7	8	9	10	11
产气量 /(m^3/m^3)	搅拌	29.71	20.34	17.42	14.81	13.95	12.06	10.65	9.93	8.48	7.86
	不搅拌	18.60	13.85	11.60	10.20	9.16	8.70	8.15	7.75	7.30	7.01

3.2.4 气体收集与处置

3.2.4.1 气体收集与储存

污泥消化过程产生的消化气可收集起来供燃烧使用，但要避免散发臭气和产生爆炸。消化气收集和分配系统必须维持正压，以避免消化气与周围空气混合引起爆炸。空气与消化气混的合物中含甲烷浓度在 5%～20% 时有爆炸性。所设计的气体储槽、管路和阀门等，在消化污泥体积变化时，应能使消化气被吸入而不会被空气置换。

3.2.4.2 气体利用

污泥消化气用途广泛，除了可回用于消化池搅拌外，更是一种经济的能源，可用作热水锅炉、内燃机及焚烧炉的燃料。消化气经过提纯净化后，也可作为天然气出售，售给当地公用系统。为了确定消化气回收利用在经济上的可行性，通常要计算各工厂的能量需求，并评价产生的消化气总量的能量价值。这通常包括热平衡、气体回收和利用设备的主要能耗。

1. 搅拌

通常消化气首先用于搅拌初级消化池中的污泥。循环搅拌是一种非消耗利用，不会影响总气体的产量。气体搅拌系统包括一个正位移压缩机及压力控制系统，后者控制气体压力，防止压缩机过压或消化池内抽真空。

2. 加热

用消化气加热与用天然气或商业气体加热相似。消化气可为本厂锅炉或换热器提供燃料加热污泥或取暖,而更普遍的用途是部分或全部作为内燃机燃料,驱动发电机或工厂其他设备。未净化消化气中的硫化氢有潜在的腐蚀性,即二氧化硫和三氧化硫(硫化氢燃烧产物)在废气中凝结成酸,引起腐蚀。有两种方法解决这个问题:一是在燃烧之前从气体中除去硫化氢;二是把未净化气体的温度保持在100℃以上,防止产生冷凝液。

3. 消化气作为补充燃料

消化气可用作燃料加热干燥机械脱水的污泥,也可作为污泥、浮渣或砂砾焚化的补充燃料。通常,污泥在焚烧前脱水至能量平衡点,大致足以维持燃烧,当需要外加能量时(或者连续或者在启动期),可以使用消化气。

4. 消化气用于发电

消化气常用作内燃机或气体透平发电机的燃料,用于输送废水和污泥,驱动鼓风机、压缩机和发电机。

3.2.4.3 硫化氢的去除

消化气中H_2S浓度的范围为$150\sim3000cm^3/m^3$或更高,这取决于污泥组成。消化气中的H_2S是由消化池中的厌氧微生物还原硫酸盐形成的,对消化气进行净化,除去H_2S对减少锅炉和其他设备的腐蚀是必需的。H_2S也是一种有毒空气污染物,并具有恶臭,燃烧含高浓度H_2S的消化气,会导致空气污染。因此,必须去除H_2S,使燃烧后的烟气达到空气质量标准。

洗涤法是除去消化气中H_2S的常用方法之一。除了去除H_2S外,有些洗涤技术还能减少消化气中CO_2的含量,产生高质量的消化气。洗涤消化气的设备称为洗涤塔,它分为干式和湿式两种。有多种化学药剂可用于洗涤塔中,以除去H_2S,在常用的干式洗涤塔中一般装填有饱和Fe_2O_3的木片,俗称"海绵铁"。H_2S与Fe_2O_3反应生成Fe、S和H_2O,通过除去硫并把Fe氧化成Fe_2O_3,海绵铁即得到了再生,不过在对海绵铁进行再生时,Fe的氧化速度不能太快,否则可能会引起自燃。海绵铁法主要用于需要处理的气体量相对较小的场合。

在湿式洗涤塔中一般用碱性液体来吸收H_2S,吸收液中可以加入一种化学氧化剂来减少吸收剂的处置问题,并延长使用寿命。最常用的氧化剂是次氯酸钠,其次是高锰酸钾。消化气通过喷嘴或扩散板(后者需要定期清洗)进入洗涤塔的底部,与吸收剂逆流接触,然后从塔顶排出。离开洗涤塔的消化气,湿度很高,需要冷凝除去水分。对低压消化气来说,湿式洗涤塔所造成的压头损失很大,因此,常常需要在消化气进入洗涤塔之前对它进行压缩。

作为气体洗涤的替代方法,有些工厂直接把铁盐加到消化池中,Fe^{2+}与H_2S反应生成不溶性FeS。但应避免把铁盐加到热的污泥管中,因为这可能会导致污泥管内很快结垢(形成蓝铁)。另外,使用铁盐可能会使消化池内碱度下降,必须仔细监测和控制铁盐的浓度和加入量,避免消化池内pH值降低。

3.2.5 厌氧消化的优缺点

污泥厌氧消化的优势如下。

(1)污泥厌氧消化可以达到很好的稳定效果,这是其他生化处理工艺无法比拟的,可以最大限度地降解污泥中的有机物。大量的运行经验表明，相对好氧消化工艺，中温厌氧消化后残余的污泥量减少约20%。

（2）工艺能耗相对低，在工艺过程中，利用工艺产生的高能沼气可以降低50%的污水处理厂能耗。

（3）虽然污泥中温厌氧消化不能保证完全杀灭污泥中的病原菌，但与在常温条件下的好氧稳定工艺（如污泥稳定塘工艺）相比，其对病原菌也具有一定的杀灭作用（见表3-4），因此有利于减少污泥土地利用过程中疾病传播的可能。

表3-4　　　　　　　　　　厌氧消化池中杀灭病原菌的情况

病原菌名称	未稳定液态污泥/（个/100mL）	厌氧消化污泥/（个/100mL）
病菌	2500～70000	100～1000
粪大肠杆菌	$1×10^9$	$3×10^4～6×10^6$
沙门菌	8000	3～62
蛔虫卵	200～1000	0～1000

（4）厌氧消化污泥的脱水性能好。污泥厌氧消化工艺的局限性在于其工艺复杂、操作难度大、停留时间长和设备单位投资相对较高，但是经厌氧消化的污泥脱水性能较好。

3.3　污泥好氧消化技术

污泥好氧消化是通过对可生物降解有机物的氧化产生稳定产物，减少质量，缩小体积，灭活病原菌，改善污泥特性，以利于进一步资源化利用及处置。好氧消化技术通常分为独立好氧消化或延时好氧消化两种形式。独立好氧消化用于处理能力较大的且有初沉池的城镇污水处理厂。延时好氧消化技术是通过污水处理厂延长污泥泥龄，实现有机物的深度降解，达到污泥稳定化的目标，在国外小型污水处理厂利用广泛，要求污泥泥龄在25d以上。

3.3.1　好氧消化的原理

好氧消化基于微生物的内源呼吸原理，即当污泥系统中的基质浓度很低时，微生物将会消耗自身原生质以获取维持自身生存的能量。消化过程中，细胞组织内的物质将会被氧化或分解成二氧化碳、水、氨氮、硝态氮等小分子产物。同时，好氧消化分解过程是一个放热反应，因此在工艺运行中会产生并释放出热量。好氧消化反应完成以后，剩余产物的生物能量水平低，在生物学意义上比较稳定，适于各种最终处置途径。

3.3.2　好氧消化的工艺

污泥好氧消化包括常温好氧消化和高温好氧消化（50～60℃）两类，其中高温好氧消化技术因为消毒杀菌效果良好而得到越来越多的研究和应用。目前，常用的好氧消化工艺有如下几种。

1. 传统污泥好氧消化（CAD）工艺

传统污泥好氧消化工艺主要通过曝气的方式，使微生物在进入内源呼吸期后进行自身氧化，以实现污泥减量。传统污泥好氧消化工艺设计简单、运行简便、易于操作、基建投资较少。传统好氧消化池的构造及设备与传统活性污泥法相似，但污泥停留时间很长，其常用的工艺流程主要有连续进泥和间歇进泥两种，如图3-6所示。

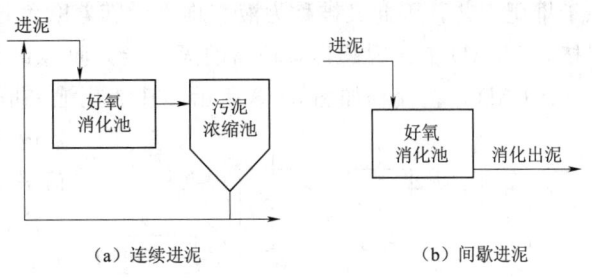

图3-6 传统污泥好氧消化工艺流程

在大中型污水处理厂中，好氧消化池通常采用连续进泥的方式，运行方式与活性污泥法中曝气池相似。在消化池后设置浓缩池，其中一部分浓缩污泥回流到消化池，另一部分被排走（进行污泥处置），其上清液被送回至污水处理厂前端与原污水一同处理。而在小型污水处理厂中，通常采用间歇进泥的方式，在运行过程中需要定期进泥和排泥（1次/d）。

在好氧消化系统中，既要满足微生物好氧消化所需要的氧源（消化池内DO浓度大于2.0mg/L），又要使污泥处于悬浮状态以达到搅拌混合要求，因此在保证不增加运行费用的前提下，曝气量显得很重要。

2. 缺氧/好氧消化（A/AD）工艺

缺氧/好氧消化工艺（anoxic/aerobic digestion，A/AD）是指在CAD工艺的前端加一段缺氧区，利用污泥在缺氧区发生反硝化反应产生的碱度来补偿硝化反应中所消耗的碱度，因此无须另行投碱即可使pH值维持在7左右。另外，在A/AD工艺中$NO_3^- - N$替代O_2作最终电子受体，使得耗氧量比CAD工艺节省了18%（仅为1.63kgO$_2$/kgVSS）。常见的A/AD工艺流程如图3-7所示：(a) 工艺采用间歇进泥，通过间歇曝气产生好氧和缺氧期，并在缺氧期进行搅拌而使污泥处于悬浮状态以促使污泥进行充分的反硝化。(b)、(c) 工艺为连续进泥且需要进行硝化液回流，(c) 工艺的污泥经浓缩后部分回流至好氧消化池。A/AD消化池内的污泥浓度及污泥停留时间等与CAD工艺的相似。

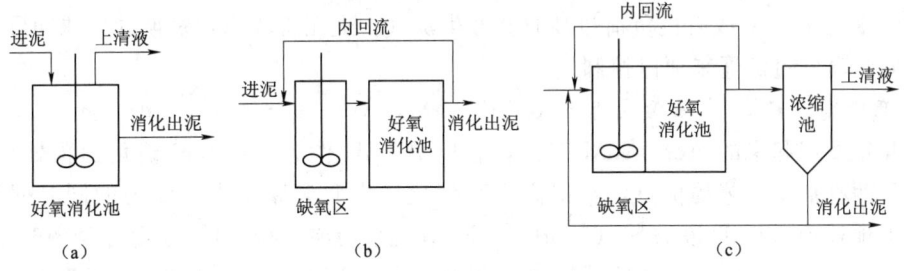

图3-7 A/AD工艺流程

上述两种工艺（CAD和A/AD）均属于常温好氧消化，工艺主要缺点是供氧的动力费均相对较高，污泥停留时间较长，特别是对病原菌的去除率低。

3. 自动升温高温好氧消化（ATAD）工艺

自动升温高温好氧消化工艺（autothermal aerobic digestion，ATAD）的设计思想来源于堆肥工艺，因此又被称为液态堆肥。随着欧美各国对污泥中病原菌数量的限制越来越严格，ATAD工艺因其具有较高的灭菌能力而得到重视。

ATAD工艺流程如图3-8所示，其消化池一般由两个或多个反应器串联而成，反应器内设搅拌设备并设排气孔，可根据进泥负荷采取半连续流或序批式的灵活进泥方式，反应器内溶解氧浓度一般控制在1.0mg/L左右。消化及升温主要在第一个反应器内发生（60%），其温度为35~55℃，pH≥7.2；第二个反应器温度为50~65℃，pH值约为8.0。系统进泥前，首先将第二个反应器内的污泥排出，之后第一个反应器向第二个反应器进泥，最后由浓缩池向第一个反应池进泥，通过这种进泥方式确保灭菌效果。ATAD工艺利用活性污泥微生物本身氧化分解所释放的热量（14.63J/gCOD）来提升好氧消化反应器的温度。

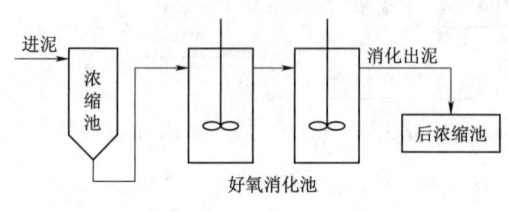

图3-8 ATAD工艺流程

ATAD反应器内温度相对较高，因此具有以下优势：硝化反应被抑制，pH值可保持在7.2~8.0；与CAD工艺相比，既节省了化学药剂费又节省了30%的需氧量；有机物的代谢速率较快，去除率相对高；污泥停留时间短（5~6d）；NH_3-N浓度相对较高，因此对病原菌灭活效果好；ATAD工艺启动非常快，无须接种其他消化种泥即可启动。ATAD工艺具有运行稳定、易于管理、操作简单、消化出泥的脱水性能好等优点。

在ATAD工艺的设计中需要注意以下问题：

(1) 曝气。ATAD工艺中对曝气的控制非常重要，曝气量过大既增加运行费用，又会因剩余气体排出（向外散热）而使反应器温度降低。曝气量太低则会造成反应器内溶解氧不足，影响好氧消化效率，还会产生臭味。因此一般应选择氧转移率大于15%的曝气系统，这样不仅可减少能量消耗，还可降低因供氧造成的热能损失。

(2) 泡沫。由于ATAD的进泥浓度及反应器温度均相对较高，因此有泡沫产生。因此，在ATAD设备中应提供相应的泡沫控制设备以保留0.5~1.0m的泡沫层。

(3) 气味。国外运行经验表明，当ATAD工艺DO浓度过低、搅拌不完全、第二个反应器温度高于70℃或有机负荷过高时会产生臭气。进泥阶段出现短期的气味问题，可在排气口安装臭气过滤器来加以控制。

4. 两段高温好氧/中温厌氧消化（AerTAnM）工艺

近几年发展起来的AerTAnM工艺，它以ATAD作为中温厌氧消化的预处理工艺，并结合了两种消化工艺的优点，在提高污泥消化能力和病原菌去除能力的同时回收生物能。其中预处理ATAD段的SRT一般为1d（有时采用纯氧曝气），温度为55~65℃，DO维持在（1.0±0.2）mg/L。在后续厌氧中温消化的温度为（37±1）℃。为了提高反应速率，此工艺将产酸阶段和产甲烷阶段分置在两个不同反应器内进行，同时，为了节约能源费用，采用好氧高温消化产生的热量来维持中温厌氧消化温度。

目前，AerTAnM工艺已广泛应用到欧美等国的污水处理厂中，具体的应用实践经验表明，该工艺对病原菌的去除具有明显的效果（消化出泥达到美国EPA的A级要求）后续中温厌氧消化运行稳定性较高（低VFA浓度，高碱度）。AerTAnM工艺在提高VSS

的去除率、产甲烷率和污泥的脱水性能方面与单相中温厌氧消化工艺相比，具有相对优势。

5. 深井曝气污泥好氧消化（VD）工艺

VD工艺技术是一种高温好氧污泥消化技术，该工艺的核心是深埋于地下的井式高压反应器，反应器深一般是100m，井的直径通常是0.5～3m，所占面积仅为传统污泥消化技术的一小部分。

此工艺将三个独立的功能区放置在一个反应器内进行。井筒的最上部是第一级反应区，包括同心通风试管和用于混合液体循环的再循环带。在第一级反应区的下部是混合区，空气注入该区域，为空气循环提升提供动力。井筒的底部是第二级反应区域。该井式高压反应器井径为3m，井深一般约100m。具体工艺流程（图3-9）如下：VD工艺起始阶段，空气通过入流管进入混合区，升起的气泡产生一个密度坡度使得空气在氧化区内循环。循环建立并稳定后，空气注入点转移至混合区下部。未经处理的污泥通过入流管在混合区空气注入点的同等高度处进入系统，开始液体循环。此工艺系统氧气传导速率高，混合溶液溶解氧量高。氧化区内相对高的反应速率确保有机物能够在垂直循环圈上部被生物氧化。再循环液体通过井筒竖壁到达上部箱体，并在此处释放废气，防止了废气重新回到系统内影响空气动力效率。第二级反应区溶解氧含量极高，污泥停留时间较长，混合液中比例较小的一部分从混合区进入第二级反应区，污泥中有机物在此区域被高度氧化，温度不断升高。消化后的污泥以极快的速度到达地表产物箱，在混合液体行至上表面过程中，快速的减压可以使固体物质从液体中分离。

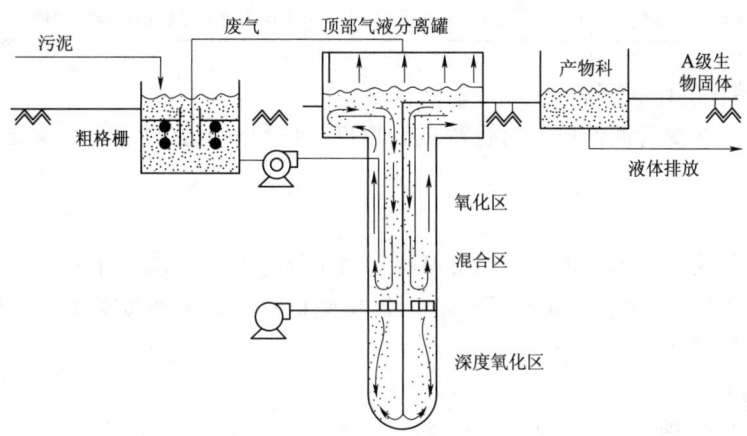

图3-9　VD工艺反应器构造及流程

与传统的厌氧及好氧污泥处理工艺相比，VD工艺污泥处理技术具有以下优势：①系统结构紧凑、占地小、投资省；②与传统高温好氧消化相比，其运行费用减少一半以上；③处理效果好，经处理后的挥发性固体减少40%～50%，处理后污泥达到美国EPA污泥A级标准，可直接用作土壤肥料；④改善脱水效果，仅需投加少量的有机絮凝剂就可使消化后的污泥含水率降至65%～70%；⑤在恶劣的气候或环境有特殊需要的条件下，便于将该系统置于封闭的建筑之内；⑥异味气体和挥发性有机物的排放很少，对环境影响小；⑦管理、维修方便，可实现无人值守、自动控制。

污泥好氧消化主要工艺各有优缺点,具体情况见表3-5,在具体应用时应综合考虑,根据实际情况选择。其中A/AD工艺比CAD工艺节约能耗,且具有运行管理简单、操作方便的优点,便于在原有CAD工艺设施的基础上进行改造,在今后可更多采用。另外,在合理设计的基础上,可实现CAD和A/AD工艺自动加热,在改善处理效果的同时仍保留其自身简单、灵活的优点,是进一步推广好氧消化技术的一条途径。近年来,随着污泥资源化利用时对病原菌的控制标准日益严格,ATAD工艺以及高温好氧与中温厌氧结合的新工艺将会有长足的发展。

表3-5 污泥好氧消化主要工艺比较

工艺	优　点	缺　点
CAD	工艺成熟; 机械设备简单; 操作运行简单; 能够在一池中同时实现浓缩和污泥稳定; 上清液BOD含量低	动力费用高; 对病原菌的灭活率低; 需要相当长的SRT; 相当大的反应器体积,由于硝化作用使pH值下降; 消化污泥的脱水性能差
A/AD	提供pH值控制; 其他同CAD	工艺较新,运行经验少; 动力费用仍较高,其他同CAD
ATAD	SRT短、反应器体积小; 抑制硝化作用,需氧量相对少; 没有pH值下降; 对病原菌的杀灭效果好; 比CAD、A/AD能耗低; 脱水性能可能优于CAD及A/AD	机械设备复杂; 泡沫问题; 新工艺,经验少; 动力费用仍旧相当高; 需增加浓缩工序; 进泥中应含有足够的可降解固体

3.3.3 好氧消化的影响因素

好氧消化工艺受污泥性质、污泥浓度、温度、停留时间、碳氮比、碳磷比、pH值等因素影响。

1. 温度

温度对好氧消化的影响很大,温度高时,微生物代谢活性强,即衰减速率较大,达到要求的有机物VSS去除率所需SRT短;当温度降低时,为达到污泥稳定处理的目的,则要延长污泥停留时间。

2. 停留时间SRT

VSS的去除率随着SRT的增大而提高,但是相应的处理后剩余物中的惰性成分也不断增加,当SRT增大到某一个特定值后,即使再增大SRT,VSS的去除率也不会再明显提高。对消化污泥的比耗氧速率(SOUR)也存在着相似的规律,SOUR随SRT的增大而逐渐下降,当SRT增大到某一个特定值时,即使再增大SRT,SOUR也不会有明显下降。一般温度为20℃时,SRT为25~30d。

3. pH值

污泥好氧消化的速率在pH值接近中性时最大,当pH值较低时,微生物的新陈代谢受到抑制,有机物的去除率随之降低。在ATAD中,由于高温抑制了硝化细菌的生长繁殖,一般不会发生硝化反应,需氧量会比CAD大大降低,pH值通常可以达到7.2~8.0。

3.3 污泥好氧消化技术

而在CAD工艺中,会发生硝化反应,引起pH值下降至4.5～5.5,因此一部分CAD工艺需添加化学药剂来调节pH值。

4. 曝气与搅拌

在好氧消化中,确定恰当的曝气量是很重要的。一方面要为微生物好氧消化提供充足的氧源(消化池内DO浓度大于2.0mg/L),同时满足搅拌混合的要求,使污泥处于悬浮状态。另一方面,若曝气量过大则会增加运行费用,造成能源浪费。好氧消化曝气方式有鼓风曝气和机械曝气两种,在寒冷地区从保温的角度考虑,宜采用淹没式的鼓风曝气,而在温暖地区则可采用机械曝气。

5. 污泥类型

CAD消化池内污泥停留时间与污泥的来源有关。一般认为,CAD技术适用于处理剩余污泥,而对初沉污泥,则需要更长的停留时间。

进入ATAD的污泥均应先进行浓缩,一般污泥经过重力浓缩即可满足要求。污泥浓缩后再进入ATAD系统,一方面可以减少反应器的体积,降低搅拌和曝气能耗;另一方面可为系统提供足够的热量,使反应器温度达到高温范围。

污泥负荷比为 $0.1 \sim 0.15 \text{kgBOD}_5/(\text{kgVSS} \cdot \text{d})$ 的污泥适合用ATAD工艺进行处理。

3.3.4 好氧消化的工艺设计要点

一个有效的ATAD工艺设计,需使用一套完整的污泥处理方法,包括提供性质恰当的进料,保证自热平衡反应的合适环境,以及处理后污泥的冷却。这些特征均可应用于现有设施的改造或新的ATAD系统的设计中。

1. 预浓缩系统

以最少的搅拌能耗获得有效的运行,当进料的COD≥40g/L时,通过ATAD进料前的浓缩,固体浓度至少可达3%。在预浓缩池中,也可将初沉污泥与剩余污泥混合。预浓缩可采用机械或重力的方法来实现。

2. 反应器

一般情况下,一个系统中有至少两个绝热反应器,每一个反应器都具备曝气、搅拌和泡沫控制设施。在单级系统中,可获得与多级系统相似的VS去除率。但是,由于单级系统存在短流的可能而导致病原体的去除率相对较低。三级及四级系统可灵活用于附加过程,其产气排放至脱臭系统。

3. 冷却及浓缩

在ATAD过程以后,有时需进行冷却以达到有效浓缩并提高上清液质量。冷却时间一般推荐20d。

4. 进料特征

对ATAD系统的成功运行来讲,其进料特征是一个非常关键的因素。在进入ATAD系统之前,最好先将污泥加以混合。当污泥投配浓度小于3%时,水分含量较多,难以实现自热平衡。当污泥投配浓度大于6%时,难以进行有效的搅拌和曝气。在进料时,应满足COD浓度不小于40g/L,VS浓度不小于25g/L,VS浓度过低将难以达到自热平衡。ATAD系统可以允许污泥负荷比较低的污泥进料,但要求进料污泥浓度很高。若污泥热值相对较低,则在反应器内要求有外加热交换器加热。

原生污水和污泥都要经过细格栅（栅条间隙 6~12mm）除去惰性物质、塑料以及来自反应池的碎屑等。在使用换热器的场合，破碎方法可作为预筛分设备良好的补偿。有效地去除水中的砂粒以达到减少曝气设备磨损和抑制反应器内砂粒累积的效果。

5. 停留时间

与普通好氧消化相比，ATAD 系统要达到类似的污泥稳定程度，其操作温度高于 45℃，HRT 不超过 5d。根据病原菌去除要求，德国的设计标准 HRT 是 5~6d。文献报道的 HRT 从 4d 到 30d 不等。

6. 进料循环

在 ATAD 系统进行连续进料时，污泥以连续或半连续方式进入第一反应器。在第一反应器内的污泥允许溢流至第二反应器以及从第二反应器流进储存池。若采用吸气式曝气器，要求必须保持反应器内物料高度恒定，以使曝气器始终浸没其中。其他曝气系统并没有严格的进料高度限制。

ATAD 系统的间歇进料在设计时，一般在 1h 之内向反应器加入 1d 所需的体积，为病原菌的去除预留 23h 的停留时间。

7. 曝气和搅拌

曝气和搅拌是 ATAD 系统能否高效运行的关键因素。高效的曝气搅拌设备要求满足工艺的需氧量，在系统运行时须加以充分搅拌以使污泥完全稳定。

ATAD 系统采用的曝气搅拌设备有多种样式，包括呼吸曝气器，组合式循环泵/文丘里管以及涡轮和空气扩散器。其中最广泛采用的是吸气式曝气器。一般在每个反应器的边壁上至少安装 2 个曝气器。稍大的装置可能在中央曝气单元或者沿切线安装的曝气单元增加第三个曝气器。曝气器的安装角度可促使反应器由内流体形成垂直向下的搅拌和水平旋流。

8. 温度和 pH 值

在一个典型的二级 ATAD 系统中，第一反应器的操作温度是 35~50℃，第二反应器的操作温度是 50~60℃。在设计时，第二反应器使用的平均温度是 55℃。在反应过程中，如果没有严重的问题，第二反应器的温度一般会达到 65~80℃。在进料过程中，第一反应器会出现温度的下降，其下降幅度与进料和温度相关，如果采用吸气式曝气装置，一般其恢复速度是 1℃/h。实际温度恢复速度与入口温度、进料特点、功率及曝气器的效率相关。为了防止生物适应性的问题出现，第一段反应器温度不允许下降至 25℃以下。

一般情况下，无须控制 pH 值调节系统的运行。根据德国经验，当进料 pH 值为 6.5 时，第一反应器的 pH 值就接近 7.2，而到达第二反应器之后就升至 8.0。

9. 泡沫控制

在 ATAD 系统中，对泡沫的控制至关重要。泡沫层会影响氧传质效率，并增进生物活性。如果不加以控制，则会形成超厚的泡沫层，导致泡沫从反应器中流失。要保障系统的高效运行有必要对泡沫加以控制使其适度增长。

在设计时，可以在装置上设计 0.5~1.0m 的超高作为泡沫的增长和控制空间。控制是指通过采用机械式水平杆削泡刀来将大气泡破碎变成小气泡，形成稠密的泡沫层。其他的泡沫控制方法有垂直式搅拌机和喷洒系统，也可采用化学消泡方法进行泡沫控制。一般可根据反应器几何特性和搅拌方式进行方法的选取。

10. 后浓缩和脱水

一般冷却和浓缩需要 20d 以上的停留时间。许多德国设施使用具有撇水能力的顶部开放（无须曝气和搅拌）的混凝土池。一般通过重力浓缩，经 ATAD 系统处理后的生物污泥含固率达 6%～10%，也有达到 14%～18% 的报道。目前关于 ATAD 系统污泥脱水性能的数据非常有限。但根据可获得的数据可知，其脱水与厌氧消化后的污泥相类似。

11. 结构特点

在德国，ATAD 反应器一般建造成圆柱形、具环氧树脂壳层、钢制扁平低的池，池顶和边壁采用 100mm 涂有聚亚安酯的矿质木材绝热，池底板采用泡沫板绝热；采用铝质或钢制的护套进行绝热保护；在反应器的顶部预留入口；在地面上建造整个反应器，下有混凝土基础。

一般曝气机的高深比例要依据使用的曝气机形式而定（一般是 0.5～1.0）。热交换是通过安装在反应器壳层的热交换器以污泥冷却或水冷却的方式进行的。

3.3.5 好氧消化的优缺点

当处理厂规模较小、污泥数量少、综合利用价值不大时，也可考虑采用污泥好氧消化。

1. 污泥好氧消化的优点

污泥好氧消化产生的最终产物在生物学上相对稳定，稳定产物无气味，其反应速率快，构筑物结构相对简单，因此好氧消化池的基建费相对厌氧消化池低。对于生物污泥来讲，好氧消化与厌氧消化所能达到的挥发性固体去除率大体相同。一般好氧消化上清液中的 BOD_5 浓度为 50～500mg/L，低于厌氧消化（高达 500～3000mg/L），其运行操作比较简单，操作方便，处理过程中需排出的污泥量少。污泥好氧消化产生的肥料价值比厌氧消化高，系统运行稳定，对毒性不敏感，环境卫生条件相对好。

2. 污泥好氧消化的缺点

由于要依靠动力供氧，因此好氧消化池的运行费用相对较高；固体去除率随温度的变化明显，冬季效率相对较低；好氧消化后的重力浓缩通常会导致上清液中固体浓度较高，一些经过好氧消化的污泥难于用真空过滤脱水，不会产生有价值的甲烷等产物。

3.4 污泥好氧堆肥技术

污泥的好氧堆肥，一般采用污泥作为基质，但需要加入一定量的调理剂或膨胀剂，通过微生物的发酵作用，将污泥转变为肥料。通过堆肥过程，可以将污泥中的有机物质由不稳定的状态转变为稳定的腐殖质状态，并且污泥中的重金属还可以得到固化和钝化。堆肥产品疏松、分散，呈细粒状，不含病原菌和杂草种子，而且无臭无蝇，可作为土壤改良剂和有机肥料。

好氧堆肥的环境条件较好，过程中不会产生恶臭，因此目前的堆肥工艺一般采用好氧堆肥。与厌氧堆肥相比较，好氧堆肥过程中有机物的分解速度快，有机物降解得更为彻底，堆肥的周期相对较短，一般情况下好氧堆肥的一次发酵时间为 4～12d，二次发酵时间为10～30d。因为好氧堆肥过程中堆体温度较高，可以有效灭活病原体、寄生虫卵以及污泥中的植物种子，使腐熟的堆肥达到无害化。

3.4.1 好氧堆肥的原理
3.4.1.1 基本原理

好氧堆肥是好氧微生物在与空气充分接触的条件下，使堆肥原料中的有机物发生一系列放热分解反应，最终使有机物转化为简单而稳定的腐殖质过程。污泥的堆肥过程耗时短、温度高，温度范围在50～60℃，最高可以达到80～90℃。

堆肥过程中微生物的作用主要分为发热、高温、降温和腐熟几个阶段。其中发热阶段作为发酵的前期阶段，通常会持续1～3d，其间主要微生物为中温菌和真菌，消耗污泥中易分解的淀粉等糖类物质，繁殖速度快，温度升高迅速。高温阶段存在于主发酵和二次发酵过程中，持续时间可达到3～8d，温度上升至50℃以上，此阶段主要起作用的微生物为嗜热性真菌和放线菌，60℃时，占主要地位的为嗜热性放线菌和细菌。

在污泥堆肥过程中，有机物可以被生物所吸收，其中溶解性有机物质主要通过微生物的细胞壁和细胞膜被微生物吸收，固体性和胶体性有机物先是附着在微生物体外，然后被生物所分泌的胞外酶分解为溶解性物质，然后再渗入细胞。微生物通过氧化、还原、合成等自身的生命活动过程，将一部分被吸收的有机物氧化成简单的无机物，并释放出生物生命活动所需能量，同时将另一部分有机物转化为生物体所必需的营养物质，合成新的细胞物质。微生物逐渐生长繁殖，从而产生更多的生物体，其过程如图3-10所示。

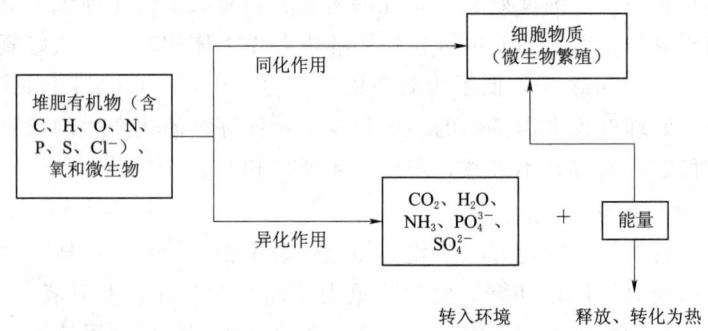

图3-10 好氧堆肥过程基本原理

3.4.1.2 堆肥过程

堆肥是堆肥原料矿质化和腐殖化的过程，也是一系列微生物活动的复杂过程。在堆肥过程中，堆料内的有机物和无机物发生着复杂的分解和合成变化，各种微生物的组成也发生着相应的变化，从堆肥过程来看主要分为潜伏阶段、中温阶段、高温阶段、腐熟阶段。

1. 潜伏阶段

此阶段指堆肥开始时微生物开始适应新环境的过程，又称为驯化过程。

2. 中温阶段

此阶段为嗜温性细菌、酵母菌和放线菌等嗜温微生物利用堆肥中最易分解的淀粉等可溶性糖类物质进行繁殖，它们在转化和利用化学能的过程中，有一部分变成热能，而堆料有良好的保温作用，致使堆料温度不断上升。当堆料温度升至45℃以上时，进入高温阶段。

3. 高温阶段

堆肥进入高温阶段后，嗜温性微生物受到抑制甚至死亡，取代它们的是一系列嗜热性微生物（真菌、放线菌等）。堆料中剩余的和新形成的可溶性有机物继续分解转化，复杂的和难分解的有机化合物也逐渐被分解，开始形成腐殖质，堆肥物料进入到稳定状态。高温阶段，各种病原微生物都会死亡，各种种子也会被破坏失去活性，腐殖质和溶于弱碱的黑色物质开始形成，堆料碳氮比明显下降，堆料高度也随之降低，按我国高温堆肥卫生标准《粪便无害化卫生要求》（GB 7959—2012），要求堆肥最高温度达 50~55℃以上，持续 5~7d。

4. 腐熟阶段

当高温持续一段时间后，易分解的有机物（包括纤维素等）已大部分降解，只剩下小部分较难降解的有机物和新合成的腐殖质，此时微生物活性下降，发热量减少，温度降低。此时嗜温菌会再次占据优势，对剩余的较难分解的有机物进行进一步的分解，腐殖质的产生量会不断增加且趋于稳定化。当堆料温度下降且稳定在 40℃左右时，堆肥基本达到稳定。

通常利用堆肥温度变化作为堆肥过程（阶段）的评价指标。完整的堆肥过程由上述四个阶段组成。

3.4.2 好氧堆肥工艺流程及工艺类型

3.4.2.1 好氧堆肥的工艺流程

堆肥过程主要分为前处理、一次发酵、二次发酵和后处理四个过程，其一般工艺流程如图 3-11 所示。

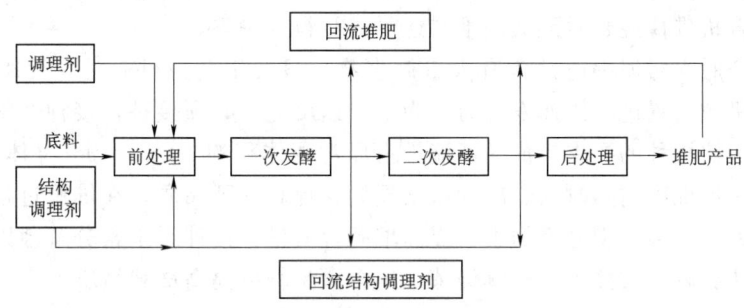

图 3-11 好氧堆肥工艺流程

1. 前处理

一般污水处理厂的脱水污泥含水率高，污泥呈片状或块状，结构紧密，通气性差；而加消石灰作助凝剂的脱水污泥则 pH 值高，不能正常发酵。因此，必须对污泥进行前处理，包括调整含水率、pH 值和粒度等参数，再利用成品进行接种发酵。

（1）含水率调整。脱水污泥饼的含水率通常高达 75%~85%，过高的水分会堵塞堆料中的空隙，影响通风，导致厌氧发酵和温度的急剧下降。水分过低（低于 40%）则不利于微生物的生长。好氧堆肥化污泥含水率一般应调整到 60%~65%。调整含水率的方法有添加辅料、成品堆肥回流、干燥和二次脱水等。

1）辅料添加法。由于前处理装置简单，且能显著改善脱水泥饼的通气性，因此被广泛应用于高含水率的污泥。一般在污泥中加入体积比 1:1 的辅料后，即可得到含水率

60%~65%、通气性能良好的堆料。常用的辅料有木屑、米糠、稻草等，在选择辅料时必须注意木屑等木质材料的使用。与米糠、稻草等植物秸秆相比，木质材料含有更多的难降解成分，若作为辅料，则堆肥过程中二次发酵阶段会耗时更长。

2) 成品堆肥回流法。在调整含水率的同时，还能调整 pH 值并进行接种，因此常用于添加消石灰处理后高 pH 值的脱水污泥。采用此种前处理方法时，堆料含水率必须调整到 50% 左右，所以它适用于含水率较低的污泥，而含水率高的污泥则需要添加 3~5 倍体积的成品堆肥，这样会使发酵设备过大，投资和能耗增加。成品堆肥回流法的优点是不需要额外供给辅料，堆料中带入的难降解物质少，可不必进行二次发酵，堆肥发酵时间短。

3) 污泥干燥。通常采用气流式干燥或流化床式干燥，均需要有密闭的干燥设备和热源，设备投资多且能耗高。污泥二次脱水机性能目前还没有很好地解决，所以干燥和二次脱水目前很少应用于污泥堆肥的前处理中，一般作为成品堆肥回流方式的辅助手段。

(2) pH 值调整。一般的脱水污泥不必进行 pH 值调整，但脱水时添加了消石灰的脱水污泥 pH 值可高达 11~13，不经过 pH 值调整通常不能发酵。脱水泥饼的 pH 值调整常用通过具有 pH 值缓冲能力的成品污泥回流来实现，这种方法还可以同时调整含水率，调整后的 pH 值在 10.0~10.5 即可。向发酵槽内通入含二氧化碳的废气，也是一种常用的调节污泥 pH 值的前处理方法。

(3) 粒度调整。污泥不同于生活垃圾，粒度较小，脱水污泥通常呈片状团块，比较密实，需将粒度调整至 1~2cm 内才可以应用。在实际工艺中添加辅料或进行成品堆肥回流混合时，大都已使污泥分散，其粒度降低到工艺要求，因此不必专门进行粉碎，但用叶片型或螺旋型混合机进行混合时形成的堆料还需进行粒度调整。

(4) 接种。脱水污泥中通常含有大量微生物，只要工艺条件合适，无须接种也能发酵，但在使用机械装置进行快速发酵时，为了加速反应，必须接种，接种通常采用成品堆肥回流来实现，按接种的要求，成品回流量占原污泥体积的 20%~30%（体积比）即可。有时为了加快污泥堆肥腐熟时间、减少氮素损失、提高堆肥品质，在堆肥过程中接种微生物菌剂，如接种固氮菌减少氮素损失，提高堆肥含氮量，接种纤维素分解菌以利于堆料中有机物质的快速分解，或接种解磷解钾菌及复合微生物以提高堆肥品质。

2. 一次发酵

将经前处理过的脱水污泥投入发酵装置，并开始通气，在微生物的作用下，开始好氧发酵，首先是易分解的物质分解，产生二氧化碳和水，同时产生热量，使堆料温度上升。

发酵初期主要是靠嗜温菌对污泥进行分解，随着堆温的升高，最适宜温度为 45~60℃ 的嗜热菌代替嗜温菌，在 60~70℃ 或更高温度下进行高效率的分解（高温分解比低温分解更迅速），此时堆料温度最高可达 65~75℃。这种状态的持续时间由通风量决定，通风量大，则持续时间短；通风量小，则持续时间长。保持一定时间高温后，温度开始下降，逐渐达到常温，标志一次发酵结束。整个工艺过程一般需 10~12d，以高温阶段持续时间最长。

一次发酵过程中，主要是脂肪、蛋白质、碳水化合物等生物易降解物质发生转化成为较稳定的腐殖质和有机酸。因此，BOD 明显下降，改善了污泥的性能，消除了恶臭，同时由于较长时间使堆料温度保持在 65~75℃，也杀灭了致病菌、虫卵和草籽，卫生状况得到改善。一般一次发酵中若采用添加辅料方式，成品水分为 40%~50%，成品堆肥回流方式水分为30%~35%。

一次发酵是完成堆肥过程的升温和高温发酵阶段（主发酵阶段），使堆肥物料达到初步生物稳定，其稳定的标志是好氧速率下降和温度下降。

3. 二次发酵

二次发酵是将一次发酵工序中尚未分解的易降解有机物及难降解有机物进一步分解，使之变成腐殖质、有机酸等比较稳定的有机物，得到完全腐熟的堆肥制品的过程。

采用成品堆肥回流法一次发酵的堆料即可作为成品施用于农田，但采用添加辅料或与生活垃圾混合的堆料，经一次发酵后，仍有大量纤维素、木质素等难降解有机物残留，堆肥产品未熟化。而未熟化的堆肥施用于农田，对植物生长不利。碳氮比过高时，其进一步分解会消耗土壤中的氮，使土壤处于缺氮状态；而碳氮比过低时，施于土壤中后会进一步分解放出NH_3，阻碍植物生长，因此需要对未熟化的一次发酵产品进行二次发酵。

二次发酵可在封闭的反应器内进行，由于二次发酵周期长，用机械装置的发酵槽体积过大，不够经济，所以二次发酵通常在敞开的场地、料仓内进行，物料堆积高度一般为1~2m，有时还需要翻堆或通气，一般每周翻堆一次即可。

4. 后处理

经过二次发酵工序处理后的物料，几乎所有的有机物都被稳定化和减量化，但在前处理中带入的杂物还需经过一道分选工序去除。可采用回转式振动筛、磁选机、风选机等预处理设备分离去除上述杂质，并根据需要进行破碎（如生产精肥），也可依据农田的土壤条件，在散装堆肥中加入氮、磷、钾等添加剂后生产复合肥。

3.4.2.2 好氧堆肥的工艺类型

根据发酵过程所采用的设备不同，堆肥工艺可具体划分为条垛式堆肥、静态强制通风堆肥、发酵槽（池）式堆肥及机械化程度较高的容器式堆肥工艺。

1. 条垛式堆肥

条垛式堆肥是在露天或棚架下，将混合好的堆肥原料堆成条堆状，在好氧条件下进行分解的一种堆肥方式。在确定条堆的尺寸时，首先考虑微生物活动所需要的条件，同时也要考虑场地的有效使用面积。典型的堆宽为4.5~7.5m，堆高为3~3.5m，长度可根据厂区地形确定，但最佳尺寸受气候条件、翻堆设备、堆料性质等影响，需要视具体情况而定。条堆的断面有梯形、宽梯形和三角形等（图3-12）。

2. 条垛式堆肥

在发达国家普遍使用的是静态强制通风堆肥方式，该堆肥系统在条剁式堆肥的基础上进行了改进。目前世界上最大的污泥堆肥厂——美国污泥处理中心（SPDC）采用的就是静态强制通风堆肥系统。它主要用于湿基质的堆肥，中间可采用膨胀材料在堆中形成孔隙。静态强制通风堆肥不同于条剁式堆肥系统，堆肥过程中不进行物料的翻堆，而是将堆料置于带有通风管道系统的地面上，通过高压风机的强制通风来提供堆肥过程所需的氧气。地面管路上通常先铺一层木屑或者其他松软性填料，可以达到均匀布气的目的，然后再在这层填料上堆放堆料体，最后在堆体最外层盖上约30cm厚的堆肥产品，用以减少臭味的扩散并保证堆体内维持较高的温度。加拿大和美国等还常在堆料上加盖一层堆肥覆盖纤维布，既能保证堆体氧气和二氧化碳通畅交换，又能促使过多水分蒸散。在雨天有阻水

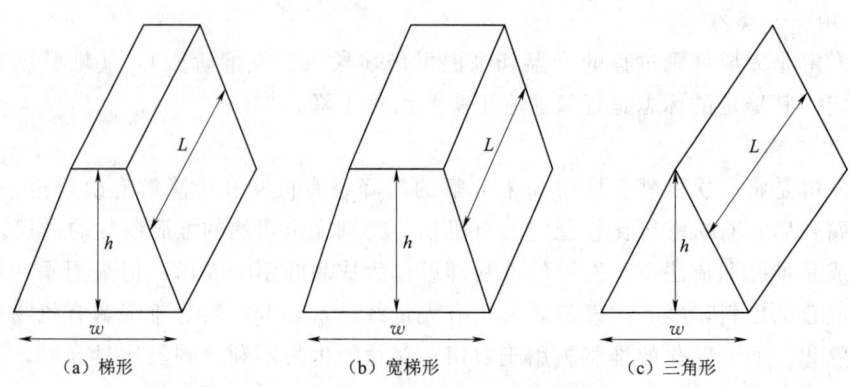

图 3-12 条形堆断面的几种形式

作用，可避免营养成分损失，在干热天气能保证堆体水分过多散发。

静态强制通风堆肥系统中，通气系统是整个工艺的核心，包括鼓风机和通气管路。通风方式可采取正压鼓风或负压抽风，也可用由正压鼓风与负压抽风组成的混合通风。正压鼓风就是用鼓风机将空气鼓入堆肥物料中，该法输入空气均匀，有利于物料中气孔的形成，使物料保持蓬松，输气管不易堵塞，能有效地散热和去除水分，其效率比负压抽风高1/3。而负压抽风则是将堆肥物料中的潮湿高温气体用风机抽出，该法易使物料压实过紧。若使用翻堆与强制通风结合的方式，则成为强制通风条堆系统。其操作除了定期翻堆外，其余与静态强制通风堆肥系统相似。

相比于条垛式堆肥系统，静态强制通风堆肥的温度可以通过调整通风来精确控制，产品的稳定性好；堆肥腐熟时间一般为2～3周，相对较短；由于堆肥腐熟期相对较短，底部填充料的用量少，占地相对较少，所以是目前主流的堆肥工艺。在实际操作中，若污泥料堆操作控制不当，堆体通风口容易被堵。另外，堆体设计高度至关重要，如果过高会影响通气，产生厌氧发酵现象。

3. 发酵槽（池）式堆肥工艺

发酵槽式堆肥改变了条垛式堆肥的露天堆肥方式，把发酵槽放到了厂房。槽式堆肥系统是目前国内较流行的一种堆肥系统，它是将待发酵物料按照一定的堆积高度放在一条或多条发酵槽内。在堆肥化过程中根据物料腐熟程度与堆肥温度的变化，每隔一定时期通过翻堆设备对槽内的物料进行翻动，让物料在翻动的过程中能更好地与空气接触，并带走大量的水分，降低物料的温度与湿度。

发酵槽式堆肥系统由槽体装置、翻堆设备、翻堆机转运设备、布料及出料设备四部分组成。槽体装置是用来存放堆肥物料的场所，可以做成槽式的，也可以做成地坑式的。槽式的出料方便，应用十分广泛，而地坑式的由于出料不方便，水位低的地区还要考虑防水，所以实际应用较少。

发酵槽式堆肥系统的投资少、产量高、堆肥化程度均匀、周期短，堆肥化过程中可以带走大量的水分。其缺点是占地面积大。

4. 容器式堆肥工艺

自20世纪80年代开始，世界各国研发出大量的反应器堆肥系统，该系统是将物料放置在部分或全部封闭的发酵装置（如发酵仓、发酵塔等）内，通过控制通气和水分条件，使物料进行生物降解和转化。堆肥反应器设备在发酵过程中要进行翻堆、曝气、搅拌、混合、协助通风等操作，从而可以控制堆体的温度和含水率，同时在反应器中解决物料移动、出料的问题，最终达到提高发酵速率、缩短发酵周期，实现机械化生产的目的。

反应器堆肥系统的种类很多，大体可分为立式多层堆肥系统、卧式滚筒堆肥系统、筒仓式堆肥系统、箱式堆肥系统等。

3.4.3 好氧堆肥的工艺控制参数

1. 原料

很多物料都可以作为堆肥的原料，但不是任何原料都可以通过好氧堆肥获得合格的有机肥产品。好氧堆肥过程是利用好氧微生物的活动来降解和转化有机物，所有影响好氧微生物生长繁殖的因素都会影响堆肥过程，最终影响堆肥产品质量。在原料中需要控制的指标和参数主要有碳氮比、含水率、空隙率、pH值和有毒有害物质的含量。

（1）碳氮比。碳和氮是维持微生物生命活动和进行细胞合成的重要原料和能量来源，而微生物对有机物的降解和转化是堆肥化的核心，因此必须控制堆肥原料的碳氮比，确保微生物降解和转化的过程能顺利、高效地进行。一般碳氮比控制在20~30较为适宜。若是碳氮比过高，微生物在增殖时会出现氮源不足，从而使微生物生长受到限制，导致有机物的降解速度较为缓慢，还会容易引起杂菌感染。

另外，没有足够的微生物产酶会造成碳源的浪费和酶产量的下降，也会造成成品堆肥的碳氮比过高，这样的堆肥进入土壤后会造成土壤进入"氮饥饿"状态，影响作物的生长繁殖；若碳氮比过低，即氮源过多，会造成微生物生长过剩，导致碳源供应不足，易引起菌体的衰老和自溶，这会造成有效成分氮的损失且对环境造成影响，会直接影响农作物生长。堆肥过程中可以通过添加各种辅料来调整。

（2）含水率。含水率是衡量好氧发酵需氧量的一个重要指标，其多少会影响好氧堆肥的反应速率，也会影响堆肥的最终质量，甚至还能影响堆肥工艺的正常运行。在堆肥过程中，水分主要起两方面的作用：一是溶解有机物质，促进微生物的新陈代谢；二是水分蒸发时可以带走堆料中的热量，起到调节堆料温度的作用。

在堆肥期间，含水量过少会影响微生物的代谢活动，如果堆料含水率低于20%，细菌的代谢活动就会停止。含水率过高会使堆料内的自由空间减少，造成通气性差；会形成微生物的厌氧发酵，过程中产生臭味；且降解速率也会下降，导致堆肥腐熟时间延长。

在堆肥过程中，随着时间的推移，堆料温度逐渐升高，堆料水分不断蒸发。水分的快速蒸发发生在堆肥的前10d，之后随着污泥堆体温度的下降，水分蒸发速率则不断减慢。大量试验结果表明，污泥堆肥的适宜含水率上限为80%，下限为30%，最佳含水率为60%。污水厂机械脱水后的污泥含水率一般在80%左右，所以在污泥好氧堆肥前需要进行含水率的调节。在实际操作过程中，含水量大的污泥可通过加入吸湿性强的调理剂如木屑和稻草等来降低含水率，还可以采取掀开覆盖于堆体上的薄膜、增加翻堆频率、增大通气量来加快水分的散失。如果含水率超过80%，则只能通过添加有机物质、调整有机质含量来调节含水率。含水量过低的污泥则通过添加水分来使其含水率达到需要值。

（3）空隙率。空隙率是指堆料中可被流体（空气、水）自由占据的空间体积与堆体总体积之比。污水厂的污泥一般都进行了机械脱水,脱水过程中还会添加部分絮凝剂,所以污水厂产生的污泥比较黏稠和致密。同时由于污泥堆积过程中的自身重力原因,也很容易压成较大的团块,所以污泥单独堆肥时基本无法保证堆肥空隙率的要求,需要添加秸秆、木屑等有机调理剂使其能达到正常发酵所需的空隙率。一般情况下,静态堆肥的空隙率控制在50%以上,动态堆肥控制在35%以上。

(4) pH值。在堆肥过程中,微生物的降解活动需要一个微酸性或中性的环境条件,pH值过高或过低都不利于微生物的繁殖和有机物的降解。pH值对好氧堆肥影响较大,当pH值低于5.2或高于8.8时,堆肥无法进行,同时随着堆肥过程中pH值的变化,温度、耗氧量和质量也会随之变化。堆肥初期,污泥中的含氮化合物在微生物作用下氨化,产生大量氨气,不能及时散失,使得堆体pH值升高;堆肥后期,氮的氨化挥发作用减弱,同时氨可以作为有机质而被利用,硝化作用增强,有机物分解产生有机酸,pH值下降。在堆肥过程中,适于操作的pH值为5.2~8.8,最佳pH值为7.6~8.7。

(5) 有毒有害物质。污泥主要是由废水生物处理过程产生的,重金属会在处理过程中发生生物浓缩,所以污泥中重金属的浓度比废水中高。不过正常情况下污泥中的重金属不会影响堆肥过程。受污染污泥需要考虑重金属的影响,重金属含量过高的"受污染污泥"不但会影响污泥堆肥效果,更重要的是会影响堆肥产品的质量。

2. 通气量

污泥好氧堆肥需要良好的通风供氧条件,通风量的多少会影响到微生物的活动程度、有机物的分解速度、物料含水率以及颗粒的大小等。运行良好的污泥堆肥系统通常需要充足的供氧能力、氧气在物料各处分布均匀等因素。好氧堆肥化过程需要大量空气,一方面生化反应需要氧气,另一方面排气又可将堆料中的热量和水分带出,维持适当的生化反应条件,因此控制通气量必须综合考虑各种因素。堆肥化的不同阶段,通气目的不同。堆肥初期堆料中易降解有机物含量高,有机物氧化分解迅速,料堆温度可上升到70℃以上。

增加通气量可以为微生物提供所需的氧并维持良好的生物生存环境,使堆体中的氧含量保持在5%~15%。但如果通气量过大,则所产生的热量大部分被带走,使嗜热细菌活性降低,反而使生物降解速度减小;通气量过小,被带走的热量少,长时间保持高温,造成供氧不足,发生厌氧发酵,有机物分解量减少。进入堆肥后期,有机物被基本分解完,通气主要是为了减少堆肥产品的水分,使产品便于储存,此时可适当减少通气量。

由于堆肥不同阶段的优势微生物不同,各阶段主要发生的生化反应也不同,所以各阶段需要的通风量也不同。为了能尽量降低能耗且还能满足微生物需氧量要求,目前的堆肥工艺主要采用时间和温度联合控制的方式来调整通风量。有研究表明,发酵温度在55℃时的氧气浓度以5%~15%为宜,此时通风量应设置在1.5~2.0m³/min,堆肥后期的通风量需要加强,以减少臭气并降低肥堆的温度。

3. 温度

温度是堆肥化过程需要重点操作控制的参数。不同的微生物适宜生产的温度范围是不同的,不同的温度情况下,可以生存的微生物种类和数量也不相同,这就造成不同温度情况下其对有机物的分解能力存在差异。

发酵反应的初期,主要是嗜温菌起作用,其适宜温度为30~50℃,随着堆料温度的升高，嗜温菌逐渐被嗜热菌所取代，其适宜温度为45~65℃。微生物的分解活动还是一个放热过程，若不加以控制，堆料温度可达75~80℃，此温度下微生物的活性会急剧降低，有机质会被过度消耗，产生的堆肥品质会降低。温度过低也不利于微生物的活性，例如微生物在40℃左右的活性只有最适温度时的2/3左右，温度过低会导致发酵时间延长。温度会直接影响有机物的降解速度，所以一般温度应控制在45~65℃，微生物活性最大时的适宜温度为55~60℃。

堆肥化温度控制的另一个目的是杀灭堆料中的病原菌、寄生虫卵和杂草种子，堆肥化过程若能24h维持在60℃以上，即可达到无害化目的。但根据美国环保局（EPA）的规定，深度灭菌的标准是条垛料堆内温度大于55℃的时间至少15d，且在操作过程中至少翻动5次；对强制通风静态垛系统和发酵槽系统，料堆内部温度大于55℃的时间必须达到3d。

堆肥化过程温度的控制常通过调节通气量来进行，堆料成熟后，料堆温度与环境温度趋于一致，一般不再有明显变化。

4. 搅动频率

搅动的作用是使空气填充到堆料固体颗粒间的空隙内，使空气与堆料均匀接触，从而使微生物获得充足的养分，也可以促进水分的蒸发。搅动频率对堆肥过程有明显影响，在堆肥的开始阶段，氧气消耗量很大，理论上固体颗粒空隙间的氧气在30min内就会被耗尽，但在实际工艺操作中，每次发酵的持续时间只有几天，一般2天搅动1次，但实际的分解效率不会下降，发酵也能继续进行。但是对有机质含量比较高的污泥，在堆肥初期则需要较为频繁的搅动。

在堆肥后期的搅动会导致堆料温度下降，一般的搅动主要在加料开始到分解率下降这个阶段进行，不同的发酵装置，搅动的频次也不同，一般从连续搅动到1~2d进行1次搅动不等。温度也可以作为判断搅动的指标，一般当堆心温度在55~60℃时可以开始搅动。

5. 发酵时间

发酵时间主要是从加料开始到有机物分解停止，也就是CO_2停止产生的时间，通常可以以堆料温度达到最高温度作为标志。发酵时间会因污泥种类、机械脱水时加药种类以及堆料前处理方法的影响而不同。采用常规发酵槽系统，正常发酵顺利的情况下，各发酵系统的时间相差不大，一般都为10~15d的发酵期。

3.5 污泥石灰稳定技术

石灰稳定法的主要作用是通过降低易腐污泥的臭气、杀死病原菌等实现污泥后续处理处置的良好环境卫生状况。污泥的臭气是由于含有氨化合物和硫化物，这些化合物在生物厌氧过程散发，是污泥臭气的主要来源。投加石灰于污泥中，造成强碱性的环境条件，使参与产生这种臭气反应的微生物活动受到强烈的抑制，甚至被灭活。同样，病原菌也由于强碱性条件而失去活性或死亡。

石灰稳定法是一种简单的污泥稳定化方法，所需的基建费用不高。石灰稳定法实际上并没有直接降解有机物，不仅不能使固体物的量减少，反而使固体物增加。由于固体物增加，因此最终处置的费用往往要比其他的污泥稳定方法要高。

3.5.1 石灰稳定的原理

1. pH值

石灰稳定依赖于在足够的时间内维持pH值在较高水平，使污泥中微生物群体失活，阻止或大幅度延迟了臭素和细菌污染源产生的微生物反应。石灰稳定过程涉及大量的改变污泥化学组成的化学反应。由于污泥的多介质复杂体系，过程机理还没有得到详细阐述。总体来说，以下是可能发生的反应类型：

(1) 与无机组分有关的反应：

钙：$Ca^{2+}+2HCO_3^-+CaO$——$CaCO_3+H_2O$

磷：$2PO_4^{3-}+6H^++3CaO$——$Ca_3(PO_4)_2+3H_2O$

二氧化碳：CO_2+CaO——$CaCO_3$

(2) 与有机组分有关的反应：

酸：$RCOOH+CaO$——$RCOOHCaOH$

脂肪："脂肪"$+CaO$——脂肪酸

如果加入石灰量不够，随着这些反应的发生，会消耗石灰，导致pH值下降，污泥中生物的活性未得到有效抑制，达不到污泥稳定化效果。工程上要求加入过量的石灰（5~15倍于达到初始pH值的需要量）用以保持较高的pH值。

2. 产热

如果将生石灰加入污泥，它首先同水形成水合石灰。这一过程是放热反应，释放约 15300cal/(g·mol) 的热量，同时生石灰和CO_2之间的反应也是放热的，释放约 4.33×10^4cal/(g·mol) 热量。这些反应导致温度大幅度升高。

3.5.2 石灰稳定的工艺控制参数

在设计石灰稳定设施中，有三个关键参数：pH值、接触时间和石灰的剂量。

在设计中，要求保持pH值在12以上2h，其目的是使病原菌确实被杀死和保持足够的碱性，使pH值能在11这个水平上维持几天，即使无法立即对污泥进行最终处置和利用，也不会发生腐败现象。

具体石灰的添加量应根据化学计算和现场实验来确定，例如：对于含固率为3%~6%的初沉污泥，其初始pH值约为6.7，为使pH值达到12.7左右，平均$Ca(OH)_2$量应为干固体的12%，对于剩余污泥，固体的含量为1%~1.5%，起始pH值约为7.1，投加$Ca(OH)_2$量为干固体的30%可使pH值达12.6；对于经厌氧消化的混合污泥，含固率为6%~7%，起始pH值为7.2，投加$Ca(OH)_2$量为干固体的19%可使pH值达12.4。

3.6 工程实例

3.6.1 北京小红门厌氧消化项目（卵形消化）

3.6.1.1 应用工程概况

小红门污水处理厂污泥厌氧消化工程坐落于北京南四环外小红门污水处理厂北区。其主体构筑物包括5座消化池、污泥泵房、沼气柜、脱硫塔、废气燃烧装置、沼气锅炉房等。每座消化池容积为 12300m³，满负荷进泥量为每日每池 600m³，5 座消化池满负荷运行每日可产沼气 30000m³，污泥在消化池中停留 20d，采用中温一级厌氧消化工艺，消化温度控制在 35℃，使用沼气搅拌和污泥循环搅拌，进泥方式为顶部连续进泥，排泥方式为溢流排泥。该工程由北京市市政设计研究总院设计，北京市市政四建设工程有限责任公司施工，北京城市排水集团有限责任公司负责运营。资产隶属北京市人民政府国有资产监督管理委员会，行业主管是北京市水务局。项目开工时间是 2005 年 10 月，投入运行时间是 2008 年 11 月 12 日。

3.6.1.2　应用工程的处理流程

1. 设计规模及泥质

工程设计处理含水率 97% 的污泥 3000m³/d，污泥来源于小红门污水处理厂产生的初沉污泥及浓缩后的剩余污泥，折合成含水率 80% 的污泥为 450t/d。

2. 设计进、出泥泥质

设计消化进泥为初沉污泥和浓缩后的剩余污泥，含水率平均值为 97%，有机组分含量为 60.3%，排泥含水率为 98%。

3. 工艺流程及参数

初沉污泥及浓缩后的剩余污泥进入消化污泥储泥池，采用连续投泥的方式，用 5 台转子泵泵向各自对应的消化池，由顶部进泥，消化池温度控制在 35℃ 左右，采用沼气循环搅拌法对污泥进行搅拌，经过 20d 的消化周期后，污泥由静压溢流排泥的方式排出。产生的沼气用于拖动厂内鼓风机及消化池加热，冬季供沼气锅炉为厂内建筑物供暖。工艺流程如图 3-13 所示。

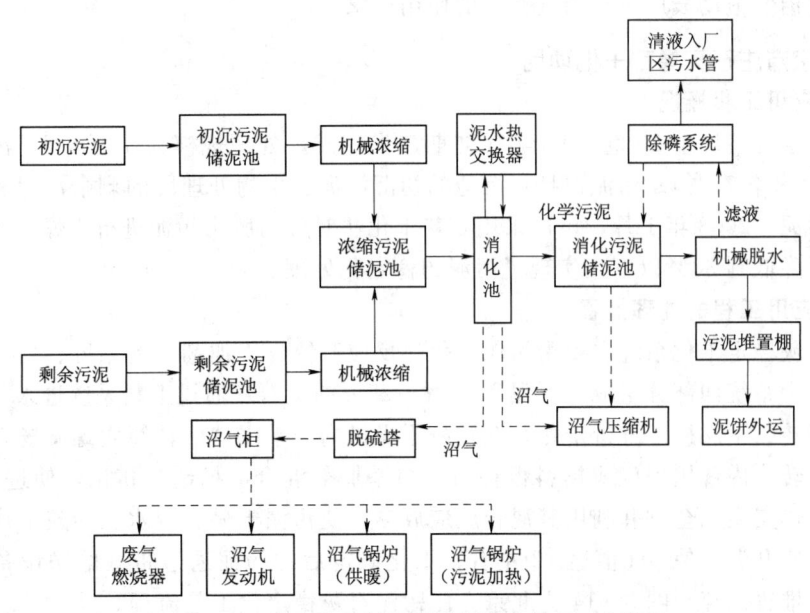

图 3-13　北京小红门污泥厌氧消化处理工艺流程

消化池进泥有机组分在 50%~75%，进泥含水率为 97% 左右，消化系统有机物分解率为 50%~60%，分解每千克有机物的沼气产量为 0.75~1.12m³。

3.6.1.3 实际运行情况

1. 持续运营时间

小红门污泥厌氧消化项目从2008年11月12日开始投入运行，2009年1月消化池运行逐渐趋于稳定，各消化池进泥量也逐渐达到满负荷运行。沼气拖动鼓风机于2009年3月完成调试工作，投入使用。

2. 实际进、出泥泥质

小红门污泥厌氧消化系统实际进泥泥质与设计有所不同，设计进泥泥质为机械浓缩后的初沉污泥和剩余污泥，实际进泥泥质为初沉污泥，进泥有机组分随着季节有些波动，为50%～75%；消化后污泥含水率有所增加，一般在97.5%～98.5%之间，消化后污泥有机组分在40%～45%。

3. 主要运行参数

小红门污泥厌氧消化系统采用的工艺是国际先进卵形消化池型以及连续进泥和连续排泥的单级消化技术。搅拌方式采用沼气压缩机气体搅拌，同时辅助泵循环搅拌。

消化系统工作温度为 (35±1)℃，消化时间为20d，污泥投配率为5%，有机物分解率为50%～60%，分解每千克有机物沼气产量为0.75～1.12m^3，沼气中甲烷含量一般为65%～70%。污泥消化加热来自沼气拖动鼓风机的余热，冬季时由沼气锅炉补充部分热量。

4. 沼气利用情况

小红门污泥厌氧消化系统沼气采用两级脱硫和串联方式，先是通过喷淋塔将沼气进行碱洗，然后通过干式脱硫塔进行精脱硫。沼气中硫化氢含量降至100mL/m^3以下，能够满足后续设备沼气拖动鼓风机和沼气锅炉的使用要求。

3.6.2 北京方庄石灰稳定干化项目

3.6.2.1 应用工程概况

方庄污水处理厂于20世纪90年代初期建设完成，处理规模为4万t/d，污泥产量约20m^3/d（含水率75%）。污泥包括初沉池的初沉污泥、生物处理段的剩余污泥和高效反应池的化学污泥。2008年1月，该厂采用石灰干化法对厂内脱水污泥进行干燥，干燥后的污泥含水率可降低到30%以下，实现了污泥的稳定化处理。

3.6.2.2 应用工程的处理流程

污泥石灰稳定干化系统主要由污泥干化热反应系统、添加剂上料系统、处理后污泥输送系统和除尘系统四部分组成。污泥和20%～25%的生石灰通过上料系统进入污泥干化热反应系统（转鼓干燥机）进行干化，在转鼓干燥机内，采用"回转筒内螺旋扬料"混合方式，外筒旋转，内壁用螺旋式扬料板将污泥与添加剂混合、扬起、挤出，使进出料顺畅、混合均匀，热交换完全，并利用其混合反应放热，使污泥干燥、脱水。转鼓干燥机内混合物温度可迅速升温，使pH值达12左右。干化稳定后的污泥通过带式输送设备运往室外堆置棚进行堆置储存。图3-14为北京方庄污泥石灰稳定化工艺流程。

3.6.2.3 实际运行情况

1. 减量化效果

方庄污水处理厂离心脱水后污泥的含水率约为65%，通过添加25%的生石灰，脱水

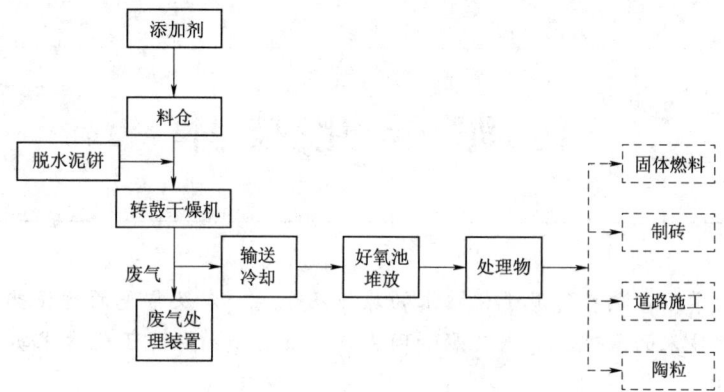

图 3-14 北京方庄污泥石灰稳定化工艺流程

污泥与石灰添加剂在转鼓式干化机中充分混合，温度迅速升高，10min 内最高温度可达到 100℃，温度上升幅度约为 70℃。按照日产污泥 30t、含水率 80%、石灰投加率 30%（石灰含水率忽略）、石灰干化处理后污泥含水率 40% 进行减量水平计算：

最终污泥产量：　　　{30×(1－80%)＋30×25%}/(1－40%)＝22.5(t)

减量率：　　　　　　(30－22.5)/30＝25%

2. 稳定化、无害化效果

污泥中有机物组分大量减少，TN 有所降低，堆置 5d 后大肠杆菌和粪大肠杆菌经测定也未检出。

第4章

污 泥 干 化 技 术

【学习目标】

通过本章的学习，熟悉污泥干化技术的原理及分类，以及常见的污泥热干化技术；了解污泥生物干化技术的原理、特点及影响因素，以及典型的污泥干化技术实例。

【学习要求】

知 识 要 点	能 力 要 求	相 关 知 识
污泥干化技术概述	(1) 熟悉污泥干化技术的原理； (2) 了解污泥干化技术的分类	(1) 污泥干化技术的原理； (2) 污泥干化技术的分类
污泥热干化技术	熟悉直接加热转鼓工艺、流化床干化工艺等常见的污泥热干化技术	直接加热转鼓工艺、流化床干化工艺等常见的污泥热干化技术
污泥生物干化技术	(1) 熟悉污泥生物干化技术的原理； (2) 了解污泥生物干化的特点； (3) 了解污泥生物干化的影响因素	(1) 污泥生物干化技术的原理； (2) 污泥生物干化的特点； (3) 污泥生物干化的影响因素
典型案例	了解污泥干化技术的典型案例	污泥干化技术的典型案例

4.1 概 述

随着城市化进程的加快和人们生活水平的不断提高，人均用水量和城市人口数量都在迅猛增长，生活污水排放总量正以每年 1.0×10^9 t 的速度持续增加。污泥作为污水处理的必然产物，其产量亦不断增加，由此产生的污泥安全处理处置问题已经成为公众关注的主要问题之一。

城市污水厂污泥含水率高，并有铜、锌、汞等重金属以及大量病原菌、寄生虫，易腐烂，有强烈的臭味，会对周围环境及人体健康造成不同程度的危害。如果处理处置不当，甚至任意排放，必然会对周边环境造成严重的二次污染。经过机械脱水后污泥具有较高的含水率（一般≥80%），但仍然存在着大量的病原菌、寄生虫卵以及有机污染物，二次污染发生的可能性依然很大。

目前污泥的处置和资源化利用方法主要为安全填埋、土地利用、焚烧、建材利用等，由于污泥在不同含水率时需采取的最终处置工艺不同，因此污泥含水率是制约污泥处置和利用的关键，但无论采取何种处置方式，污泥的干化都是对其进行预处理的至关重要的一步。

4.1.1 污泥干化技术的原理

污泥干化是为了去除或减少污泥中的水分。干化过程中污泥的形态主要分为三个阶段：①湿区，处于该阶段的污泥含水率较高，大于60%，具有很好的自由流动性，因此可以很容易地流入干化装置；②黏滞区，处于该阶段的污泥含水率略有降低，为40%～60%，具有一定的黏性，不易自由流动，该区域是污泥干化处理过程中需要避免的区域；③粒状区，此阶段的污泥含水率降至40%以下，污泥呈现颗粒状，极易与湿污泥或其他物质混合。

污泥水分的脱除过程主要分为两个阶段，即污泥表面水分的汽化蒸发过程和污泥内部水分的扩散过程。

蒸发过程：物料表面的水分汽化，由于物料表面的水蒸气分压低于介质（气体）中的水蒸气分压，水分从物料表面进入介质。

扩散过程：扩散过程是与汽化密切相关的传质过程。当物料表面水分被蒸发掉，导致物料表面的湿度低于物料内部湿度，此时，热量的推动力将水分从内部转移到表面。

上述蒸发过程和扩散过程持续、交替进行，基本反映了干燥的机理。

在热力干化过程中，污泥中部分可挥发性物质被热量分解，形成臭气。该过程形成的臭气具有污染性，需对其进行处理，待达标后再排放。一般工程上采用生物过滤器进行除臭或作为助燃空气直接烧掉。蒸发形成的水蒸气一般采用冷凝形式捕集，这一过程产生一定量的废水（约20～25kg/kg 蒸汽）。废水COD的浓度增加约200～4000mg/L，SS的浓度随之增加约20～400mg/L。废水也需要进一步处理后达标排放。使用化石燃料的污泥干化设施会产生一定量的烟气排放，且泥质、燃料、焚烧炉型的不同，会对产生的烟气组分造成较大差异。

4.1.2 污泥干化技术的分类

4.1.2.1 按污泥与加热介质的接触方式

根据污泥与加热介质的接触方式不同，污泥干化技术可以分为直接加热式、间接加热式、热辐射加热式以及几种干化技术的整合应用。

1. 直接加热式

直接加热式是指污泥与加热介质直接进行接触混合，使污泥中水分蒸发，污泥得以干燥，这属于对流干化技术。直接加热方式又可分为转鼓式、传送带式、气动传输式、其他间歇式。

2. 间接加热式

间接加热式是指加热介质先把热量传递给第三介质——加热器壁，加热器壁再将热量传递给湿污泥，使污泥中水分蒸发，污泥得以干燥，这属于热传导干化技术。间接加热式只有依靠有效的热传导，才能获得较高的热效率。间接加热方式又可分为转盘式、桨叶式、薄层式、流化床式、涡轮薄层式。

3. 热辐射加热式

热辐射加热式中，热传递是由电阻元件来提供辐射热能以完成干燥。电阻元件包括燃气的耐火白炽灯、红外灯等。

4.1.2.2 按形式不同

按设备形式的不同，污泥干化技术可以分为转鼓式、转盘式、带式、桨叶式、离心式、流化床、多重盘管式、螺旋式、薄膜式等多种形式。

4.1.2.3 按干化设备进料方式和产品形态的不同

按干化设备进料方式和产品形态的不同，污泥干化技术可以分为干污泥返混式和湿污泥直接进料式。干料返混是指湿污泥在进料前先与一定比例的干泥混合，然后再进入干燥机，干化后的产品为球状颗粒，是一种集干化和造粒于一体的工艺。湿污泥直接进料式是指湿污泥直接进入干化装置，干化后的产品多为粉末状。

4.1.2.4 按污泥产品含水率不同

按最终获得的污泥产品的含水率的不同，污泥干化技术可以分为半干化和全干化。半干化工艺是指将污泥干燥至湿区的底部，全干化工艺是指将污泥含水率降至15%以下。在全干化过程中，为了使混合后的污泥越过黏滞区的固态污泥（干燥率大约为65%），采用再循环混合技术，选取合适的比例将再循环混合污泥与湿污泥进行混合，一般情况下，再循环污泥的量要大于欲混合的湿污泥的量。

4.1.2.5 根据干化后污泥是否需要返回工艺中进行混合和造粒以及返回的位置

根据干化后污泥是否需要返回工艺中进行混合和造粒以及返回的位置，污泥干化技术又分为前返混、后返混和无返混型。

4.1.2.6 根据对系统进行惰性化的介质使用情况

根据对系统进行惰性化的介质使用情况，污泥干化技术分为蒸汽自惰性化、烟气惰性化、氮气补充型等。惰性介质不同，惰性化性质和成本会有差异。

4.2 污泥热干化技术

4.2.1 污泥直接加热转鼓干化技术

4.2.1.1 直接加热转鼓干化工艺

自20世纪40年代以来，欧美和日本等国就开始利用直接加热式转鼓干燥机（也称为滚筒干燥器）来干化污泥，具有代表性的技术或设备的厂家有奥地利Andritz集团、美国Wheelabrator Technologies Inc. 下属的Bio Gro、英国的Swiss Combi、瑞士SC Technology GmbH（SCT）和日本Okawara MFG. Co. Ltd.。其中Okawara MFG. Co. Ltd. 的干燥机在转鼓里采用高速刮刀刮泥饼，以形成随意移动的产物；而其余的厂家均需要在干化前，用干物料与湿污泥进行一定比例的混合，并形成含固率60%~70%的球状物，这些球状颗粒可以在转鼓里随意转动。最初，所有的转鼓干燥机都使用一次通过性空气系统，能量利用效率低，且产生大量需要进一步处理的废气。后来随着技术和设备的不断优化，大部分厂商开始采用封闭循环式干燥机，此类干燥机不但节省了能源，还可以减少剩余空气的排放量。

直接加热转鼓干化工艺（图4-1）的主要特点是干料"返混"，即干化后的污泥经过筛分，将部分粒径过大及过细的污泥颗粒返回与湿污泥混合形成含固率达60%~80%的小球状物。这样可产生在转鼓里随意转动的污泥小球颗粒，在转鼓内与热空气接触得到干化，烘干后的污泥被螺旋输送机送到分离器，在分离器中干化机排出的湿热气体先经过除尘，然后进行热力冷凝回用，冷凝后的气体则进行循环利用或处理，达到符合环保要求的排放标准。从分离器中排出的干污泥的颗粒粒径可调，再经过筛选器将满足要求的污泥颗粒送到贮存仓贮存，干化的污泥干度可达92%以上或更高。干化的污泥颗粒直径可控制在1~4mm，这主要是考虑干化污泥用作肥料或园林绿化的可能性。

粒径过大的颗粒经粉碎机碾碎后与细小的干化污泥以及气体除尘的灰分一起被送到混合器中与湿污泥混合后，送入转鼓干燥机，热空气可使用沼气、天然气或热油等为燃料加热制备。分离器将干化的污泥和水汽进行分离，水汽几乎携带了污泥干化时所

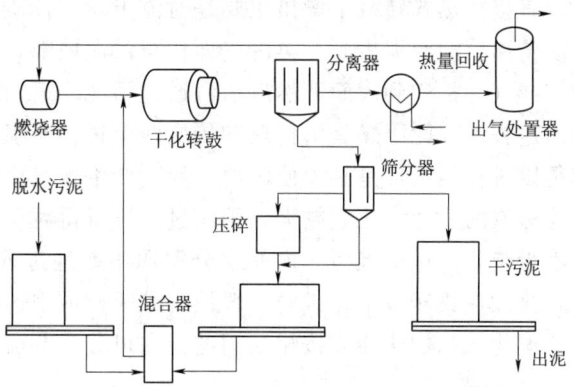

图4-1 直接加热转鼓干化工艺流程图

耗用的全部热量，需要充分回收利用。水汽经过冷凝器，冷凝器冷却水入口温度为20℃，出口温度为55℃，被冷却的气体大部分循环至空气燃烧系统，较少的一部分送到生物过滤器中处理或燃烧处理，完全达到排放标准后排放。

该干化系统的特点是：污泥与热空气直接接触，能耗低，转鼓内无旋转部件，空间利用率高，干化污泥呈颗粒状，粒径可以控制，采用气体循环回用设计，减少了尾气的排放和处理成本，但所有的循环气体均需进行处理，除尘装置规模较大，气体含氧量控制要求高。

4.2.1.2 直接加热转鼓干燥设备的基本结构和原理

转鼓干燥机是一种转动干燥设备，在干燥过程中，转鼓内通入加热介质，通过转鼓的转动，物料缓慢地向出料口方向移动，在移动过程中，物料与加热介质直接接触，去除物料中的水分，达到所要求的含水率。该设备可连续操作，主要应用于液态物料、带状物料、膏状及黏稠状物料的干燥。

直接加热式转鼓干燥机中污泥与加热介质在干燥机中直接接触，以接触传热的方式进行干燥。按加热介质与污泥的流动方向可分为并流式和逆流式。图4-2为逆流式直接加热转鼓干燥机，污泥从进料口进入干燥机中，在重力、推力和转鼓转动力的作用下向前移动，加热介质则从加热介质进口处经加热器加热后进入干燥机中，在转筒内与污泥接触，进行传质和传热，使污泥中的水分蒸发，从而达到干燥污泥的目的。

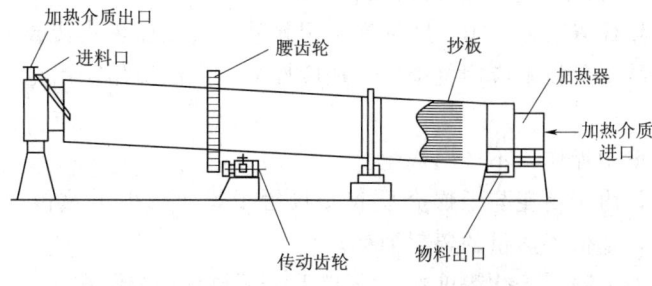

图4-2 逆流式直接加热转鼓干燥机

直接加热式转鼓干燥机主要是对流干燥，传质传热同时进行。热能以对流方式由加热介质传递给湿污泥表面，再由表面传至污泥内部，这是一个传热过程。水分从污泥内部以液态或气态扩散到表面，然后水汽通过污泥表面的气膜扩散到加热介质的主体，这是一个传质过程。因此干燥是由传热和传质两个过程所组成，且两者之间是相互联系的。干燥过程得以进行的条件是必须使污泥表面所产生水汽或其他蒸汽的压力大于加热介质中水汽或其他蒸汽的压力，压差越大，干燥过程进行得越迅速。为此，加热介质需及时地将汽化的水汽带走，以保证湿污泥内的水分源源不断地进入加热介质中，使污泥得以干燥。所以，在直接加热式转鼓干燥机中一般设有鼓风机或引风机。

湿物料和加热介质按相互间的流向可分为并流和逆流两种。

1. 并流

湿污泥移动方向与加热介质流动方向相同。其特点是推动力沿污泥移动方向逐渐减少，即干燥过程中高含水率的污泥与温度高、含湿量低的加热介质在进口端相遇，干燥推动力大；而在出口端，含水率低的半干污泥和含湿量较大的载热体接触，干燥推动力小。由于在干燥的最后阶段，干燥推动力已降至很小，因而干燥速度亦会减少到很慢，从而影响干燥机的干燥能力。

当物料在湿度较大且允许快速干燥而不会发生裂纹或焦化现象时，或干燥后的物料吸湿性很小，否则干燥后的物料会从载热体中吸回水分从而会使产品质量降低时，又或干燥后物料不能耐高温，即产品遇高温会发生分解、氧化等变化时，适合采用并流方式。

2. 逆流

湿污泥移动方向与加热介质流动方向相反。其特点是干燥机内各部分的干燥推动力相差不大，分布比较均匀，即在湿污泥入口处，高含水率的污泥与湿度大、温度低的加热介质接触；在湿污泥出口处，湿度低的物料与温度低、湿度小的加热介质接触。由于在入口处的物料湿度较低，而加热介质湿度很大，因此两者相接触时，加热介质中的水汽会冷却并冷凝在物料上，使物料湿度增加，从而使干燥时间延长影响干燥能力。

当干燥后的物料具有较大的吸湿性时，或干燥后的物料耐高温，不会发生分解、氧化等现象时，又或物料在湿度较大，且不允许快速干燥，否则容易引起物料发生龟裂等现象时，适合采用逆流方式。

常规直接加热式转鼓干燥机的筒体直径一般为 0.4~3m，筒体长度与筒体直径比一般为 4~10，干燥机的圆周速度为 0.4~0.6m/s，空气速度为 1.5~2.5m/s。

4.2.1.3　直接加热转鼓干化技术的经济性分析

自 20 世纪 40 年代以来，日本、欧洲和美国就采用直接加热式转鼓干燥机用于污泥的干化。直接加热转鼓干化技术应用范围广，适应性强，广泛适用于冶金、建材、轻工等部门，其特点如下。

（1）在无氧环境中操作，不产生灰尘。

（2）热效率高，由于污泥与干燥介质直接接触干燥，减少了热传导过程中的能量消耗，且干燥时间短，降低了热量的辐射消耗。

（3）污泥干化能力强，干化程度在 90% 以上，颗粒直径控制在 1~4mm，防止污泥过度干化，可用作肥料或园林绿化。

(4) 工艺气体循环率高，可达到90%左右，因而有害气体排放低，对环境影响轻微，同时减少了有害气体的处理成本。

(5) 细小的干燥污泥被送到混合器中与湿污泥混合送入转鼓干燥机，以避免高黏附性导致污泥黏结转鼓表面或产生结块。

(6) 对于加热式转鼓干燥机的燃烧器，可使用沼气、天然气或热油等作为燃料，厂家可根据自身情况选择合适的燃料来加热转鼓干燥机。

(7) 干燥机特殊的三通道结构，能够最有效地利用热能和结构空间，这就使得设备的体积小，干燥能力强。

(8) 直接加热转鼓干化技术中设置了能量回收系统，减小了热能的消耗，降低了污泥干化的成本。

三级转鼓干燥机干燥能力比较大，可充分利用干燥机的内部空间，干燥效果好。

此外，直接转鼓式干燥机还具有液体阻力小、操作上允许波动范围较大、操作方便等优点；设备复杂庞大、一次性投资大、占地面积大、填充系数小、热损失较大则是直接加热转鼓干化技术的弊端。

4.2.2 间接加热转鼓干化技术

间接加热转鼓干化技术是指干燥机为一种内加热传导型转动干燥设备。在干燥过程中，转鼓内通入加热介质，通过转鼓的转动，物料在转鼓表面形成一层薄膜，热量由鼓内壁传到鼓外壁，再传到料膜，将附在转鼓筒体外壁上的物料进行干燥，达到所要求的含水率。间接加热转鼓干化技术主要应用于液态物料、带状物料、膏状物料和黏稠状物料的干燥。如在转内通入冷却介质，可称为转鼓结片机，用于熔融物料的冷却结晶制片。

4.2.2.1 间接加热转鼓干化工艺原理及流程

污泥间接转鼓干化技术中载热体不直接与污泥接触，而干燥所需的全部热量都是经过传热壁传递给污泥。

该技术的干燥机理是湿污泥以薄膜状态覆盖在转鼓表面，在转鼓内通入高温蒸汽加热筒壁，使蒸汽的热量通过筒壁传导至料膜，并按"索莱效应"，引起料膜内水分向外转移，当料膜外表面的蒸汽压力超过环境空气中蒸汽分压时，则引起蒸汽扩散。转鼓在连续转动的过程中，每转一圈所黏附的料膜，其传热和传质作用始终由里向外，朝同一个方向进行，从而达到了干燥的目的。

在湿污泥干燥过程中，料膜的干燥可分成预热、等速、降速三个阶段。筒壁浸于料液中的成膜阶段是预热段，蒸发作用在此阶段并不明显。在料膜脱离料液后，干燥作用开始，料膜表面湿污泥中的水分汽化，并维持恒定汽化速度。当料膜内水分扩散速度小于表面汽化速度时，则进入干燥过程的降速阶段。随着料膜内的水分降低到污泥干燥的设定含水率时，由刮刀在某一特定位置将转鼓壁上的干污泥刮出。

间接加热转鼓干化工艺的流程（图4-3）是：脱水后的污泥输送至干燥机的进料斗，经过螺旋输送器送至干燥机内，螺旋输送器可变频控制定量输送。干燥机由转鼓和翼片（转盘）螺杆组成。随着转鼓和翼片螺杆同向或反向旋转污泥可连续前移进行干化，翼片螺杆内的热媒可为蒸汽、热水或导热油。污泥经转鼓和翼片螺杆推移和加热被逐步烘干并磨成粉末状，在转鼓后端经过S形空气止回阀由干泥螺杆输送器送至贮存仓。污泥蒸发

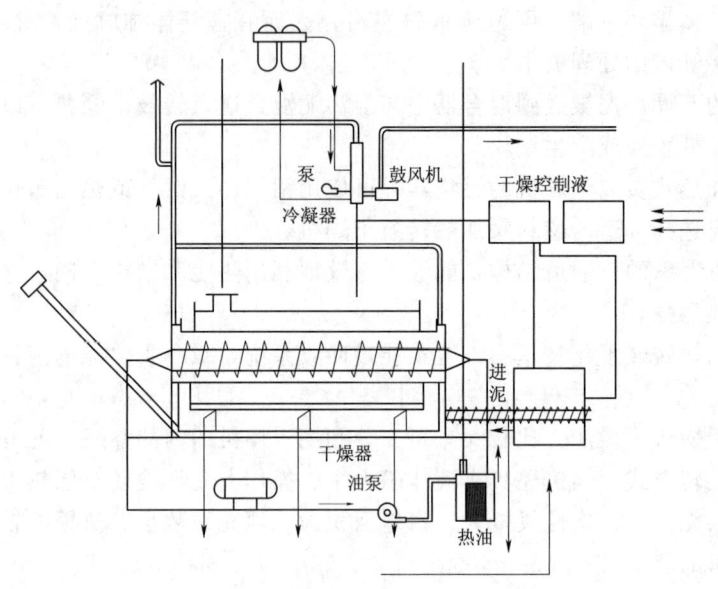

图 4-3 间接加热转鼓干化工艺流程图

出的水汽通过系统抽风机送至冷凝和洗涤吸附系统。

该干化系统的特点是：流程简单，污泥的干度可控制，干燥机终端产物为粉末状，所需辅助空气少，尾气处理设备小。但转鼓内有转动部件，污泥通道体积较小，设备占地面积较大，转动部件需要定期维护，需要单独的热媒加热系统，能耗较高且维护费用高；没有干料返混，进泥含水率高时容易黏在壁上，如果外鼓不转，污泥容易在底部沉积而发生燃烧。该系统的处理蒸发水量一般小于3t/h。

4.2.2.2 间接加热转鼓干化设备

间接加热式转鼓干燥机（图 4-4）由转鼓、翼片（转盘）螺杆和驱动装置组成。随着转鼓和翼片螺杆同向或反向旋转，污泥在转盘边缘的推进搅拌作用下连续前移进行干化。为防止污泥黏附在转盘上，在转盘之间装有刮刀，刮刀固定在外壳上。翼片螺杆内的热媒可为蒸汽、热水或导热油。以蒸汽作为导热介质时，饱和蒸汽一般是用 $(4\sim11)\times10^2$ kPa 的饱和蒸汽；采用导热油作为导热介质时，进油温度介于 180～220℃，出油温度在 40℃ 左右。转鼓经抽风控制其内部为负压（$-400\sim-200$ Pa），避免了水汽和尘埃外逸。设备设计紧凑，传热面积大，设备占地面积和厂房空间与其他干化机相比为最小；维修少，持续运行性好，可昼夜连续运转，保证每年运行 8000h。荷兰的 SNB 污泥干化焚烧厂采用了间接加热式转鼓干燥机进行污泥干化处理。

间接加热式转鼓干燥机的特点如下。

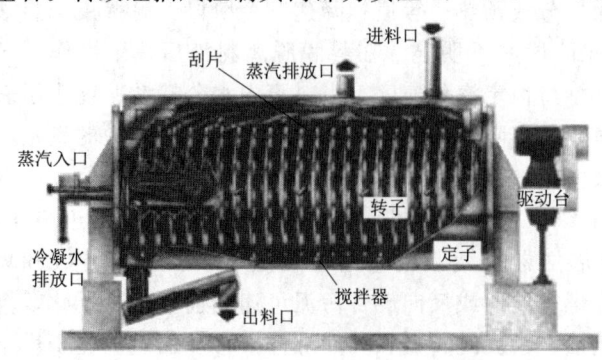

图 4-4 间接加热式转鼓干燥机的结构图

(1) 干燥热效率高,可达70%~90%。这是因为转鼓干燥的传热机制属热传导,传热方向在整个操作周期中始终保持一致,除端盖散热和热辐射损失外,其余的热量都用于转鼓外壁料膜的水分脱除。

(2) 投资和操作费用低。从图4-5中可明显看出转鼓干燥机的操作费小于喷雾干燥机,约为喷雾干燥机的1/3。从图4-6中可知,相同蒸发量的条件下,转鼓干燥机投资费用要比其他两种干燥机小。

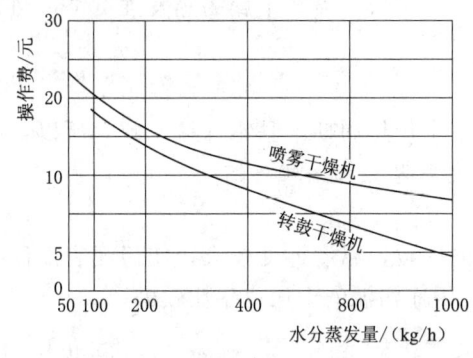

图4-5 两种干燥设备操作费对比　　图4-6 不同干燥机价格对比

(3) 蒸发强度大,速率高。由于薄膜很薄,且传热传质方向一致,料膜表面的气化强度一般可达30~70kg水/($m^2 \cdot h$)。动力消耗也小,蒸发1kg水分消耗的能量为0.02~0.05kW。

(4) 干燥时间短,转鼓外壁上的被干燥物料在干燥开始时所形成的湿料膜一般为0.5~1.5mm,整个干燥周期仅需要5~30s,特别适用于热敏性物料的干燥。湿物料脱除水分后,用刮刀卸料,所以转鼓干燥机仅适用于黏稠的浆状物料。此类物料的干燥用其他干燥设备是比较困难的,置于减压条件下操作的转鼓干燥机可使物料在较低温度下实现干燥。因此,转鼓干燥机在食品干燥中有着广泛的应用。

(5) 适用范围较广,可用于溶液、非均相的悬浮液、乳浊液、溶胶等,以及纸张、纺织物、赛璐珞等带状物。

(6) 操作简单,清洗方便,更换物料品种容易。

(7) 操作弹性大。在影响转鼓干燥机的诸多因素中改变其一,此时其他的因素不会对干燥操作产生影响。例如,影响转鼓干燥的几个主要因素有加热介质温度、物料性质、料膜厚度、转鼓转速等,如改变其中任意一个参数都会对干燥速率产生直接影响,而诸因素之间却没有牵连,这给转鼓干燥的操作带来了很大的方便,使之能适应多种物料的干燥和不同产量的要求。

(8) 转鼓干燥机的缺点是单机传热面小,一般不超过12m^2。生产能力低,料液处理量为50~2000kg/h。产品含水率较高,一般为3%~10%。刮刀易磨损,使用周期短。开式转鼓干燥机环境污染严重。

4.2.2.3 间接加热转鼓干化技术的经济性分析

间接加热转鼓干化技术既适用于污泥半干化工艺,又适用于污泥全干化工艺。就该技术的核心装置——间接加热式转鼓干燥机来说，设备处理能力大、燃料消耗少、干燥成本低。干燥机具有耐高温的特点，能够使用高温热风对物料进行快速干燥；且可扩展能力强，设计考虑了生产余量，即使产量小幅度增加，也无须更换设备。设备采用调心式拖轮结构，拖轮与滚圈的配合好，降低了磨损及动力消耗；专门设计的挡轮结构，降低了由于设备倾斜工作所带来的水平推力；抗过载能力强，筒体运行平稳，可靠性高。

间接加热式转鼓干燥机水分蒸发能力一般为 $30\sim80\text{kg}/(\text{m}^3 \cdot \text{h})$，随加热介质温度的提高而提高，并随物料的水分性质而变化。它比闪急干燥、喷雾干燥的蒸发强度高，热效率一般为 $40\%\sim70\%$，具备以下特点：

1. 热效率高

由于干燥机传热方式为热传导，传热方向在整个传热周期中基本保持一致，所以，滚筒内供给的热量大部分用于污泥的湿分汽化，热效率达 $80\%\sim90\%$。

2. 干燥速率大

筒壁上污泥的传热和传质过程由里至外，方向一致，温度梯度较大，使污泥表面保持较高的蒸发强度，一般可达 $30\sim70\text{kg}/(\text{m}^2 \cdot \text{h})$，因而污泥的干燥速率比较大。

3. 产品的干燥质量稳定

由于供热方式便于控制，筒内温度和间壁的传热速率相对稳定，使料膜在相对稳定的传热状态下干燥，产品的质量可保证。

4. 热源种类多

热源可为导热油，也可为蒸汽和高温烟气，当热量需求比较小时，还可以用热水作为热源。以蒸汽作为导热介质，饱和蒸汽一般是用 $(4\sim11)\times10^2\text{kPa}$ 的饱和蒸汽；采用导热油作为导热介质时，进油温度介于 $180\sim220℃$，出油温度要低于 $40℃$ 左右。

5. 其他

半干化（干化后干固体含量小于50%）时，干污泥无须回流。尾气可直接冷凝而无须除尘。半干化干燥机一般都与焚烧炉结合，因可达到能量的自给自足，无须添加辅助热源，从而降低运行费用。干燥机内污泥载荷大，便于控制。

干燥机在负压（$-400\sim-200\text{Pa}$）状态下运行，避免了尾气泄漏，部分尾气循环利用，降低了尾气处理成本；设备设计紧凑，传热面积大，设备占地面积与厂房空间和其他干燥机相比为最小；维修少，持续运行性好，可昼夜连续运转，保证每年运行8000h。

间接加热式转鼓干燥机的缺点是由于滚筒的表面温度较高，因而对一些制品会因过热致变或呈不正常的颜色。

4.2.3 流化床干化技术

干燥操作在化工、食品、造纸和医药等许多工业领域都有应用。借助于固体的流态化来实现某种处理过程的技术称为流态化技术。流态化技术已广泛应用于固体颗粒物料的干燥、混合、煅烧、输送以及催化反应过程中。目前绝大多数工业应用都是气-固流化系统。流化干燥就是流态化技术在干燥上的应用。

在一个干燥设备中，将颗粒物料堆放在分布板上，气体由设备下部通入床层，当气流速度增大到某种程度时，固体颗粒在床层内就会出现沸腾状态，这种床层就称为流化床，而采用这种方法完成的干燥过程称为流化床干燥。根据床层的几何尺寸、固体颗粒物料特性及气流速度等因素的不同,流化可存在三种阶段:第一阶段——固定床、第二阶段——流化床、第三阶段——气流输送。

4.2.3.1　流化床干化技术原理

湿分以松散的化学结合或以液态溶液存在于固体中或积集在固体的毛细微结构中。而干燥过程就是将热量加于湿物料使其挥发湿分(一般是水),从而获得一定湿含量固体产品的过程。

对湿物料进行热力干燥时会发生两个过程。

过程一:能量(一般为热量)从周围环境传递至物料表面使湿分蒸发。

过程二:内部湿分传递到物料表面,随后通过过程一而蒸发。

干燥时,以上两个过程相继发生,并先后控制干燥速率。在大多数情况下,热量先传到湿物料表面,然后传入物料内部,但是介电、射频或微波干燥时供应的能量在物料内部产生热量后传至外表面。物料的干燥速率由以上两过程中较慢的一个速率控制。热量从周围环境传递到湿物料的方式有对流、传导或辐射,而干燥机在形式和设计上的差别就与采用的传热方法有关。在某些情况下由这些传热方式联合作用。

4.2.3.2　流化床工艺

流化床法系搅拌型热风干化法(即流化干化机),该装置的主要部分由流化干化床、污泥粒混合器、干泥粒贮存漏斗、除尘器和热交换器等组成。

图4-7为流化床污泥干化系统工艺流程。脱水污泥送至污泥贮存仓,然后用污泥泵将污泥送至流化床污泥干化机的进料口,在进料前由专门的污泥切割机将污泥切成小颗粒,混入由流化气体来维持不停运动的干化颗粒床中。在干化机内干化温度为85℃,产生的污泥颗粒被循环气体流化并产生激烈的混合。由于流化床内依靠其自身的热容量,滞留时间长和产品数量大,因此,即使供料的质量或水分有些波动也能确保干化均匀,用循环

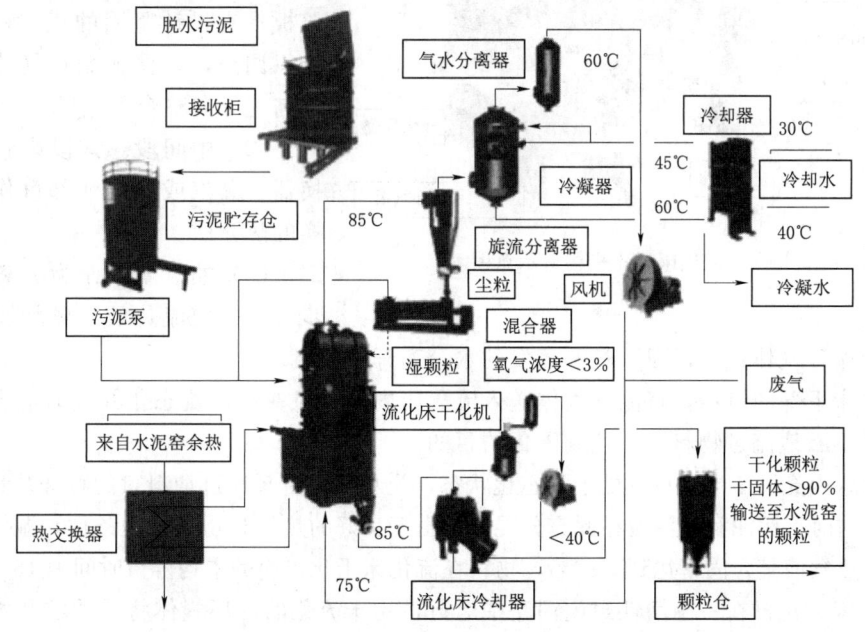

图4-7　流化床污泥干化系统工艺流程图

的气体将污泥细粒和灰尘带出流化层,污泥颗粒通过旋转气锁阀送至冷却器,冷凝到低于40℃,通过输送机送至产品料仓。灰渣、污泥细粒与流化气体在旋风分离器分离,灰渣、污泥细粒通过计量螺旋输送机,从灰仓输送到螺旋混合器。在那里灰渣与脱水污泥混合并通过螺旋输送机再送回到流化床干化机。干化机系统和冷却器系统的流化气体均保持在一个封闭气体回路内。循环气体将污泥细粒和蒸发的水分带离流化床干化机,污泥细粒在旋风分离器内分离,而蒸发的水分在一个冷凝洗涤器内采用直接逆流喷水方式进行冷凝。蒸发的水分以及其他循环气体从85℃左右冷却为60℃,然后冷凝,冷凝下来的水离开循环气体回流到污水处理区,冷凝器中干净而冷却的流化气体又回到干化机,干化污泥由冷却回路气体冷却到低于40℃。

该干化系统的特点是:将流化床内部热交换器表面的接触干化和循环气体的对流干化结合,干化效果好,处理量大,干化机本身无动部件,故几乎无须维修。但干化颗粒的粒径无法控制,且是间接加热,需要单独的热媒系统。流化床内颗粒需要呈"流化状态",气体流量大,除尘、冷却等处理设施复杂、规模大。

4.2.3.3 流化床干化机

1. 构造原理

流化床干化机的构造如图4-8所示,流化床干化机从底部到顶部基本上由以下3部分组成:

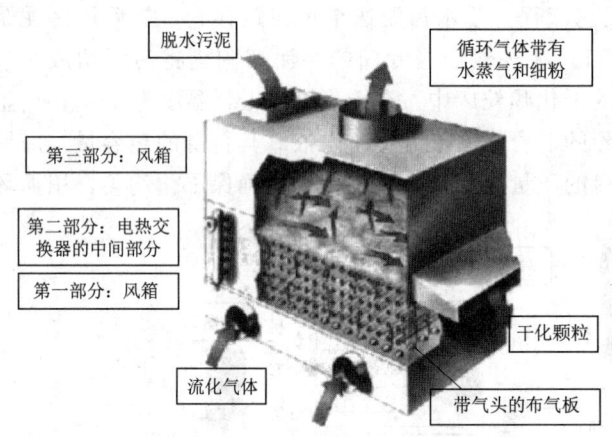

图4-8 流化床干化机构造示意图

(1) 风箱。位于干化机底部,用于将循环气体分送到流化床装置的不同区域,使污泥颗粒形成流态化状态。其底部装有一块特殊的气体分布板,用来分送惰性化气体,该板具有设计坚固的优点,其压降可以调节,以保证循环气体能适量均匀地导向整个干化机。

(2) 中间段。该段内置有热交换器,蒸汽或导热油都可作为热交换的热介质。

(3) 抽吸罩。作为分离的第一步,用来使流化的干颗粒脱离循环气体,而循环气体带着污泥颗粒和蒸发的水分离开干化机。

流化床下部的风箱,将循环气体送入流化床内,颗粒在床内流态化并同时混合,通过循环气体不断地流过物料层,达到干化的目的。

流化床内充满了干颗粒且处于流态化状态,脱水污泥由泵通过加料口的特殊装置直接送入床内,这时湿污泥和干污泥在此充分混合,由于良好的热量和物料传送条件,湿污泥中的水分很快蒸发使其含固率达到>90%,物料在流化床干化机内的平均停留时间为15~45min。

流化床干化机在一个惰性封闭回路中运行,用于流化的循环气体将小颗粒和水汽带出流化床,细颗粒通过旋风分离器分离,而水蒸气通过逆向喷淋冷却器洗涤掉,小颗粒和细粉被送入混合器中和湿污泥混合后回到流化床中，干化至90％含固率，这保证了最终干颗粒的粒径和无尘，干化后的无尘颗粒通过排出口出料。

2. 流化床干燥机的形式

（1）单层圆筒流化床干燥机。单层圆筒流化床干燥机工艺流程如图4-9所示，其工艺流程为湿物料由皮胶带输送机送到抛料机的加料斗上，再经抛料机送入流化床干燥机内。空气经过过滤器由鼓风机送入空气加热器，加热后的热空气进入流化床底部分布板，干燥物料。干燥后的物料经溢流口由卸料管排出。干燥后空气夹带的粉尘经旋风除尘器分离后，由引风机排出。

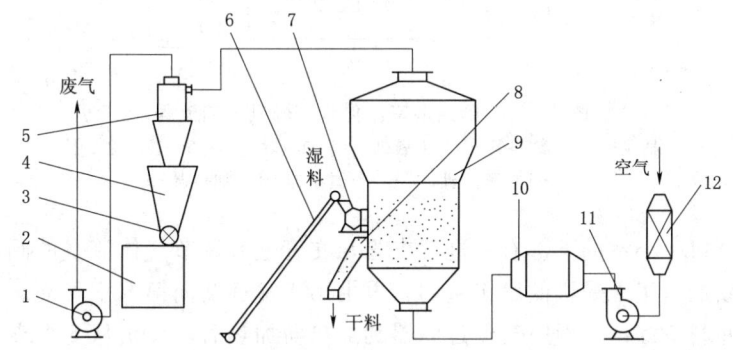

图4-9 单层圆筒流化床干燥机工艺流程
1—引风机；2—料仓；3—卸料器；4—积灰斗；5—除尘器；6—给料皮带；7—抛料机；
8—卸料器；9—流化床；10—加热器；11—鼓风机；12—过滤器

（2）多层流化床干燥机。图4-10为多层流化床干燥机的工艺流程。湿料由料斗送入气流输送干燥机上部，由上溢流而下，干燥后的合格产品由出料管卸出。空气经过滤器，由鼓风机送入电加热器，加热后从干燥机底部进入，将湿料沸腾干燥。为了提高利用率，可将部分气体循环使用。多层流化床干燥机，各层气体分布板用自动液压翻板式结构。这种结构的特点是先从流化床干燥机最下层气体分布板通过自动液压翻板卸下干燥度合格的物料后，恢复气体分布板至原状，再逐层通过翻板卸下物料，直至最上层气体分布板翻下物料恢复原状后，再加入新的湿物料进行下一次的干燥循环。在正常生产情况下，每一次的干燥循环周期可按照预先规定的时间进行，其优点是可以完全保证物料干燥度的要求。

（3）卧式多室流化床干燥机。图4-11为卧式多室流化床干燥机的工艺流程。

干燥机为一长方形箱式流化床，底部为多孔筛板，筛板的开孔率一般为4％～13％，孔径为1.5～2mm。筛板上方设置有竖向挡板，每块挡板可上下移动，以调节其与筛板的间距。竖向挡板将流化床分

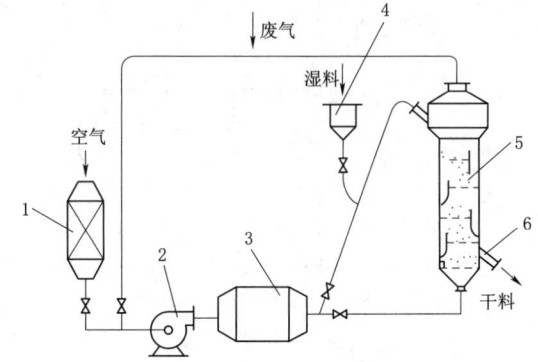

图4-10 多层流化床干燥机工艺流程
1—过滤器；2—鼓风机；3—加热器；4—料斗；
5—流化床；6—卸料口

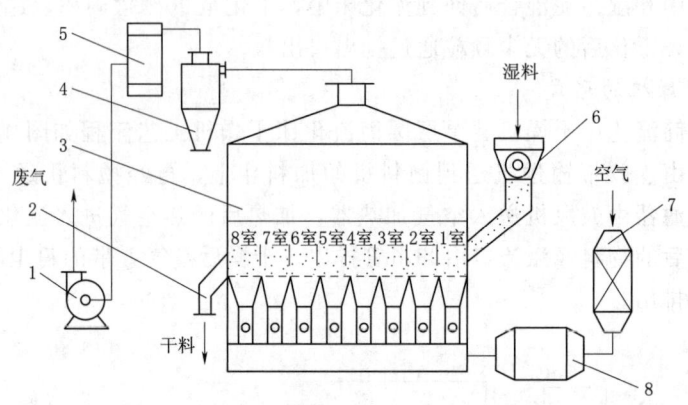

图 4-11 卧式多室流化床干燥机工艺流程
1—抽风机；2—卸料管；3—干燥机；4—旋风除尘器；5—袋式除尘器；
6—摇摆颗粒机；7—空气过滤器；8—加热器

隔成 8 个小室，每一小室的下部有一进气支管，支管上有调节气体流量的阀门。湿物料由摇摆颗粒机连续加料于干燥机的第 1 室内，再由第 1 室逐渐向第 8 室移动。最后干燥后的物料从第 8 室卸料口卸出。而空气经过滤器到加热器加热后，分别从 8 个支管进入 8 个室的下部，通过多孔板进入干燥室，流化干燥物料。其废气由干燥机顶部排出，经旋风除尘器、袋式除尘器，由抽风机排到大气。

（4）喷动床干燥机。由于颗粒和易黏结物料的流化性能差，在流化床内不易流化干燥，故对其的干燥可采用喷动床干燥机，其结构和干燥流程如图 4-12 所示。喷动床干燥机底部为圆锥形，上部为圆筒形。高速气体从锥底进入，夹带一部分固体颗粒向上运动，从而形成中心通道。最后颗粒从床层顶部中心好似喷泉一样喷出并向四周散落，沿周围向下移动，到锥底又被上升气流喷射上去，此过程循环进行，直到达到干燥要求。

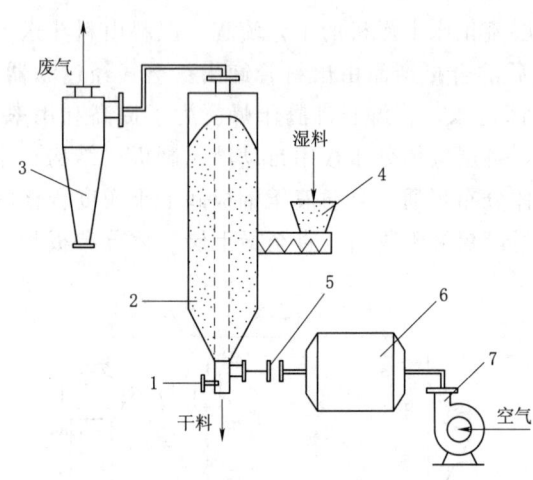

图 4-12 喷动床干燥机工艺流程
1—放料阀；2—喷动床；3—旋风分离器；4—加料器；
5—蝶阀；6—加热炉；7—鼓风机

（5）振动流化床干燥机。振动流化床干燥机是近年来发展的新设备，适合于干燥颗粒太粗或太细的易黏结而不易流化的物料。此外还对于有特殊要求的物料干燥（如砂糖干燥要求晶形完整、晶体光亮、颗粒大小均匀）也可以采用此种干燥机。

振动流化床干燥机的结构由分配段、沸腾段和筛选段三部分组成，分配段和筛选段下面都有热空气。其干燥流程为含水污泥由加料器送进分配段，由于平板振动，使物料均匀地加到沸腾段去。湿污泥在沸腾段停留一定时间后就可干燥至符合要求，如图 4-13 所示。

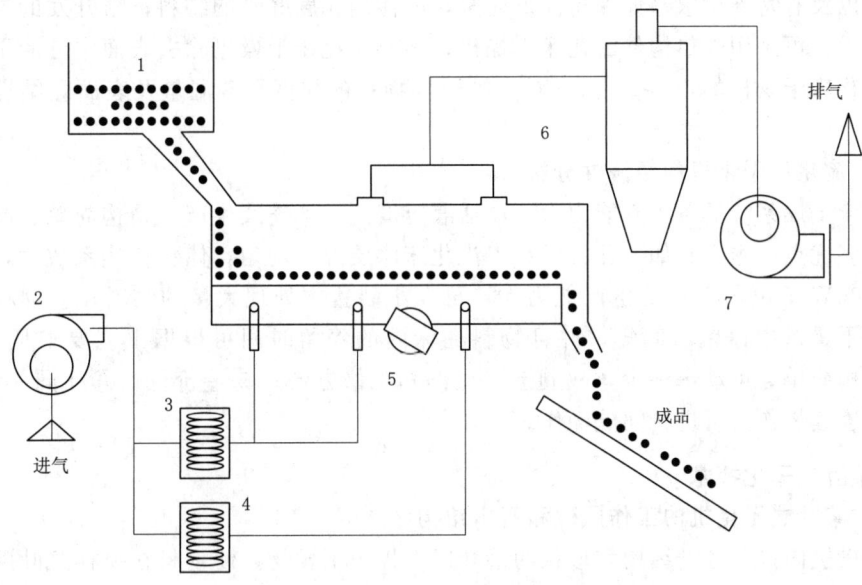

图 4-13 动流化床干燥机的结构和流程
1—湿料仓；2—送风机；3—加热器；4—除湿器；5—振动电机；6—除尘器；7—引风机

(6) 脉冲流化床干燥机。针对不易流化的或有特殊干燥要求的物料，也可采用脉冲流化床干燥机，其结构和流程如图 4-14 所示。

在脉冲流化床干燥机下部均匀分布几根热风进口管，每根管上装有快开阀门，这些阀门按一定的频率和次序进行开关。进行脉冲流化干燥时，气体突然进入时产生脉冲，此脉冲很快在颗粒间传递能量，随着气体的进入，继而在短时间内达到剧烈的沸腾状态，使气体和物料进行强烈的传热传质。此沸腾状态在床内扩散，并向上运动。当阀门很快关闭后，沸腾状态在同一方向逐渐消失，物料又恢复固定状态，如此循环往复。快开阀门开启时间的长短，与床层的物料厚度和物料特性有关，一般为 0.08~0.2s。而阀门关闭时间的长短，应能保证放入的那部分气体完全通过整个床层，物料处于静止状态，颗粒间密切接触，以使下一次脉冲能在床层中有效地传递。进风管最好按圆周方向排列 5 根，其顺序按 1、3、5、2、4 方式轮流开启。这样，每一次进风点都可与上一次进风点拉开较远距离。脉冲流化床干燥机每次可装料 1000kg，间歇操作，既可将物料干燥成粒度超过 4mm 的干燥物料，也可以干燥成粒度小于 10μm 的细粉。

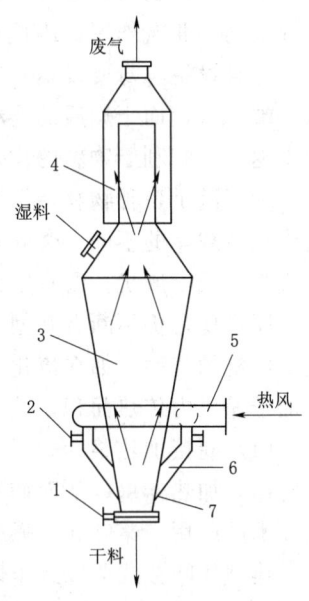

图 4-14 脉冲流化床干燥机的结构和流程
1—插板阀；2—快开阀门；3—干燥室；4—过滤器；5—环状总层管；6—进风管；7—导向板

为了适应工艺要求，还有许多形式的流化床干燥机。诸如惰性粒子流化床干燥机可以将溶液、悬浮液或膏糊状物料干燥；振动流化床干燥机、脉冲式流化床干燥机适用于处理不易流动以及有特殊要求（如保持晶形完整，晶体闪光度好）的物料；新开发的高湿物料的低温干燥，可采用内热构件流化床干燥机；离心流化床干燥机除去表面水分的干燥速率是传统流化床干燥机的10～30倍，对于被干燥物料的粒度、含湿量及表面黏结性的适应能力很强。

4.2.3.4 流化床干化机的经济性分析

流化床干燥系统具备生产能力大、灵活兼容度高、可连续生产、结构简单、制造维修方便等诸多优点，主要有如下几方面：①流化床床层温度均匀，体积传热系数大，一般为2300～7000W/(m³·C)；②生产能力大，可在小装置中处理大量的物料；③物料干燥速度快，在干燥机中停留时间短，并且物料在床内的停留时间可根据工艺要求任意调节；④设备结构简单，可动部件少，故制造、操作和维修方便；⑤造价低；⑥在同一设备内，既可进行连续操作又可进行间歇操作。

4.2.4 桨叶式干化技术

4.2.4.1 桨叶式干化机的工作原理和基本结构

在干燥机内设置各种结构和形状的桨叶以搅拌被干燥物，使物料在搅拌桨叶翻动下不断与干燥机的传热壁面或载热体接触，进行热交换蒸发掉物料中的湿分，从而达到干燥的目的，这类设备称为桨叶式干燥机或搅拌型干燥机。

由于固体物料自身没有流动性，在干燥机内的固体物料的流动要完全依靠自身重力和桨叶推动的联合作用，因此要实现干燥机内部固体物料的全部流动，就要设置较多的桨叶，并且设备本身要设定一定的倾斜角度。多数桨叶式干燥机采取卧式放置，被干燥物料从一端加入，而干燥后的物料从另一端排出，从而实现物料停留时间分布的可调节，并能减少返混，有利于物料的均匀干燥。

为了满足各种物料特性和干燥工艺条件，桨叶式干燥机的结构和形式很多，根据设备结构和热载体的不同，桨叶式干燥机主要分为如下3类：①间接加热桨叶式干燥机；②热风式桨叶式干燥机；③真空桨叶式干燥机。

而且现在仍不断有新型机出现，或直接在传统干燥机中再设置搅拌桨叶从而得到桨叶式干燥机的变种，如在流化床干燥机中再设置可通入热载体的空心桨叶轴和空心桨叶，可增加干燥机内传热面积，减少流化空气量，提高热量利用率。

(1) 间接加热桨叶式干燥机。间接加热桨叶式干化处理方式为：通过蒸汽、热油等介质传递，加热器壁，从而使器壁另一侧的湿物料受热、水分蒸发而加以去除，这是传导干化技术的应用。桨叶式干燥机工作示意如图4-15所示。

典型的间接式桨叶式干燥机的结构特征是由带有夹套的壳体和带有桨叶的轴及传动装置组成。干燥水分所需的热量由带有夹套的 W 形槽的内壁传导给物料。物料连续定量地由加料口加入干燥机内，在桨叶轴搅拌、混合与分散的同时受到来自夹套的加热作用，从而实现对物料的干燥、蒸发，干燥合格的物料由桨叶轴输送至出料口并排出机外。热载体可采用导热油、蒸汽、水等，热载体直接进入外壳夹套内。

桨叶式干燥机的性能特点有以下几方面。

4.2 污泥热干化技术

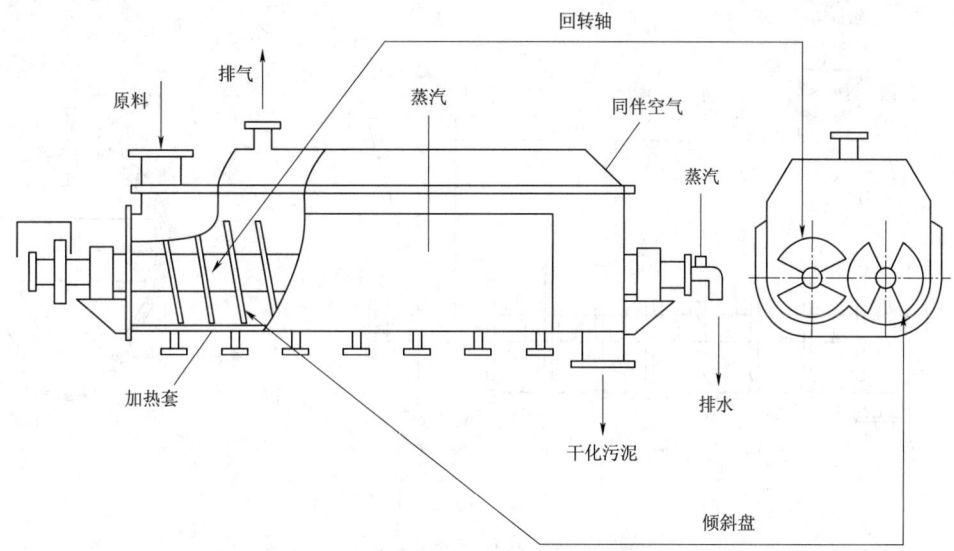

图 4-15 桨叶式干燥机示意图

1) 干燥机内物料存留率很高,停留时间通过加料速率、转速、存料量等条件的调节,可在几分钟到几小时之间任意设定,因此对易干燥和不易干燥的物料均适合。

2) 干燥机内虽有许多搅拌桨叶,但物料在干燥机内基本上从加料口向出料口呈活塞流流动,停留时间较长,产品干燥均匀。

3) 由设备结构可知,桨叶式干燥机依靠夹套壁面间接加热,因此干燥过程可不用或仅用少量气体以携带物料蒸发的湿分,热量利用率高。

4) 干燥过程用气量少、流速低,被气体带走的粉尘少,因此干燥后气体粉尘回收方便,而且回收设备简单,节省设备投资。

5) 对于有溶剂回收的干燥过程,可提高气体中溶剂的浓度,使溶剂回收设备减小或流程简化。

(2) 热风式桨叶式干燥机。由于桨叶的高速搅拌(外援速度 5~15m/s),湿物料与热风能良好接触。主要有两种类型,即热风式桨叶干燥机(图 4-16)和带返料的热风式桨叶干燥机。前者适用于松散物料,后者适用于黏性物料和高含湿物料,通过工艺调整可使操作弹性提高。

(3) 真空桨叶式干燥机。真空桨叶式干燥机的性能特点有以下几方面。

1) 对干燥物料的适应性强,应用广泛。真空干燥可以在较低的温度下进行,适用于热敏性物料。由于真空操作,不需要外界输入干燥气体,故而可在与空气隔绝的情况下操作。对于含有易燃易爆气体及需要回收溶剂的物料的干燥特别合适。

2) 真空桨叶式干燥机中物料不断受到桨叶搅拌,干燥物料混合均匀,避免了物料过热。同时块状和团状物料不断被桨叶打碎,增大颗粒表面积,加快湿分汽化和提高干燥效率。

3) 真空桨叶式干燥机中由于增加了桨叶和真空表面的传热,使设备传热面积增加,提高了设备生产能力。另外,由于桨叶等的传热面安置在设备内,没有向周围环境散热,

87

第4章 污泥干化技术

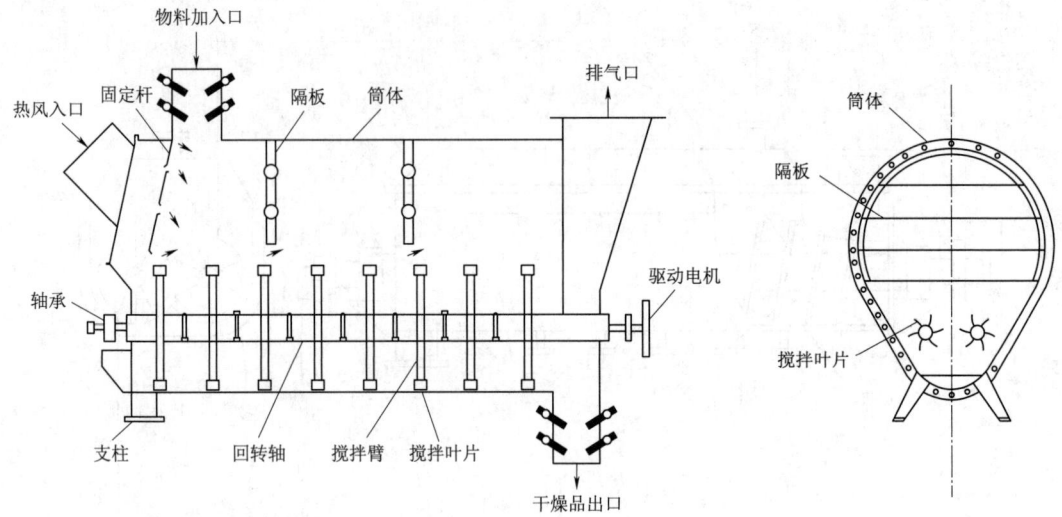

图 4-16 热风式桨叶干燥机

从而减少了这部分的热损失，使热量利用率得以提高。

4) 通常的真空干燥均为间歇操作，真空桨叶式设备除用作间歇操作外，也可以用于连续操作。当连续操作时，在干燥机前后要设置若干真空度与干燥机相同的加料斗和出料槽，用旋转阀或换向阀定量和连续的加料和排料。此外，为了确保物料干燥所需的停留时间，搅拌桨叶和排料口堰板应适当设置。

4.2.4.2 桨叶式干化技术工艺及设计要点

(1) 溢流堰板的设置。物料在干燥机内从加料口向出料口的移动呈活塞流形式，要使物料获得足够的干燥时间，并且换热表面得到充分利用，必须使物料充满干燥机，即物料盖过桨叶的上缘。在干燥机启动运行时，预先设置溢流堰板的高度，待到物料干燥从排出口排出后，对干燥后的物料进行确认，根据设计要求对溢流板的高度也就是物料的停留时间进行调节以达到工艺要求。

(2) 加热轴类型。设备的加热介质既可以用蒸汽，也可用导热油或热水，但加热轴的结构会随着热载体相态的不同而不同。由于蒸汽具有释放潜热的特点，因此用蒸汽作为加热介质的热轴管径小，结构会相对简单；用热水或导热油作为加热介质的加热轴结构则要比较复杂，因轴内载热体达到一定的流速和流量，轴径就要变大，旋转接头及密封的难度就越大。因此，通常采用蒸汽作为热载体。

另外，加热轴具有桨叶支撑、热流体输送、传热换热等多项功能，此外还需克服物料的黏滞力搅拌并输送物料，而这些都会造成物料与加热轴间的磨损。在设计时，既要保证其工艺需求，还要保证其力学性能。

(3) 干燥时间。空心桨叶式干燥机的物料停留时间是可通过调节加料速率、转速、溢流堰板高度而设定在几十分钟到几小时之间的任意值。调节溢流堰是改变干燥机内污泥滞留量的主要方式。

(4) 磨损。空心桨叶干燥机属于典型的传导接触型换热，而污泥中又含有磨蚀性颗粒，金属与磨蚀性颗粒进行反复、长期接触，因此对于空心桨叶干燥机，金属磨蚀是可以预见的。因此要对易磨损的桨叶轴进行金属表面强化处理，常采用的方法有碳化钨热喷涂处理等，同时还要控制物料干化程度尽可能减少污泥的过度干燥。

（5）换热系数。空心桨叶干燥机桨叶轴换热面与物料的径向混合充分，物料与换热面的接触频率较高，停留时间长，从而得到了较好的换热效果，综合传热系数可达到 $80\sim300W/(m^2 \cdot K)$。在污泥干化应用方面，换热系数会因污泥的特性和对干化产品工业含水率要求的不同而不同。

（6）传热面积。热轴上的桨叶和主轴是主要加热面，换热面积占总换热面积的70%以上。在国内污泥干化领域，目前最大装机换热面积约 $200m^2$，蒸发能力为 $3000kg/h$。

（7）蒸发速率。传导型干燥机的蒸发能力一般以每平方米每小时的蒸发量来衡量，在理论上可达到 $10\sim60kg/(m^2 \cdot h)$。而在污泥干化实践中，根据世界上主要空心桨叶制造商的产品情况，空心桨叶干燥机的蒸发能力设计值一般在 $6\sim24kg/(m^2 \cdot h)$，而处于 $14\sim18kg/(m^2 \cdot h)$ 范围内的最多。

（8）产品出口温度。污泥在干燥机内停留时间长，污泥在离开干燥机时的出口温度较高，一般为 $80\sim100℃$。由于物料温度高，因此产品在筛分以及输送（包括返混）过程中，需要考虑温度的因素。

（9）桨叶顶端刮板。桨叶顶端刮板都是有公差间隙的，而污泥在一定含固率下又具有黏性，因此污泥在这些间隙之间可能造成黏壁。污泥在热表面上的任何黏结都将导致换热效率的降低，这就需要在位于桨叶顶端处设置刮板，以对黏结的污泥进行机械刮削，从而避免污泥垢层的加厚。

（10）处理高含水率、高流动性脱水污泥时的操作条件。在处理高含水率、高流动性脱水污泥时，湿污泥进料须在干燥机已有一定量干"床料"的条件下才能进行，这样才能避免湿泥进去就流向出口侧不能充分干燥的问题。因此，典型的做法是，在干燥系统启动时，先加一定量的污泥之后停止供泥，待之前加入的污泥干燥后再连续供给污泥。

（11）烟气循环控制。空心桨叶干燥机的传热和蒸发是靠热壁实现的，属于典型的传导型。由于干燥过程产生的水蒸气需要及时离开干燥机，且污泥干化产生恶臭，为防止臭气溢出而污染环境，所以需要采用抽取微负压的方式来实现。干燥机内抽出烟气经过洗涤塔去除所含水分后返回干燥机内，控制干燥机的烟气进出量使之达到负压，虽然从干燥机和回路的缝隙中（湿泥入口、干泥出口、溢流堰密封等）进入回路，但不会影响干燥机干燥性能。

4.2.4.3 桨叶式干燥机的经济性分析

桨叶干燥系统具备能耗低、安全可靠、灵活兼容度高、设备占地与投资省以及运行维护费用低等诸多优点，具体有以下方面。

（1）能耗低。桨叶干燥机的热效率高可达90%，但能耗仅为气流干燥及旋转闪蒸干燥等热风型干燥机的30%。

（2）灵活度及兼容度高。桨叶干燥机在应用中灵活度高。实践证明，对于我国物化特性变化较大的市政污泥，桨叶干燥机依然具有高适应性；另外对于运行过程中频繁变化的复杂工况（黏度、含固率等）以及运行过程中出现的一些故障，桨叶干燥机也具有很高的兼容度。

(3) 设备占地小，投资省。与其他污泥干燥工艺相比，桨叶干燥工艺附属设施设备少，系统布置集约化程度高，故占地面积小，有利于节省系统总投资。

(4) 运行维护费用低。由于桨叶干燥工艺系统设计的集约化程度高，因此其尾气处理也很简单，进而节省了尾气处理费用。另外，桨叶干燥机部件生产容易，有些已经普及，维护费用可以接受与控制。

4.2.5 带式干化技术

带式干燥机由若干个独立的单元段组成，每个单元段均包括加热装置、循环风机、单独或共用的新鲜空气补充系统和尾气排出系统。带式干燥机可对透气性较好的片状、条状、颗粒状和部分膏状物料进行干燥，尤其适合含水率高、有热敏性的材料，如中药饮片等。对于脱水污泥泥饼的膏状物料，其经造粒或制成棒状后亦可利用带式干燥机干燥。此类干燥机作为一种连续式干燥设备，具有干燥速率高、蒸发强度高、产品质量好等优点，可用于大规模干燥生产，目前已在工业上得到广泛应用，主要用于干燥小块的物料及纤维质物料。

在烘干脱水污泥时，根据烘干温度的不同可采用以下两种带式烘干装置：低温烘干装置和中温烘干装置。低温烘干装置的环境温度为65℃；中温烘干装置的环境温度为110~130℃。低温烘干过程主要利用自然风的吸水能力对脱水污泥进行风干处理。若自然风干能力不够，必须额外注入热能，提高空气温度进行烘干处理，这就是中温烘干。

4.2.5.1 带式干化技术的工作原理和基本结构

1. 工作原理

脱水污泥铺设在透气的烘干带上后，被缓慢输入干燥机内。因为在干化过程中，污泥不需要任何机械处理，可以平稳地经过"黏滞区"，不会产生结块烤焦现象。此外，烘干过程基本没有粉尘。通过多台鼓风装置进行抽吸，使烘干气体穿流烘干带，并在各自的烘干模块内循环流动进行污泥烘干处理。污泥中的水分被蒸发，随同烘干气体一起被排出带式干燥机。整个污泥烘干过程可通过以下3个参数进行过程控制：①输入的污泥流量；②烘干带的输送速度；③输入的热能。

烘干污泥以颗粒状态出料。在部分烘干时，如果出泥颗粒的含固率为60%~85%，则出泥颗粒中灰尘含量很少。当全部烘干时含固率大于85%，粉碎后颗粒粒径范围在3~5mm，粉尘含量（粒径0.3mm以下）重量比最大不超过1%（干污泥料仓中）。

2. 基本结构

带式干燥机基本结构见图4-17。带式干燥机由若干个独立的单元段组成。每个单元段包括循环风

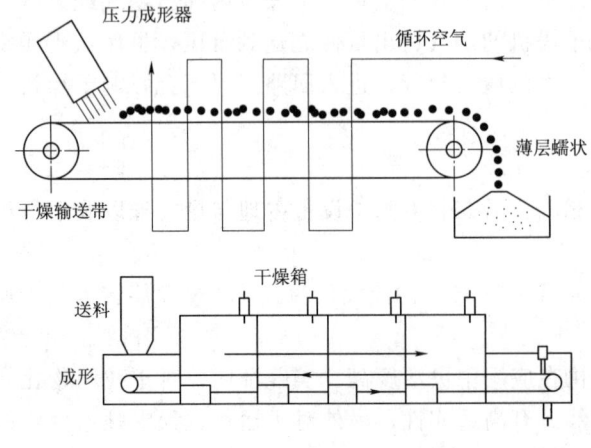

图4-17 带式干燥机基本结构

机、加热装置、单独或公用的新鲜空气抽入系统和烟气排出系统，每一单元热风独立循环，部分烟气由专门排湿风机排出，废气由调节阀控制。物料由加料器均匀地铺在12～60目不锈钢丝网带上，网带由传动装置拖动在干燥机内移动。热气由下往上或由上往下穿过铺在网带上的物料，使污泥与热气发生接触传热，从而将污泥中的水汽蒸发带出。网带缓慢移动，网带运行速度可根据物料温度自由调节，干燥后的成品连续落入收料器中。

带式干燥机操作灵活可靠，对干燥介质数量、温度、湿度和烟气循环量等操作参数可进行独立控制，从而保证带式干燥机操作条件的优化。干燥过程完全在密封箱体内进行，避免了粉尘的外泄。

（1）加料装置。加料装置的作用是在带式干燥机入口处向输送带上供料，使之薄厚均匀，并可在加料装置内加装成型装置，对泥浆物料进行成型加工，有利于后续干燥阶段的进行。若输送带上的料层厚薄不均，将引起干燥介质短路，使薄料层过于干燥，而厚料层干燥不足，严重影响产品质量。如图4-18所示，加料装置分为料斗加料器、辊式加料器、气动加料器、摇摆式造料机、螺旋挤出造粒机及带沟槽滚动造粒机。

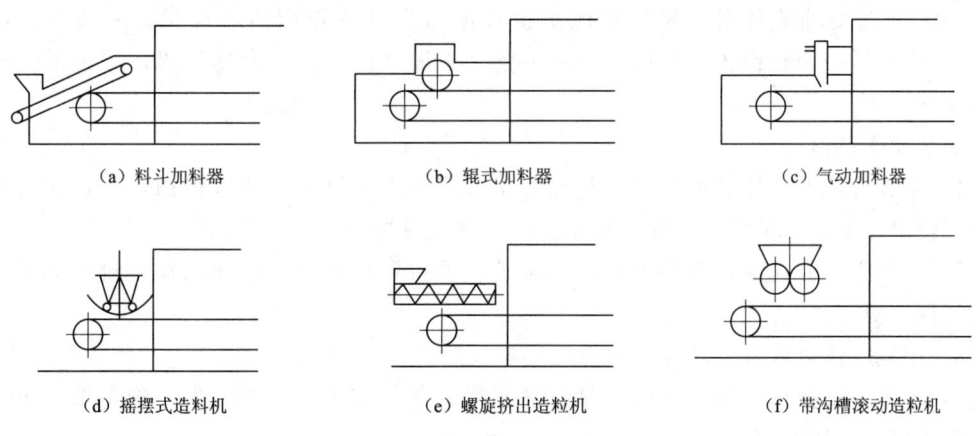

图4-18 带式干燥机加料装置示意图

图4-18（a）～（c）一般用于有一定强度且已成形的被干燥物料，（d）～（f）用于泥浆状等含水量高的物料。图4-18（a）所示的料斗加料器适用于颗粒状、块状等有流动性的物料。料斗下料口的宽度与输送带的宽度相等，并在下料口装有闸板和小输送带，以调节和均匀加料量。图4-18（b）所示的辊式加料器，与料斗加料器相似，采用辊式结构，引导物料以一定宽度定量均布在输送带上。图4-18（c）所示为气动加料器，用于有一定强度的已成形物料，采用气动控制吹动物料，以松散状加料，有利于提高干燥速率。图4-18（d）所示为摇摆式造料机，其有一对能来回摆动的升降的滚筒。料斗固定在两滚筒之间，常在料斗内设有搅拌器。图4-18（e）所示为螺旋挤出造粒机，用于泥浆、滤饼等高水分物料的成形供料，可调节螺旋挤出造粒机的转速，控制加料量，并可实现定量加料。图4-18（f）所示为带沟槽滚动造粒机，适用于膏状物料。膏状物料在两滚筒之间利用沟槽被挤压成厚度为3～8mm的条状物料，均匀布置在输送带上。对于需要预热的湿糊状物料，可在滚筒内通入蒸汽，达到加热成形加料。钛白粉、瓷土及碳酸钙等无机物的干燥多采用此类加料器。

(2) 输送带。带式干燥机的输送带分为板式和网带式两种。一般板式输送带由厚度为 1mm 的不锈钢薄板制作，板上有 1.5mm×6mm 长条形冲孔，开孔率为 6%～45%。网带式输送带常用不锈钢丝缠绕编织。网带传送带上节与下节之间由不锈钢丝串接。在干燥细小物料时，网带可由两层金属网组成，上层用网目小的，下层用网目大的，以防止漏料并提高网带的使用寿命。

料层厚度通常是数十到数百毫米，由于物性不同，也有几毫米到 1m，负荷一般不超过 $600kg/m^2$；干燥介质穿流流速为 0.25～2.5m/s；通过输送带和物料层的总阻力不超过 250～500Pa，以避免单元段间的泄漏。输送带宽度为 1.0～4.5m，长度相应为 3～60m。国内有宽度为 1.2m、1.6m、2.0m，国外有 2.0m、2.5m、3.2m 的系列产品。

输送带的承重段按一定间隔，需设置一滚动的托辊，两托辊之间有一角钢，网带在其滑道上；另外，需设置输送带的张紧机构。

(3) 风机。根据循环风量和干燥系统阻力选用循环风机和排风机，通常选用中压或高压离心式风机。这种类型风机最大的优点是效率较高和运行时噪声较小。当要求风量大、压力小时可选用轴流风机。尾气排风机也采用后弯叶片轮型离心风机。一般设计，每 $2.5～4m^2$ 输送带面积设置一台循环风机。整个干燥系统设置一台排风机，排送干燥机的全部尾气。

(4) 操作调节。

1) 干燥介质经箱体侧进风口，与部分尾气混合后通过加热装置被加热后，穿过网带与物料接触。穿经网带前的干燥介质温度由蒸汽流量控制。

2) 根据干燥介质穿过物料层的阻力降控制网带运行速度，以便在投料量变动时，阻力降能保持恒定。

3) 由尾气湿度或其湿球温度调节尾气排放量。

4) 当设备或操作发生事故时，事故停车系统确保按挤压成形装置—输送带—循环风机尾气排风机的顺序停车。

(5) 自动控制系统。中温带式烘干装置通过过程控制进行全自动操作。此全自动操作是为每天 24h 工作而设计的。任何时候都可以按顺序进行烘干操作。因为装置结构和操作方式十分简单，所以装置便于自动进行启动和停机。在自动操作过程中，可自动监视烘干污泥的含固量，从而保证出泥的干度。通过可编程逻辑控制系统（programmable logic controller，PLC），可保证不断地对烘干过程进行优化处理。

该带式干燥装置的机械结构简单，保养工作量较少。机械操作/保养时间主要用于目视检查各装置组成部件的功能。

(6) 废物和废气处理利用系统。该污泥干化系统需要对以下各类废弃物或废气进行处理和利用。

1) 冷凝水。因为干燥机在处理过程中不会产生粉尘，冷凝水中也不含有粉尘。另外，整个工艺过程均在低温下进行，污泥中含氨的物质成分未被蒸发到水汽中，因而也不会出现在冷凝水中。这样，在处理过程中产生的冷凝水可直接回流到污水处理厂的进水端进行处理，而不需要另行处理。

2) 排放空气。空气在干化系统中低温密闭的状态下循环，可有效控制产生的臭气量。

但是，为了控制硫化氢等污染物的浓度，需要对空气进行部分更新处理。

3) 清洗水。该装置在停机维修的过程中必须进行清洗，可利用污水处理厂的处理出水。

4) 冷却水。该装置为冷却带式干燥机最后传送带上的污泥颗粒，通常利用污水处理厂处理出水的交换器来给空气降温。污泥颗粒可被冷却到40℃。

(7) 安全防护系统。烘干过程中，污泥不需要进行机械性翻滚处理，产生的粉尘含量仅约 $3mg/m^3$，因此该处理工艺无须防爆措施或防爆设备。

4.2.5.2 带式干化技术分类

1. 单级带式干燥

被干燥物料经加料器，在进料端以一定的厚度被均匀分布到输送带上。输送带通常由穿孔的不锈钢薄板或金属网制成，由电机变速箱带动，且速度可以调节。一般单级带式干燥机宽度为400~2700mm，长度为10~60m。最为常用的干燥介质是空气，空气用循环风机由外部经空气过滤器抽入带式干燥机内部，被加热的空气经气流分布板由物料层的下部垂直上吹。物料中的水分汽化，空气增湿，温度降低。部分湿空气排出箱体，一部分则在循环风机吸入口前与新鲜空气混合再循环，由循环风机从物料层上部下吹，使物料层干燥均匀，干燥产品经外界空气或其他低温介质直接接触冷却后，由出口端卸出。图 4-19 为单级带式干燥机结构。

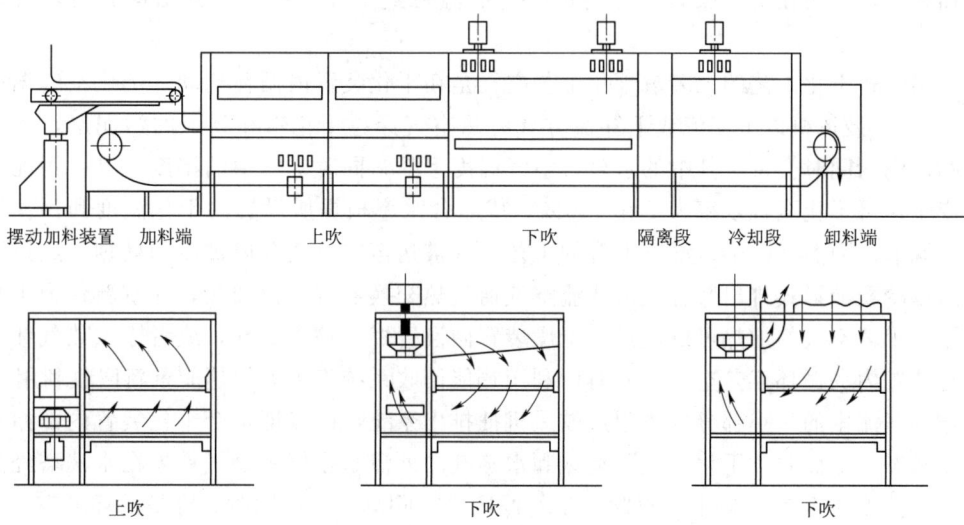

图 4-19 单级带式干燥机结构

干燥机箱体一般被分为几个单元，有利于相对独立地控制运行参数，优化操作。

2. 多级带式干燥

多级带式干燥机可以看作是数台单级带式干燥机的串联，其操作原理与单级带式干燥机基本相同。同时，与单级带式干燥机相比，其干燥室是一个不隔成独立单元段的加热箱体。在传送较易堆积到积压带而影响干燥介质穿流的物料时，多采用多级带式干燥机。处理过程中，在前后两台带式干燥机的卸料和进料过程中，物料得到松动，进而孔隙度随之增大,通过物料层的干燥介质流量增大,使干燥机的干燥效率和处理能力得到提高。其结构示意见图4-20。

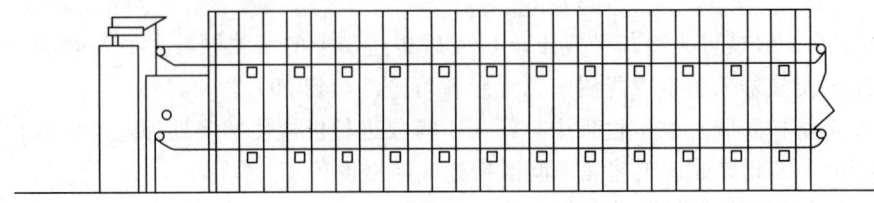

图4-20 多级带式干燥机结构

3. 低温带式干化工艺

带式干化依靠大量工艺气体的流动,将污泥中的水分带走。带式干燥机采用对流型干燥方式,利用热空气以提高对流气体的水蒸气压差,从而有利于水分从污泥向气体中转移。低温带式工艺,干空气温度低于50℃,运转时需要吸入大量环境空气,干化空气不经加热或采用低温废热进行加热。低温带式干化装置结构简单,但占地面积较大,需要干化风量较多。深圳南山电厂的污泥干化项目采用的就是低温带式干化工艺。

4. 中温带式干化工艺

带式干化工艺中,以中温带式干化工艺为主流,此类干燥机的一些干化带相互之间上下叠加布置,安装在一个保温外壳之内。与低温带式干燥机相比,其结构紧凑,占地面积小。

中温带式干化工艺的大多数干化工艺空气是在干化装置内循环流动,干化空气温度为80~130℃。鼓风机以上穿流或下穿流方式将热空气穿越干化带和其上的污泥层,当热空气接触污泥的同时会带走其中的水分,空气温度下降,同时空气中的湿度上升,污泥逐渐变热变干,可干化至含水率为7%~40%,成品含水率根据所设置的干化温度和污泥停留时间来调节。而温度下降、湿度上升的工艺空气被送至冷凝装置内被冷却处理,经过冷凝脱水后以冷凝液形式排出装置,而环流空气通过热交换器重新被加热,并重新作为干化空气使用。工艺空气的加热可以通过在干燥装置内设置燃气炉来实现,或者输入热气体来加热干化装置内的循环工艺空气。同时,利用热能回收系统将丢失的热能重新回收利用。

循环气流中的一小部分气体通过鼓风机抽排出系统,以保证整个干化装置内部始终处于低压状态,从而防止干化空气、臭味和水蒸气的外泄。排出的废气首先在水洗塔经过冷却处理,温度降至40℃以下后再吹入生物滤床进行除臭。与此同时,等量的环境空气进入干化装置。这些空气在进入干化装置之前,也可采用从排气中回收的热能来进行预加热。中温带式干化工艺排风量很少,因此除臭系统相对简单。

4.2.5.3 带式干化技术工艺及设计要点

目前带式污泥干化工艺大体相同,只在细节上有区别,如有无干泥返混或挤压造粒、工艺气体温度、换热器内置或外置、网带材质、带宽、层数等。

一般的工艺流程为烘干输送带将脱水污泥送入烘干装置。在烘干装置内,烘干气体穿流脱水污泥,污泥中的水分被带走,烘干气得以冷却。通过一台抽风装置,烘干气体被抽吸送到焚烧炉中焚烧。因为烘干装置处于负压状态,所以不会产生并向外界传播臭味。带式干化技术具有操作简单安全、连续性操作、控制过程简单、全自动化等特点，其干化过程避开了污泥"黏结区域"，并且出泥含固率可以较大范围地自由设置。下面分别以德国 Sevar、奥地利 Andtriz 的典型带式干化工艺为例对带式干化工艺进行详细说明。

1. 德国 Sevar 公司带式干化工艺

以德国 Sevar 公司的 BT3000 型带式干化工艺为例对带式干化工艺进行详细说明。BT3000 型带式干燥机按功能主要分为污泥分配和定量给料单元、污泥压出机和带式干燥机。

(1) 污泥分配和定量给料过程。泥饼通过传送带进入干燥机分配漏斗（一个内部摇篮架装置）将物料均匀地分配到整个容器里。泥饼的含固率可为 18%～35%。分配漏斗也可作为一个小型中间贮存器来运行，通过一个超声高度探测器来控制高度。

泥饼通过一个定量给料器从定量给料单元卸入污泥压出机。通过改变定量给料单元的速度，可以调节干燥机的生产量。污泥给料过程见图 4-21。

(2) 污泥压出成形。压出机是用于将面糊状的原料挤压成形，使得物料的堆积高度一致，降低流阻，获得有利的表面与体积比率。压出单元主要由箱式框架、拉模板、尾架、压力轴和驱动单元组成。拉模板位于箱式框架的底部，由一块钢板组成，钢板是根据原料来成形加工，有不同的孔径和斜度。压出单元的两个尾架构成了压力轴的支座，用于支撑驱动单元，并同时担当支撑结构的功能。压力轴位于减摩轴承上，在箱式框架的外部运行，在轴的出口上有可调节密封管。驱动装置由一个液压旋转驱动器组成。有了这个液压系统，压力和流动可以根据要求的水平来调节。污泥压出成形过程见图 4-22。

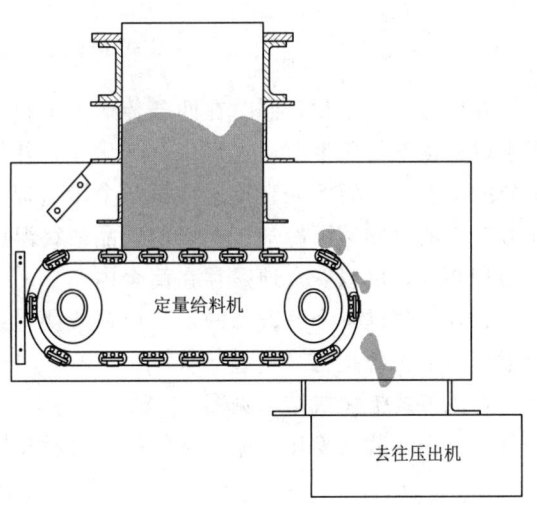

图 4-21 带式干燥机前端-污泥给料过程

需要处理的物料被均匀地铺在压出单元的整个工作宽度上。通过模具的挤压和压实，物料的形状得以改变。依靠十字头的旋转运动。在十字头做反向运动之前，可在短时间内，在模具、箱壁和压力轴之间附上一定体积的原料。然后旋转运动减速，附上的原料体积减小，并通过模具被压成"细面条"状。在反向旋转运动之后，十字头运动再次加速直到与相对的箱壁产生同样的挤压动作。

(3) 污泥干化。干燥机传送带由带长孔的不锈钢板组成，由一个单独的发动机驱动，并分别配置了一个旋转传感器。在上层传送带的末端（在旋转仓内）物料落在下层传送带上，并返回穿过干化仓，来到入口仓，落入一个卸料螺旋传送带里。干化区分成 10～16 个独立的干化模块，在每个干化模块中都有热干燥气流通过物料。干燥空气被吹到物料上并与物料的流动方向相反。

需要干化的泥饼小球（直径 8mm 左右）以相同的堆积高度从压出机不断地进入干燥

第 4 章 污泥干化技术

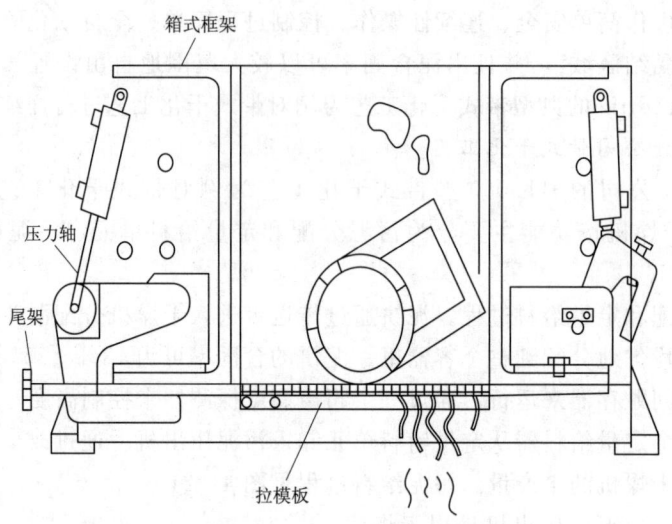

图 4-22 带式干燥机前端——污泥压出成形过程

机,并用热空气干化,同时在两条传送带上移动通过干燥机,物料停留时间约 60min。污泥小球在顶部传送带上通过每一个干化仓,并且温度逐渐上升,加热至预期的温度后实现水分的蒸发。然后污泥直接落在第二个传送带上,在这里蒸发过程已经完成,污泥在通过前方舱室的时候逐渐冷却。干燥的产品最终温度低于 45℃,由一个卸料传送带运至最终产品处理装置,可以安全地贮存在筒仓内。

此外,通过一个已安装的工具可在线测量最终产品的含固率。如果含固率降到设置的警报点之下,警报将会响起。

污泥带式干燥机结构见图 4-23。

(4) 循环载气换热。循环载气换热过程见图 4-24。通过入口鼓风机预热的空气被补给到干燥机的干化仓内。内部热交换器重复加热干化仓中的循环空气,其热源为饱和蒸汽。干燥机加热器需要的热油量由 PLC 来控制,它可以改变热气的温度。

循环鼓风机使热空气循环,并维持每个干化仓中必需的温度,保证空气流以大约 1m/s 的均匀速度穿过干化带。温度传感器和一个一氧化碳探测器连接着一个火警仪表板,通过硬电缆连接到紧急冷却水电磁阀。

为了使废气量减到最少,空气流主要在系统里循环流动,只有与进入干燥机系统的新鲜空气等量的剩余废气排出干燥机才可以。温热潮湿的空气(75～

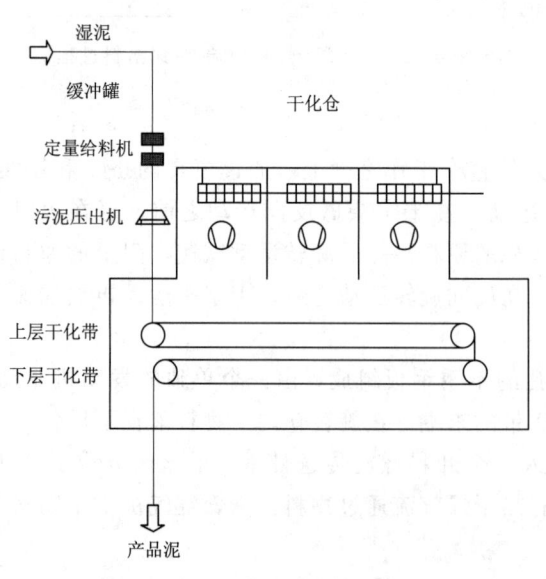

图 4-23 污泥带式干燥机结构

4.2 污泥热干化技术

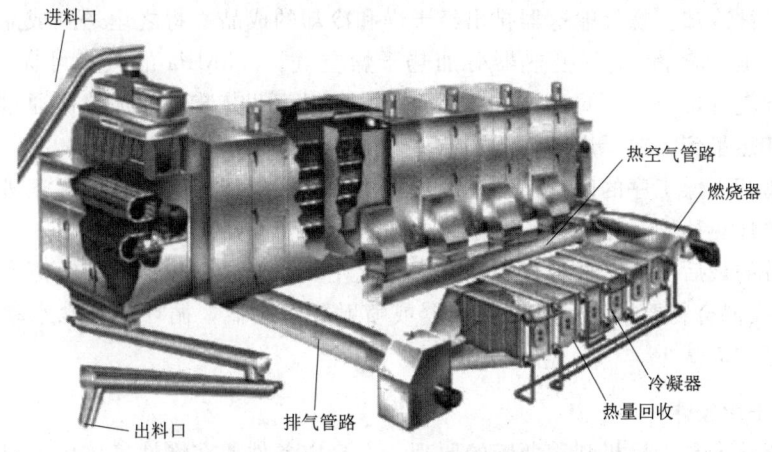

图 4-24 带式干燥机循环载气换热过程

80℃）通过干化仓离开干燥机，并通过排气鼓风机吹过加热交换器进入冷凝器。干燥机的废气温度由温度传感器测量。鼓风机将剩余尾气流抽到臭气系统经处理后排入大气。其余空气流将回到干燥机循环利用。

2. 奥地利 Andtriz 公司带式干化工艺

脱水后湿污泥在进入带式干燥系统加料部分前，已经在配料螺旋里和干物料混合形成易流动材料。配料螺旋被设计成加料/混合螺旋搅拌器。工艺流程见图 4-25。

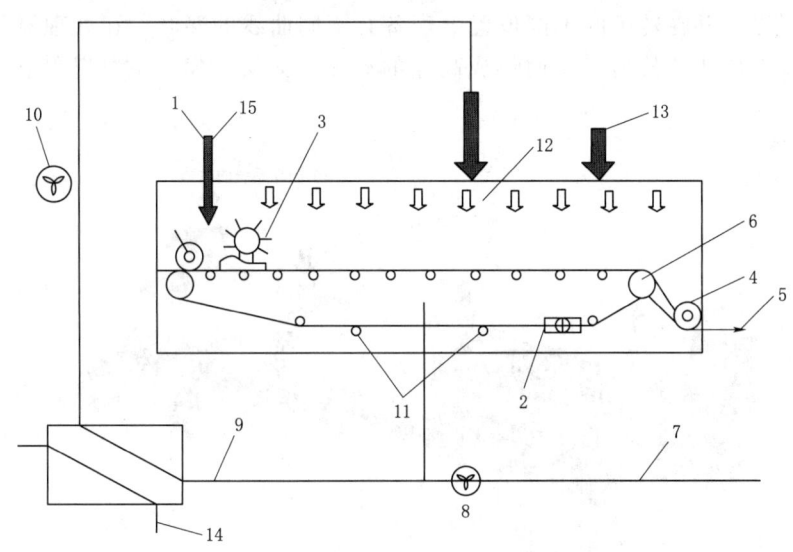

图 4-25 安德里茨带式干燥系统工艺流程
1—污泥加料部分；2—配料螺旋；3—高度可调卷轴；4—卸料螺旋；5—产物排出口；6—主传送带辊；
7—废气；8—皮带清理装置；9—循环空气/闭合环路；10—主风机；11—支撑辊；12—鼓风装置；
13—冷却空气＋抽吸空气；14—热能回收（蒸汽、热水、其他）；15—后部混合供料

污泥通过一个螺旋进料器被分布到整个宽度的输送带上。高度可调卷轴确保物料层平均分布在干燥系统输送带上。污泥颗粒在通过干燥系统时，在输送带前端被干燥并在输送

97

带的最后区段被冷却。螺旋输送器排出经干燥和冷却的成品并将之运送到成品仓。位于带式干燥系统前面的蒸汽/空气换热器可加热干燥空气。0.5MPa 的蒸汽可提供能量资源。高温的干燥空气（120～140℃）被分散到两个配备温度调节装置的加热区通过干燥输送带的气流释放其热量到需要干燥的污泥颗粒上。

小部分离开干燥工序的废气需经过冷凝作用和尾气处理。大部分的废气进入一个热交换器经过再次加热达到干燥系统入口温度的要求。

在输送带的最后区段，抽吸作用和室内空气使成品降温。一部分陆续离开干燥系统的循环空气/蒸汽混合物要求通过表面冷凝器或喷射式冷凝器，循环空气含水率随冷却过程以及冷凝液形成而减少。

4.2.6 薄层干化技术

薄层干化技术是干燥机利用薄膜的原理，在真空条件或在惰性气体中通过干燥机中的旋转刮刀将湿物质以薄膜形式分布于接触面，形成几毫米厚度的薄膜层，同时使湿物质沿轴线向前运动，完成湿物质干燥的过程。

薄层干化技术应用很广泛，在高真空条件或惰性气体条件下，从黏性物质（如污泥）的干燥到颗粒物的干燥均适用。薄膜干燥机可以通过控制物料的停留时间以便适用于更多的物料，例如聚合物、颜料、金属氧化物和纤维素等。

4.2.6.1 涡轮薄层干化技术的工作原理和基本结构

涡轮薄层干燥机的主体构造为一个卧式的圆柱状干燥机。在圆柱状干燥机内，设置有与之同轴的转子，并在转子的不同位置上配备有不同曲线的浆叶。在处理器外电机驱动下，转子带动浆叶快速旋转，从而形成高速的涡流。薄层蒸发器的外部结构如图 4-26 所示。

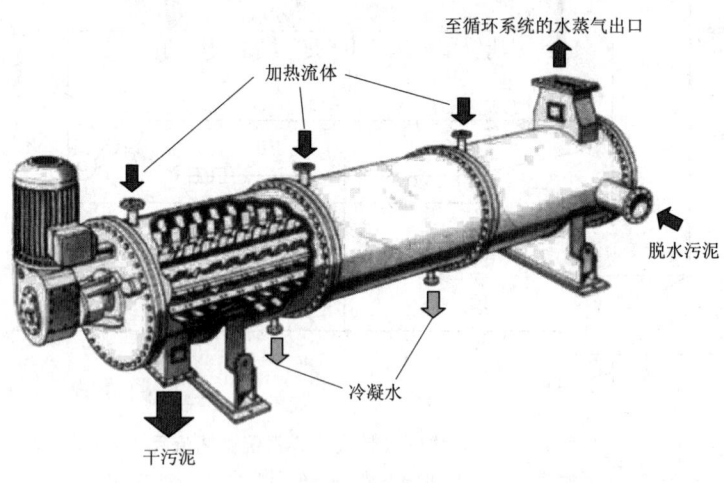

图 4-26 薄层蒸发器的外部结构

湿泥通过定量上料装置与经过加热的工艺气体（蒸汽或空气）在同侧进入卧式的圆柱状干燥机，污泥在高速涡流的作用下，通过离心作用在处理器的内壁上形成以一定速率从处理器的进料端向出料端做环形螺旋移动的污泥薄层。因为污泥薄层仅有几毫米厚，使污泥颗粒获得极为分散和动态的分布,从而获得较高的换热比表面积,并在薄层内不断地与热壁接触、碰撞,从而实现污泥的热传导换热。此外,该工艺在污泥进入的同时,还通入了经过预热的工艺气体对污泥进行换热干燥处理。工艺气体与污泥的运动方向一致,在处理器的内部与高速涡流共同作用下,推动污泥沿内壁向出口方向做螺线运动,污泥颗粒在工艺气体的反复包裹、携带和穿流下,实现强烈的热对流换热。在热传导和热对流的共同作用下,可达到污泥干燥、灭菌的目的。干燥后的物料与蒸发所形成的湿分裹挟在干燥气体中一起离开干燥机,经过旋风分离和冷却,得到干燥的产品。气体经除尘和冷凝,绝大部分加热后回用,少量不可凝气体经处理排放。

涡轮薄层干燥技术在于成功利用了热传导和热对流的原理,即换热过程中部分是通过与物料有接触的工艺气体实现,而大部分是通过位于干燥机夹套中的热介质(导热油或蒸汽)加热金属壁而形成的热传导来实现的。其中热对流占换热总量的40%左右,热传导占60%以上。

4.2.6.2 涡轮薄层干化技术工艺及设计要点

涡轮薄层干燥工艺使用相当于普通热对流工艺不到1/2的气量,起到物料搬运的作用,并配合热传导,形成最佳的蒸发效率,可以很好地实现污泥减量化。干燥后的污泥含水率<5%,体积仅为处理前脱水污泥(含水率为70%~80%)的20%~25%,减量率>70%。

该干燥工艺可将污泥均匀加热到巴氏消毒温度并保持一定的时间,可以保证对微生物及病菌的彻底消灭,而且干燥后污泥的含水率(<5%)低于微生物生存所需的含水率(≥23%)要求,因此在干燥污泥进一步处理、贮存和运输过程中不会产生腐化、发臭等问题,达到污泥无害化和稳定化的目的。

该工艺彻底取消了干泥的返混,使得工艺简洁,设备数量减少,易磨损金属件数量和范围极为有限,因此该技术使用寿命长,整体可靠性高。利用涡轮薄层干燥技术干化时间短,仅为2.5~3min,同时利用蒸汽的表面保护作用,避免污泥颗粒的过热,进而减少了粉尘问题。由于处理时间大大缩短,单位时间里系统内的物料极少,因此停机所需时间短,紧急停机情况下的清理量极小。在干燥过程中,利用高速涡轮产生的涡流形成搅拌,使得物料不但不会黏附在金属热壁上,相反,有着强烈的自清洁效果。该工艺采用各种廉价能源或废热,可形成有竞争力的解决方案。此外,涡轮洗涤工艺可以有效解决燃煤利用中的高效脱硫问题。

目前,国际上最具代表性的涡轮薄层干燥工艺主要有意大利VOMM公司的涡轮薄层NI(自惰性化)干化工艺、德国BUSS SMS CANZLER公司的卧式薄层污泥干化工艺和西门子Ecoflash的薄层干化工艺。

1. 意大利VOMM公司涡轮薄层NI(自惰性化)干化工艺

意大利VOMM公司是世界污泥干化处理设备方面的重要供应商,其开发的涡轮薄层NI(自惰性化)干化工艺流程见图4-27。

经过机械脱水处理的污泥(含固率15%~35%)储存在一个湿泥料斗中,通过螺杆泵将污泥定量喂入一个卧式处理器,该处理器的衬套内循环有温度高达280~300℃的热油,使反应器的内壁得到均匀有效的加热。

第4章 污泥干化技术

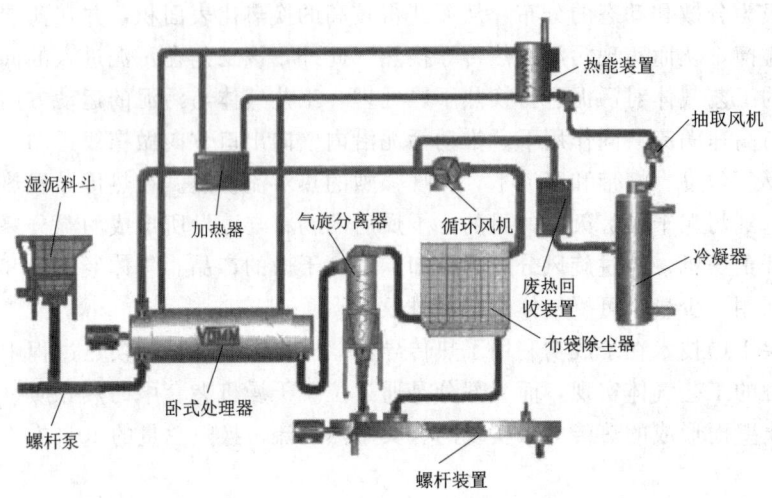

图4-27 涡轮薄层NI（自惰性化）干化工艺流程

干燥系统的回路内循环有温度超过120℃的工艺气体，这部分气体主要是由蒸汽构成（重量的86%以上），为彻底惰性化环境。与圆柱形反应器同轴的转子在不同位置上装配有不同曲线的桨叶，含水污泥在并流循环的热工艺气体带动下，经高速旋转的转子带动桨叶所形成的涡流的作用在反应器内壁上形成一层物料薄层，该薄层以一定的速率从反应器进料一侧向另一侧移动，从而完成接触、反应和干燥。

固态物料、蒸汽和其他气态物质被涡流带入气旋分离器进行气固分离，并经过一个布袋除尘器，固态物质（即干燥后的污泥）被分离出来，由带有冷水套的螺杆装置冷却并排出。经过除尘的蒸汽被循环风机抽取，经过加热器加热，重新回到系统。

相当于蒸发量的部分蒸汽被抽取风机抽取，经过冷凝器，进行混合冷凝，冷凝后的少量气体经生物过滤器除臭（或引至热能装置烧掉）后排放。

干化系统所需热能的60%以上可以通过在冷凝器前安装的废热回收装置进行回收，回收得到温度为85℃以上的热水，这部分热能可以用于污泥的高温消化、民用取暖，或用于对浓缩污泥的加热调理，以提高污泥的脱水含固率，进一步优化干化设施的运行成本。

冷凝器中沉降下来的冷凝水被收集起来再利用或回到污水处理厂进行处理。

工艺为间接加热形式，因此可以采用各种来源的能源加热导热油，包括废热烟气、废热蒸汽、燃煤、沼气、天然气、重油、柴油等，介质为耐高温油品。导热油作为热媒在涡轮干燥机的外套内循环，同时也通过热交换器对工艺气体进行加热。

污泥产品的含固率为60%～95%，可调。系统具有自清空的特点，工作环境宽松友好，涡轮转子沿预制的滑轨整体抽出进行保养，所有的维护工作均在地面进行，十分便捷和安全。系统全自动化运行，无须人员值守，采用典型的PC/PLC级管理方式。

2. 德国BUSS SMS CANZLER公司卧式薄层污泥干化工艺

德国BUSS SMS CANZLER公司的卧式薄层污泥干化工艺流程如图4-28所示。该系统设备主要是指卧式薄层干燥机。卧式薄层干燥机由带加热层的圆筒形壳体、壳体内转动的转子和转子的驱动装置三部分组成。其中加热层采用内衬耐磨耐高温合金钢Naxtra 70

的碳钢结构,其他与污泥接触部分采用DIN1.4404或同等材质。进入卧式薄层干燥机中的污泥被转子涂布于加热壁表面,转子上的桨叶在对加热壁表面的污泥反复翻混的同时,向前输送到出泥口。在此过程中,污泥中水分被蒸发。污泥在干燥机内停留时间在10min左右,因此可实现快速启停和排空,对工艺控制反应迅速。

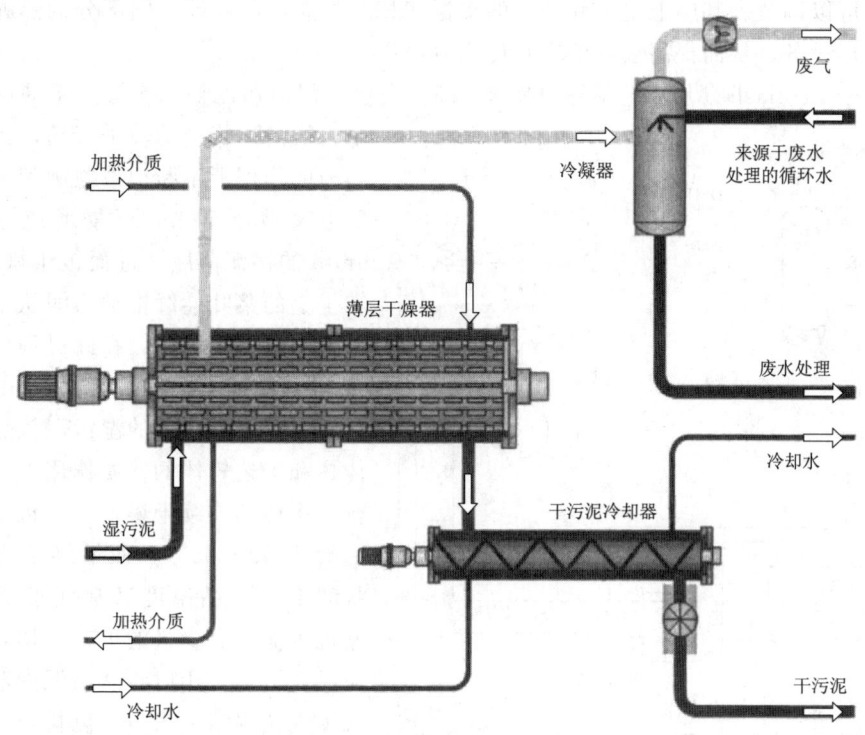

图4-28 卧式薄层污泥干化工艺流程

卧式薄层干燥机可干燥出任何含固率的污泥产品。其薄层干化技术可直接跨越"塑性阶段",这意味着:不需要返混及其相应的料仓、输送设备、计量、监测和控制系统等。转子上的每片桨叶由螺栓固定,其配置可方便调整以适应来泥性状和处理量的变化。分段组合的干燥机可根据需要划分为两个或多个加热区域,并可以独立控制、调整温度甚至关闭。

自卧式薄层干燥机中产出的污泥产品进入卧式线性冷却器。污泥产品通过流动于冷却器壳体内的冷却水进行冷却。当污泥干化与焚烧、热解等工艺结合时,可直接将带温污泥送入焚烧/热解系统。

3. 西门子Ecoflash薄层干化工艺

西门子Ecoflash薄层干化工艺是一种间接干化工艺,通过在夹套中通入导热油或蒸汽作为加热介质来进行热传导,从而蒸发污泥中的水分。该系统中循环有少量的工艺气体,主要是为了带出干燥过程蒸发的水分,以保证干燥机的持续、高效进行。

Ecoflash薄层干燥工艺的主要设备有Ecoflash薄层干燥机、污泥缓冲仓、污泥泵、冷凝洗涤塔、工艺风机、排气风机、气水分离器、热交换器、干污泥料仓、干污泥输送机等。供热部分包括导热油炉、热油循环泵、油气分离器、储罐和高位槽、油路系统等。其中核心设备 Ecoflash 薄层干燥机的组成部分主要有定子、转子和带支撑架的基座。定子为带有加热夹套的圆筒形外壳，通过导热油或蒸汽等加热介质在夹套中流动进行换热。其中使用导热油时的温度一般为240～280℃。转子上安装有许多浆叶，转子较高的转速保证了浆叶前端的切线速度维持为30～35m/s，从而产生足够的离心力，而这些浆叶的方向和与壁的间距可以调节。基座上定子和转子的支撑架相互独立，以保证不同部分的热膨胀和收缩不会损坏设备，从而提高设备的密封性和寿命。

西门子 Ecoflash 薄层工艺流程见图4-29。脱水污泥由污泥输送泵输送至薄层干燥机中，被高速旋转的转子带动，污泥在离心力的作用下不断地被抛洒到定子的内壁上又被刮下来，反复形成厚度3～5mm的污泥薄层，进而被干燥。同时，转子上的浆叶连续推动污泥从干燥机的进料侧移向出料侧，在此过程中，污泥在干燥机内的停留时间约为1min。

薄层干燥机中的湿污泥依靠热媒的传热和工艺气体的传质作用，将污泥进行一次性的连续干燥，干燥机中的温度一般为90～95℃，而最终呈均匀颗粒状的干燥产品温度通常低于90℃。干燥机内循环有少量的工艺气体，其与污泥逆向流动，用以将从污泥中蒸发出的水蒸气从湿污泥入口一侧排出。由于工艺气体气量少、流速低，所以带出的粉尘量极少。可通过冷凝洗涤塔将水蒸气冷凝，并把粉尘洗涤下来。这部分工艺气体由工艺风机加压后，大部分进行循环，而少部分的气体抽出设备，使系统保持微负压状态，以避免臭气泄漏。而抽出的气体进行除臭处理后排放或送入焚烧炉燃烧。

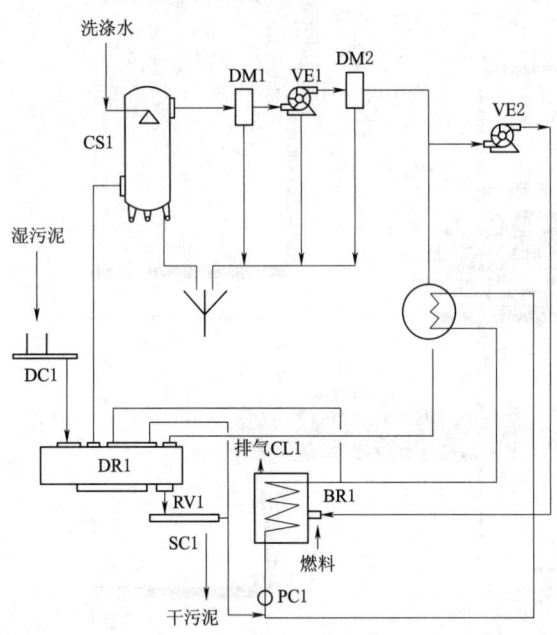

图4-29 西门子 Ecoflash 薄层工艺流程
DC1—湿污泥仓；DR1—干燥机；CS1—冷凝洗涤塔；
DM1—除雾器；VE1—工艺风机；DM2—除雾器；
VE2—排气风机；CL1—导热油炉；BR1—燃烧机；
RV1—出料阀；SC1—排除螺旋机；PC1—循环泵

干燥污泥再经过冷却装置进一步冷却后，输送进干污泥料仓中或转运车中。

4.2.6.3 卧式薄层污泥干化技术的经济性分析

涡轮薄层工艺是目前世界上唯一结合热传导和热对流两种热交换方式于一体，并且实现两种方式并重的干燥技术，可以获得最佳热能利用效率，是目前热能消耗最低的工业方案之一，蒸发每升水分仅需680～720kcal的热量（含干化系统内的热损耗，不含热源系统转换的损耗）。而且还具有极高的换热比表面积，涡轮转子高速旋转产生的强烈涡流使湿物料得到均匀的搅拌，湿物料干燥是通过每个颗粒不断地与热壁短暂接触的过程中完成的，薄层使得湿物料的换热均匀、频繁，每个湿物料颗粒均获得极高的换热比表面积。通过对出口温度的控制，可完美实现对整个干燥过程的精确控制，干燥时间极短，湿物料颗

4.2 污泥热干化技术

粒的换热极为强烈和高效。同时涡轮薄层工艺又避免了反复加热冷却的热损失,在绝大多数工艺应用中,由于避免了返混对大量干物料产品的反复加热冷却、采用了极少的工艺气体量、利用热传导和热对流结合的换热方式高速完成整个干燥过程而不造成系统内热介质的大量无谓热损失,因此,在整体性能上较其他系统更为节能。

由于是热传导和热对流两种主要换热形式结合并重的工艺,热干化过程中采用的 230~260℃的工艺气体,较一般的热对流系统减少 1/2~2/3。气体量低,意味着洗涤热损失减少。其工业可靠性高、回报快,且方案灵活性好且成本低。该工艺是针对湿物料处理而开发的一套完整的专利技术。工艺的核心是涡轮薄层反应器,是一种已经广泛应用于化工、制药、食品和环保四大领域的成熟的工业设备,在全球的装机量数以百计。无论设备材质的选择,还是设备的加工精度,在所有干燥设备中均属上乘。短流程工艺,无干物料返混,可以任意调节处理干燥的深度(即所需要的产品含固率),以节省能源,并大大提高设备的处理能力,从而降低单位运行成本特别是经营成本。由于安全性较好,工艺中无须氮气,也无须采取额外的安全保护措施等,节约设备投资和运行成本。而且涡轮薄层工艺可以实现模块化扩展并分期投资。VOMM 系统的处理规模配置极为灵活,具有模块化系统扩展的特点,对于处理量最大的市政湿物料来说,以最大单线每日 100~130t(根据进料和产品的最终取值范围变化)的规模为基础,可以覆盖全部湿物料领域的处理规模需求,并随时保持着对特殊湿物料处理量身定制的可能性。模块化多线方案从管理和可靠性角度看更为适合湿物料这种物料的处理概念。

除此之外,设备投资成本相对较低且设备材质高档,使用寿命长,其配套设施少,要求也较低,维护成本也低。VOMM 工艺路线极为简洁,一次性完成灭菌、干燥、造粒,无须干物料返混,因此节省了很大的物料混合、输送、储存、筛分、粉碎、冷却,提高了整体投资效率;干燥气量小,由此降低了风机和输送线路的投资;总体设备投资相对较低;客户可以根据项目处理对象的具体情况,要求采用适当的钢材来制造设备。由于某些湿物料具有酸、碱腐蚀性,设备的使用中,尤其是任何死角都有可能造成腐蚀。涡轮薄层工艺实现了设备的极端紧凑性,因此同等商务条件下,在材料的选择上具有较大的灵活性;设备置于地面,具有极为便利的维护条件,预设的滑轨使得主轴可以非常方便地滑出进行维护清理;设备内物料量少、停留时间短、工艺条件均匀恒定,这些都有益于设备寿命的延长。VOMM 工艺的设备占地较少,厂房、地面、辅助设施、现场制作和安装的工作量相比其他工艺来说,要求相对简单,由此可节约土地、厂房投资,缩短建设期。设备安装在一般的工业厂房地面,除干燥机需要简单的承重地基外,仅个别设备有一定高度,因此厂房的建设存在进一步简化的可能性。VOMM 工艺能耗较同类湿物料干化方案低,由此可减少热能和制冷设施的基础建设投资。设备材质好,部件的稳定性高,故障时间少,总体效率高,检修容易,维护费用相对较低。由此总体上可降低人员成本支出。

涡轮薄层干化工艺其低廉的运行成本更适合国内需求。而且可以采用各种廉价能源或废热,形成有竞争力的解决方案,并能有效解决燃煤利用中的高效脱硫问题。

截至目前,已经在欧洲装机超过 90 台,全部在生产运行中,尚未有过安全事故记录。主要安装在法国、西班牙和意大利,市场占有量均在 50%以上。随着涡轮薄层污泥干化技术的发展,在污泥处置方面国内也逐渐开始引进和应用该项技术,如中石化天津污泥干化项目、北京水泥厂污泥干化项目和重庆市唐家沱污泥处理项目等。

4.2.7 转盘干化技术

转盘干化是根据其典型的机械构造形式而命名的一种干燥机，最早由瑞典 StordBartz 公司于 1956 年发明。迄今为止，转盘式连续干燥机已有几十年的发展历史，目前在日本、德国、俄罗斯和美国等国家都有专门的公司进行研发制造，其中德国 Krauss - Maffei 公司历史较久，研发较成功。十几年来，国内也开展了很多关于转盘式连续干燥机的研究，并取得了一定的进步。河北工业大学、核工业总公司第四研究设计院、上海化工装备研究所、石家庄工大化工设备有限公司等一些公司和设计院均取得了一系列的成果。

4.2.7.1 转盘干化技术的工作原理和基本结构

1. 转盘式干燥机的工作原理

在转盘式干燥机中，大、小干燥盘上下交替依次排列，耙臂作回转运动使耙叶连续地翻炒物料。干燥盘为中空结构，干燥盘内通入饱和蒸汽、热水、导热油或高温熔盐等加热介质由干燥盘的一端进入，从另一端导出。待干燥物料连续地加到干燥机上部第一层干燥盘上，物料沿指数螺旋线流过干燥盘表面，在小干燥盘上的物料被移送到外缘，并在外缘落到下方的大干燥盘外缘，而在大干燥盘上的物料向里移动，并从中间落料口落到下一层小干燥盘中。然后再重复上述过程，从而使物料得以连续地流过整个干燥机。干燥后的物料从最后一层干燥盘落到壳体的底层，最后被耙叶移送到出料口并排出。从物料中蒸发的湿分（一般为水）由设在顶盖上的排湿口排出。而对于真空型盘式干燥机，湿分由设在顶盖上的真空泵口排出。

2. 转盘式干燥机的基本结构

转盘式干燥机是转盘干化工艺的核心，是一种高效节能的传导型连续干燥设备。该设备主要包括壳体、框架、大小空心加热盘、主轴、耙臂及耙叶、加料器、卸料装置、减速机和电动机等部件。其总体结构如图 4-30 所示。

空心加热盘是该干燥机的主要部件，加热盘分大盘和小盘且成对配置。其内部通以饱和蒸汽、热水或导热油作为加热介质。故加热盘实际是一个压力容器。因此在其内部以一定排列方式焊有折流隔板或短管，一方面增加了加热介质在空心盘内的扰动，提高了传热效果；另一方面增加了空心盘的刚度并提高了其承载能力。每个加热盘上均有热载体的进出口接管。各层加热盘间保持一定间距，水平固定在框架上。

每层加热盘上均装有十字耙臂，上下两层加热盘上的耙臂呈 45°角交错固定在主轴上。每根耙臂上均装有等距离排列的耙叶若干个，上下两层加热

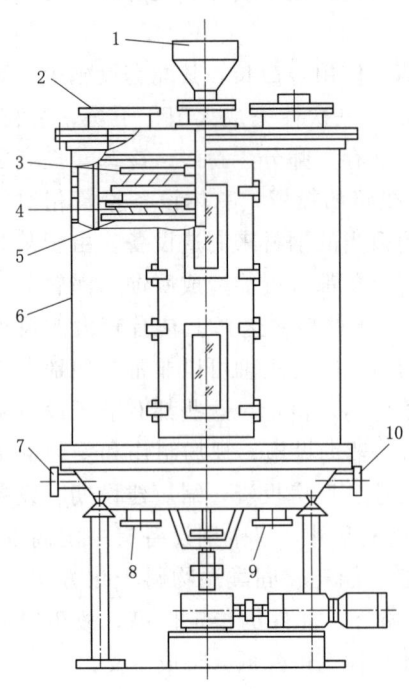

图 4-30 转盘式连续干燥机结构
1—物料进口；2—废气出口；3—耙臂；
4—耙叶；5—加热盘；6—外壳；
7—蒸汽进口；8、9—成品出口；
10—冷凝水出口

盘（小盘和大盘）的耙叶安装方向相反，以保证物料的正常流动。电机通过减速机带动干燥器主轴转动。物料由干燥机上方的加料口进入，经各层加热盘干燥后由下部出料口排出。干燥机最外面是一壳体，使整个干燥过程在一密闭空间内进行。

转盘式干燥机外壳形似一个圆柱体，一般采用不锈钢制造，可设用于保温的夹套，其内壁焊接有挡料板，挡料板纵向深入到两个盘片之间，用于防止物料随转子而转动，起到搅拌物料的作用。

转盘式干燥机具有热效率高、干燥时间短、能耗低、调控性好等特点，具体如下。

（1）能耗低。以某公司产品为例，加热盘直径1500mm，14～16层加热盘加热干燥面积为19～22m^2，其驱动电机功率仅为3.0kW；直径3000mm，14～16层加热盘，加热干燥面积达84～96m^2，其驱动电机功率只有11kW。

（2）热效率高、干燥时间短。转盘式连续干燥机是一种热传导式干燥设备，不存在热风干燥过程中由热风带走大量热量的弊端。污泥在耙叶的机械作用下不断被翻炒、搅拌，从而使料层热阻降低，提高了干燥强度，其热效率可达60%以上。干燥时间与物料初始湿含量及物料的性质有关，一般为5～80min；污泥含水量的不同，单位蒸汽耗量也不同，为1.3～1.6kg蒸汽/kg水。

（3）调控性好。通过调整主轴转速，可精确控制物料停留时间，每层加热盘均可单独通入加热介质，有利于准确控制物料的温度。并且调整加热盘上料层厚度、主轴转速、耙叶形式和尺寸等均可改善干燥效果。

（4）环境整洁。由于是密闭式操作，无粉尘飞扬，改善了劳动环境，有利于操作人员的健康。

（5）运转平稳、无振动、低噪声，设备直立安装、占地面积小。

4.2.7.2 转盘干化技术工艺及设计要点

按最终获得的污泥产品的含水率不同，污泥干化技术可以分为半干化和全干化。通过转盘式干燥机，配以不同的辅助设备和电控系统可以分别实现污泥的全干化与半干化。

经过转盘式干燥机半干化工艺干燥得到的污泥一般含水率大于50%，干燥污泥被一次性干燥后直接排出，排放的废气可以直接进入尾气冷凝液化站，无须进行除尘处理。被排出的干燥污泥一般进入焚烧炉实行自给自足的燃烧，不需要辅助热源，其燃烧产生的热能可再利用，用于转盘式干燥机自身所需要的热量供给，以达到热能的平衡和最佳利用，因此可节省大量的热能。转盘式干燥机用于污泥半干化示意图见图4-31。

在转盘式干燥机全干化工艺中，部分已被烘干的含水率小于10%的污泥被回流到干燥机的入口，与湿污泥混合形成含水率低于30%的污泥混合物后再进入干燥机。全干化工艺排出的尾气一般需要经过除尘处理后再进入尾气冷凝液化站。由于全干化工艺的空气量较少，其含氧量也很少，一般约为

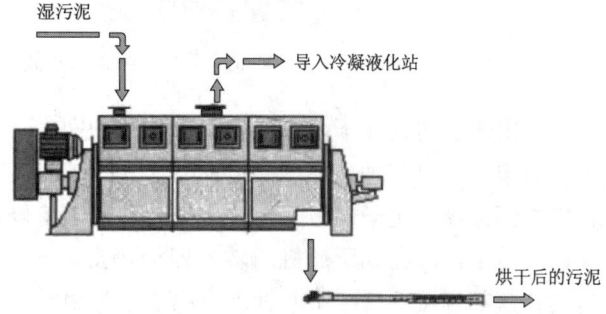

图4-31 转盘式干燥机用于污泥半干化示意图

2%,也就是说转盘全干化工艺本身能很好地防止粉尘爆炸。转盘式干燥机用于污泥全干化示意图见图4-32。

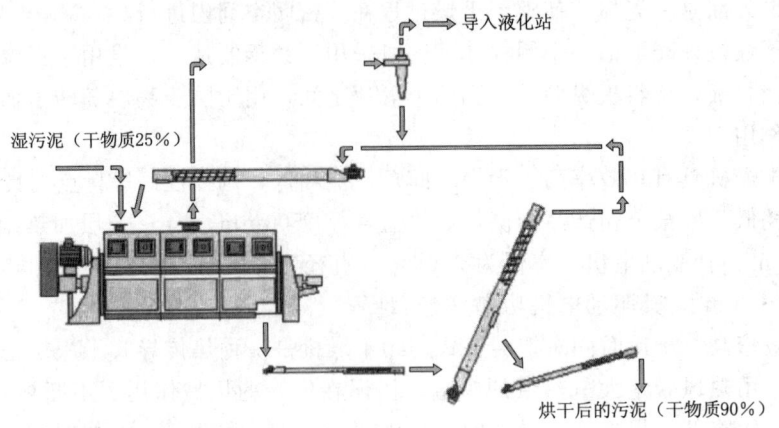

图4-32 转盘式干燥机用于污泥全干化示意图

1. Atlas-Stord公司的Rotadisc卧式转盘式干燥机

阿特拉斯-斯道特（Atlas Stord）公司的Rotadisc卧式转盘式干燥机应用于污泥干化领域已经有20多年了，并获得了专利，主要是由定子（外壳）、转子（转盘）和驱动装置组成，如图4-33所示。

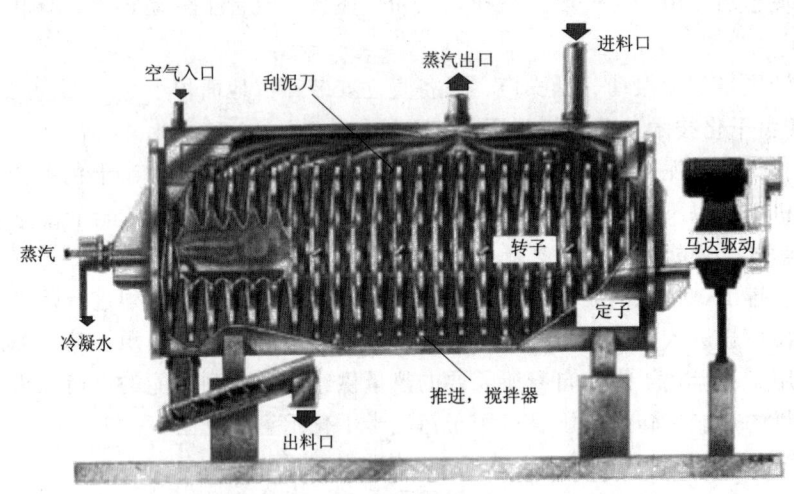

图4-33 卧式转盘式干燥机

（1）定子。转盘式干燥机的定子即干燥机外壳，一般采用不锈钢制造，形似圆柱体，其上部高起，空出容纳废蒸汽的空间，且设有废蒸汽出口。废蒸汽圆顶出口装有检修盖板，以方便检修。定子端板采用法兰安装，便于检修，同时端板也用于固定转子的轴承。

（2）转子。转盘式干燥机的转子即加热盘，而转子的中心轴是干化转盘的承载部件，所有的转盘都焊接在这个中心轴上。中心轴为中空结构，且中空轴内腔与所有转盘内腔相连通。空心转盘内腔分布着许多支撑杆，支撑杆两端支撑着左右两个圆盘，从而提高了转盘的坚固性。每片转盘由两个对扣的圆盘焊接而成。

根据污泥的含水率的不同，转盘可以采用不同的材质进行制造，如低碳钢、不锈钢或特殊合金钢等。安装在转盘边缘的推进/搅拌器既可以推进、输送污泥，又可以搅拌、混合污泥，推进器的切斜角度也是可以调整的。导热油或高压热水传递干化产品所需热量，转盘的内腔可以通入中低压蒸汽（最大12atm）。

（3）驱动电机。整个驱动装置由电机、嵌入式减速箱、耦合器和皮带传动等组成，用于驱动转子旋转。

（4）推进/搅拌器。推进/搅拌器使污泥被均匀缓慢地输送通过整个干燥机，并通过与转盘的热接触被干化。在每两片转盘之间装有刮刀，刮刀固定在外壳（定子）上。刮刀可以疏松盘片间的污泥，有利于干化过程的进行。

2. 日本三菱公司全套的圆盘式污泥干燥技术

在日本，圆盘式污泥干化技术发展已经相当成熟，工程应用亦很稳定可靠，该技术在日本的使用覆盖率已超过60%，设备最长使用寿命可达30年，并且设备运行良好，至今仍在使用。日本三菱的圆盘式污泥干燥设备具有构造简单、检修便利、使用能耗低、日产量稳定、COD相对较低利于处理等优点，其结构如图4-34所示。

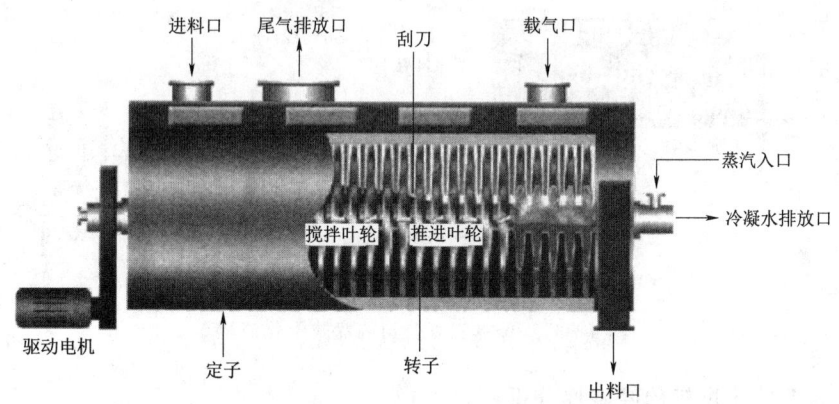

图4-34 日本三菱公司圆盘式污泥干燥机结构

圆盘干燥机由一个圆筒形的外壳和一组中心贯穿的圆盘组成。外壳是不动的，它容纳污泥和污泥蒸发的水蒸气。外壳的内壁上在每两片转盘之间装有固定的刮刀，刮刀固定在外壳上，刮刀很长，伸到圆盘之间的空隙，可以疏松盘片间的污泥，防止有大块污泥固结在盘片上，而且通过转盘边缘的叶轮起到推进器/搅拌器的作用。整个推进和搅拌过程依靠转盘边缘的叶轮进行，维护成本低。由于盘片本身不承担切割和推进的作用，所以对干燥机基本不产生磨损，适合用于含沙量较高的污泥干燥。

干燥机的圆盘组是中空的，热介质从这里流过，把热量通过圆盘间接传输给污泥，污泥在圆盘和外壳间通过，接收圆盘传递的热量，使水分蒸发。污泥水分蒸发形成的水蒸气聚集在圆盘上方的穹顶里，被少量的通风带出干燥机。在干化过程中，热蒸汽冷凝在转盘腔的内壁上而形成的冷凝水将通过管子被导入中心管，最终由导出槽导出。

干燥机中的圆盘有两个作用：一是给污泥提供足够大的传热面积；二是在圆盘缓慢转

动的同时，其上面的小推进器推动污泥向指定的方向流动并起到很好的搅拌作用。干燥机利用每个圆盘的双面传热，可以在很小的空间中提供很大的换热面积，使得结构紧凑。圆盘的转动可以变频调节，转速约为5r/min，磨损小。干燥机上还设计了多个检修窗口，所以检修方便直观。

圆盘污泥干燥机占地面积小，换热面积大（最大可达411m²）。因为污泥经破碎和搅动后，呈均匀颗粒状，所以便于对其进行进一步的处置和资源化利用。

日本三菱公司圆盘干化工艺流程如图4-35所示。此工艺单台设备日处理量为100t/d，采用0.5MPa、152℃的低品位饱和水蒸气，蒸汽需要量2.7t/h，装机额定功率为90kW，产生的冷凝水可以循环使用。

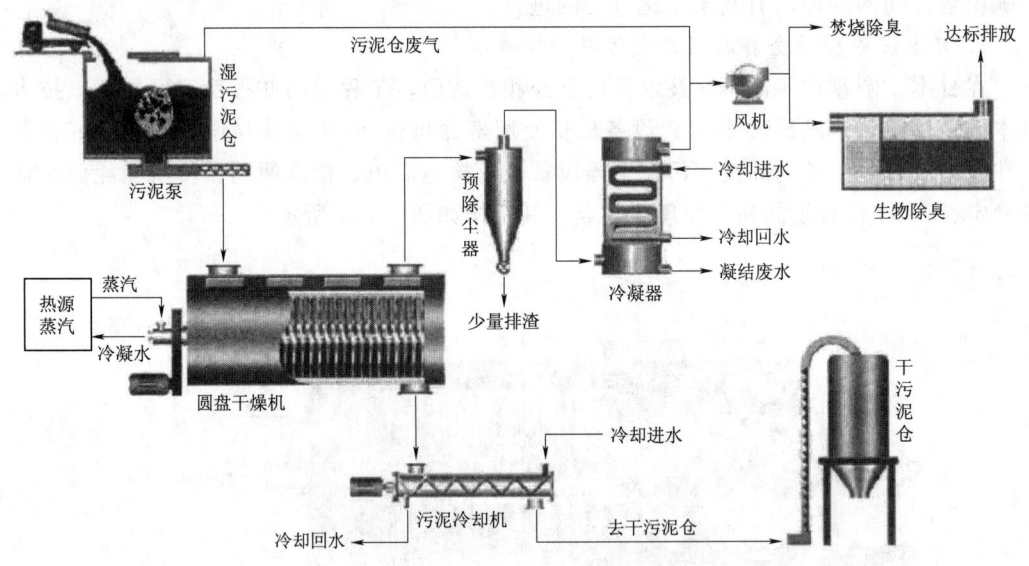

图4-35 日本三菱公司圆盘式干化流程

4.2.7.3 转盘式干燥机的经济性分析

目前国内的污泥处理与处置主要采用填埋的方法，其每吨处理费用大致为200元。经过转盘干化工艺干化处理的污泥可以有多种用途加以再利用，或用于农业，或直接通过焚烧炉焚烧，还可以在垃圾焚烧站、火力发电厂和水泥厂的现有焚烧炉中和垃圾等燃料混合进行焚烧，可节省土地填埋费用，还达到了环保的要求。干化后的污泥保存了污泥原有100%的热值，每吨干污泥所产生的热量相当于1/3t标准煤所产生的热量。由此看来，干化后的污泥资源化利用直接产生了经济效益。

转盘干化工艺简单，设备数量少，因此电能消耗小，低于其他传导型干化工艺，加之其热效率高，运行成本低，以燃煤为例，转盘式干燥设备约是欧美引进同类处理能力技术设备投资的30%左右。此外，转盘式干燥机可干燥膏糊状和热敏性物料，能方便地回收溶剂，进一步提高其经济性。

4.2.8 污泥热干化的安全性

在污泥热干化、运输及贮藏过程中，存在着严重的自燃与粉尘爆炸的危险。污泥在全干状态下（含固率大于80%）一般呈微细颗粒状，粒径较小，同时由于污泥之间、污泥和干燥机之间、污泥和介质之间的摩擦、碰撞，使得干化环境中可能产生大量粒径低于150μm的超细颗粒——粉尘。而这种有机质含量高的粉尘在一定氧气、温度等条件下就有可能发生爆炸，即"粉尘爆炸"。因此，欧盟早在1994年就制定了爆炸性气体设备和运行操作标准（ATEX），并于2003年的7月1日全面强制实施。这为污泥干化行业设备及运行操作的安全性提供了强有力的保障。所以，我国在推广污泥干化技术的同时，该工艺的安全性也是一个非常值得关注的焦点。

4.2.8.1 干化事故的原因

污泥干化过程和其他一些工业操作过程一样，潜伏着很大的危险性，也曾发生过不少事故，其可能造成安全事故的原因很多，将其归类，大致有以下3个方面。

1. 工艺原因

因工艺的不合理性引发事故。这类情况初看似乎是设备的仪表不准、阀门失效、密封开裂、搅拌混合不均、机械异常、焊接断裂、磨蚀、腐蚀等。但所有的机械设备在处理废弃物方面都可能出现异常。但这些异常是否就可能导致危险状况，则在各个工艺之间可能形成很大的差别。对于工艺方面的认识实际上是讨论污泥干化安全性的最重要内容。

2. 内在原因

污泥干化的工艺中可能存在大量的粉尘，这些粉尘在流程的各个设备上都可能产生问题，包括干燥机、斗式提升机、料仓、旋风分离器、过滤器、自动筛、造粒机甚至公用设施等。有机粉尘的爆炸和自燃是目前已知污泥干化问题的主要原因。

3. 外来原因

由于污泥是污染治理的剩余物，混入各种危险物质的机会较多，如烃类（易燃气体，如甲烷是污泥本身的厌氧产物）、纤维（危险粉尘）、金属异物、石子、铁粉（均可能引发火花）、油脂（阻塞过滤器，挥发裂解）、单体或聚合物、溶剂（均可能遇氧自燃）等。甚至污泥的含水率变化也可能造成某些工艺的危险状况。

因此，首先要弄清楚干化系统的燃烧和爆炸特性，从工艺设计、干化过程的各个环节对干化系统采取必要的安全措施，还要加强安全生产的管理工作。

4.2.8.2 干化风险的形成机理及预防措施

1. 干化风险的形成机理

干化导致的风险一般有4种。

（1）粉尘爆炸。污泥是一种高有机质含量的超细粉末，当污泥粉尘积聚到一定的浓度，在助燃空气和点燃能量等条件具备的情况下就会发生强烈的氧化，释放出热量，使温度急剧上升，导致粉尘在顷刻间完成燃烧，大量热能释放出来，引起一系列连锁反应，体积骤然膨胀而发生爆炸。发生粉尘爆炸的部位可能有干泥贮仓、粉尘仓、粉碎系统、筛分系统、输送系统、混合系统和干燥机等。

（2）焖燃。当污泥粉尘爆炸的基本条件具备，但供氧量不足时，粉尘局部产生燃烧，但不至于爆炸，这就形成了焖燃。焖燃处理不当时（如打开干燥机、料仓或管线），可能会导致明火燃烧。焖燃发生的部位一般在干泥料仓或停机的干燥机中。

（3）燃烧。污泥发生粉尘爆炸或焖燃后未能及时妥当地处理，或设备失火，以致明火燃烧，或由于干化设备故障，导致可燃工质（如导热油）泄漏，形成有氧燃烧。

(4) 自燃。干污泥与环境中的氧气接触，随着时间推移而逐渐氧化，暴露出更大面积的氧化空洞和供氧孔隙，随着热量积聚，温度上升，氧气供给优化，自燃就产生了。自燃指发生于干化系统之外的干泥在贮存、堆放、弃置环节所产生的有氧燃烧。不难看出，污泥粉尘的氧化特性是构成危险的机理，它有三个必要条件，即一定的粉尘浓度、一定的含氧量和一定的点燃能量。

2. 干化风险的预防措施

要避免形成危险环境，可从取消上述三个条件之一入手。但目前已知被采用的预防手段事实上只有一个，即降低含氧量。

作为污泥干化安全的预防性措施，上述三个要素及含湿量值得认真研究。

(1) 粉尘浓度。发生粉尘爆炸必须达到一定的浓度，该浓度被称为该有机质的"粉尘爆炸浓度下限"，简称"粉尘浓度"（minimum explosible concentrations，MEC）。

采用热量进行干燥的污泥干化工艺具有产生粉尘的自燃倾向。当污泥含有较多水分时，污泥颗粒的温度上升较慢（因水分吸收潜热的缘故）。当失水到一定程度（如＞65%），特别是当这种产品失水速率不均匀时，与热表面（一般都超过160℃）和热气体（一般超过100℃）的接触，会使得部分先失去水分的污泥颗粒过热，过热颗粒与其他湿颗粒分离，因其细小且轻，会因搅拌或机械抄起作用而进入工艺气体，因沉降速度低而形成飘浮，众多类似微细颗粒的聚集就形成了粉尘云。这种粉尘云会存在于干燥机、旋风分离器、粉尘收集装置以及湿法除尘洗涤装置前的管线中。此外，对干泥进行操作的破碎、筛分、提升、输送、混合、造粒、冷却、贮存等环节都可能产生类似粉尘云，因其空间狭小，没有大量气体流动，存在死角，因此粉尘一旦生成，其沉降速度都很低。

粉尘细度没有统一规定，多数可燃性粉尘的粒径为 $1\sim150\mu m$，粒径越小的粉尘比表面积越大，表面能也就大，其所需的点燃能就小，即越容易点爆。考虑到粉尘的危险性，一般以 $75/150\mu m$ 以下的粉尘/超细颗粒作为判断标准。

粉尘的细度不可能是均一的，污泥干化的产品粒度分布变化范围极广。根据有关粉体的研究，在粗粉（＞150pm）中掺入 5%～10% 的细粉，就足以使有机粉尘混合物成为可爆炸的混合物，且爆炸组分几乎出现最大爆炸压力。混合比大大影响爆炸强度，只有当可燃粉尘的粒度均大于 $400\mu m$ 时，即使有强点燃源也不能使粉尘发生爆炸。

粉尘气体混合物具有爆炸性的条件是其浓度在爆炸上限和下限之间的范围内，一般来说，有机质粉尘的爆炸浓度的下限为 $20\sim60 g/m^3$，市政污泥的取值为 $40\sim60 g/m^3$，这一数据还要受到除了氧气含量以外其他因素如气体介质的含氧量、含湿量、产品含湿量、粉尘化学成分、其他易燃气体成分等的影响。而可燃性爆炸的浓度上限可达 $2\sim6 kg/m^3$。由于粉尘具有一定的沉降性，所以通常爆炸浓度的上限很少能达到，只需考虑其爆炸浓度下限即可。

(2) 含氧量。氧气作为助燃气氛，是形成危险状况的基本要素之一。绝大多数干化工艺无法进一步降低粉尘浓度，因此，降低介质含氧量成为避开风险的主要乃至唯一手段。

含氧量的要求与干化系统内的粉尘浓度有着直接的关系，这种关系一般以粉尘爆炸的最低需氧浓度（limiting oxygen concentration，LOC）来表示，是对污泥粉尘性质的一种量化研究。在一定粉尘浓度和点燃能量下,能够引起燃烧的最低氧气含量称为"最低含氧量"。

采用惰性化气体作为惰性介质和空气进行混合配比,是降低含氧量的一种方法。其中蒸汽作为一种高效率的惰性化气体,在干燥工艺中被大量采用。但过高的蒸汽浓度,会降低蒸发效率。

惰性化的质量仅是一个方面,惰性化的成本特别是时间,对干化可能具有重要意义。惰性化要求越高,对氮气的纯度、流量要求就越高。由于干化装置不可能是完全密闭的,惰性化过程也不是通过静态置换完成的,因此,惰性化过程需要很长时间,并可能耗费大量氮气。

(3) 点燃能量。粉尘爆炸尚需一定的能量才能点燃,摩擦、静电、炽热颗粒物、机械撞击、电焊、金属异物或石子等产生的火花均可成为点燃能量。

市政污泥粉尘所需的点燃能量非常低,其大小与污泥的温度有关,但一般来说只要粉尘浓度和含氧量超标,任何点燃源都可能造成粉尘爆炸危险。而干化工艺本身的运行基础就是高温,所以即使在静电、金属碰撞等条件都符合要求的情况下,粉尘爆炸都难以良好控制。因此在这方面无法采取任何有效的预防措施。

(4) 含湿量。在三个粉尘爆炸的基本条件之外,干燥产品的含湿量也值得关注。当干燥气体的湿度较大时,亲水性粉尘会吸附水分,从而使粉尘难以弥散和着火,传播火焰的速度也会减小。有研究认为,有机粉尘的湿度超过30%便不易起爆,超过50%就是绝对安全的。水分的存在可大大提升粉尘爆炸的浓度下限。蒸发所产生的蒸汽是最有效的惰性气体,增加干燥系统的湿度可有效降低粉尘浓度,提高点燃能量,降低氧气含量,从而提高整体系统安全性。

所谓半干化正是利用了这一点,使得离开干燥机时的产品平均湿度低于80%甚至60%,此时,产品中尚有一定水分,由于这部分水分的存在,可以将可能导致产品升温过热(形成粉尘)的热量吸附过来,从而有效地避免粉尘形成。从经验可知,污泥干化时,物料失去水分的曲线较为平缓,而物料的升温速度在后期会变得越来越快,升温曲线的斜率变陡。这意味着在半干化条件下,产品不会过热,因此也不会或很少产生粉尘。

4.2.8.3 干化过程的安全管理问题

安全管理问题是一项复杂的系统工程,也是各个企业实行管理的一个重要组成部分,是为了保障安全生产而进行的有关组织、计划、控制、协调和决策等方面的活动。其基本任务:发现、分散和消除生产过程中的各种危险,以防止发生安全事故,避免各种不必要的损失,以及保障现场操作人员的人身安全。

对于污泥干化过程中安全管理问题,主要是干化过程中的安全操作程序、设备的维护和操作人员的培训等。

污泥干化设备的正常操作应该是在安全、有效和经济的情况下运行的操作。在干化工艺自身安全、干化设备合格、干化过程中各因素在安全范围之内的前提下,安全生产可以通过对设备的正确操作和维护而获得。如果设备操作人员没有进行培训、操作说明书不正确或者操作人员操作失误,即使设计的干化工艺本身及干化设备安全水平再高,安全事故还是会发生的。据统计,人为原因所引发的安全事故占到工业事故的90%以上。因此,在污泥的干化过程中必须严格加强安全管理工作。

1. 干化系统的安全操作

设备的操作说明书是将设备的提供者和使用者紧密联系在一起的纽带，为了保障干化设备的正常运行和安全生产，所有的干化设备都应该配备清楚规范的操作说明书。干化设备的操作说明书一般包括开车前的准备工作（主要是单机调试）、开车程序、正常运行、正常停车、紧急停车五部分。在设备的开车及停车时，运行过程处于非平衡状态，处于一种特殊的危险期，失控的危险性很大。此时，对污泥和干燥介质的流速和温度的控制显得尤为重要。除此以外，在设备的正常运行期间必须定期地进行安全检查，尤其是在设备和操作条件发生变化时。

2. 设备的维护

在日常的设备维护工作中，尤其在进行焊接、切割等热工操作时，必须严格遵守许可证制度，对于容易产生火源的设备尤其要注意定期维护。

3. 操作人员的培训

对于干化设备安全、有效和经济的运行来说，操作人员的培训是必需的。设备的现场操作人员应该认真仔细地学习该设备的操作说明书，不仅要弄清楚正常的操作顺序，同时还要了解并掌握操作过程中可能出现的各种危险情况，一旦出现了紧急情况，应该能采取必要的应急安全措施。

4.3 污泥生物干化技术

4.3.1 生物干化的原理

生物干化是一种新型的干化技术，最早是由美国康奈尔大学的 Jewell 等人于 1984 年研究牛粪生物干燥时提出。生物干化主要是利用好氧微生物降解物料中的有机物产生热量，结合外界适宜的通风将物料中的水分去除，最终降低物料的含水率。生物干化的机制为对流蒸发，热量来源于微生物对底物降解产生的生物热，物料中的水分减少主要途径通过三步实现：①水分在物料内部呈阶梯状逐渐传递；②水分从物料的表面蒸发至空气中；③水蒸气随外界的通风穿过堆体，然后排出。生物干化的实现是微生物产热和外界通风综合作用的结果，空气对流将内部的水分带离堆体表面，这是水分去除的主要原因。而对流蒸发去除水分受固相（堆体）和气象（气流）之间的热力学平衡控制。

生物干化不需要外界热源，主要利用系统微生物产生的热量，与传统的热干化相比，具有能耗低且不产生有毒有害的尾气的优点，因此是一种经济环保的干化方法。而且生物干化的设备简单，易于操作，干化周期相对来说比较短，因此应用前景比较广泛。

4.3.2 生物干化的特点

生物干化最明显的特点是不需要外界提供热量，所需的热量是由系统自身提供，微生物好氧降解有机物产生的生物热可以满足系统对热量的需求。与传统的热干化相比，生物干化能耗低且无燃料产生的有害尾气，因此是一种经济环保的干化技术。生物干化另一个特点是干化过程中需要人为控制通风及翻堆，从而实现干化，可缩短干化的周期。只有同时具备这两点的干化技术才算生物干化。

生物干化与好氧堆肥相似，两者的原理都是靠好氧微生物的发酵；工艺中都包括物料与辅料的混合；均可使物料达到干化的效果等，但是两者有很大的不同。

(1) 目的不同：好氧堆肥的最终目标是使物料尽可能达到稳定化和无害化，以有机物稳定和腐熟为主；生物干化的目标是最大限度地去除物料中的水分，实现物料的减容减量。虽然在一定程度上也可以实现无害化、稳定化，但是与好氧堆肥相比差距较大。

(2) 产物与评价指标不同：好氧堆肥的产物主要作为土壤的有机肥，与人类健康密切相关，因此对病原菌的致死率、产物的腐熟度、重金属浓度等指标具有严格的要求；生物干化的产物一般不以土地利用为主，一般可进行焚烧及卫生填埋等，因此对病原菌、重金属、腐熟度等要求较低，也不需要考虑干化过程中 NH_3 挥发引起的植物养分损失。

(3) 工艺参数不同：好氧堆肥的周期较长，而生物干化的周期较短，一般约为好氧堆肥周期的 1/3～1/2。此外，由于生物干化的主要目标是去除水分，需要通风将产生的水蒸气带走，因此通风强度较好氧堆肥更高。

(4) 含水率控制不同：好氧堆肥最终目的是使产物最大限度地达到腐熟，因此为了维持微生物的活性，堆肥过程中需要定期补充水分，使物料保持最适宜的含水率；生物干化的目的是最大限度去除物料中的水分，因此不需要对水分进行补充。

(5) 占地面积不同：好氧堆肥一般占地面积较大，生物干化占地面积较小。

(6) 产品用途不同：好氧堆肥产物主要用于制作有机肥，而生物干化产物主要用于焚烧或卫生填埋。

生物干化和好氧堆肥的具体区别见表 4-1。

表 4-1　　　　　　　　　生物干化与好氧堆肥的区别

项　目	好　氧　堆　肥	生　物　干　化
目的	产物腐熟	去除水分
占地面积	较大	较小
水分控制	定期补充水分，维持微生物生命活动所需的水分	最大限度去除水分，不需补充水分
处理周期	较长	较短
产品质量	腐熟度要求较高，用于制作有机肥	满足焚烧或短期贮存
产品用途	土地利用	焚烧或填埋

4.3.3　生物干化的影响因素

生物干化过程的实现是微生物产热和外界通风综合作用的结果。前者主要决定了系统的能量来源，其与物料性质、堆体环境和微生物活性等密切相关。后者决定了能量的利用效率，主要与通风量等有关。生物干化主要与物料性质、堆体温度、通风量、微生物活性等因素有关，通过过程调控手段对这些影响因素合理调控，可以最大限度地提高干化效率。生物干化能否高效利用生物热去除水分，主要受以下因素影响。

4.3.3.1　物料性质

物料性质包括有机质含量、含水率、C/N、孔隙率等。有机质是微生物生存繁殖的基础，如果有机质含量过低，则无法为微生物提供充足的营养物质。因此生物干化的物料有机质含量需要在一定合适的范围内。如果物料的有机质含量过低，通常添加调理剂对其进行调节。

水分不仅为可溶性的营养物质提供载体，还为生化反应提供介质，因此含水率对生物干化的进行具有重要作用。含水率过高，大量水分会堵塞物料孔隙，导致厌氧区域出现；过低的含水率会影响微生物的活性，进而影响有机物的降解；当含水率低于45%时，有机物降解率明显降低。生物干化的初始含水率可以借鉴好氧堆肥的最适初始含水率（50%～70%）。

此外，C/N达到适宜的比值才能进行理想的生物干化，对好氧堆肥的研究表明适宜的C/N一般为20∶1～40∶1，而有关生物干化的适宜范围尚未有深入的报道。为了降低处理成本，可以采用堆肥C/N范围的下限，甚至更低。污泥的C/N比一般较低，因此可以加入稻草、秸秆等调理剂提高C/N比。调理剂不仅可以提高C/N比，还可以提高干化物料的孔隙率，更利于氧气的传输。

4.3.3.2 通风策略

通风速率和通风方式是生物干化过程中重要的控制参数。生物干化过程中的通风比好氧堆肥中的作用更为关键，主要包括：①为好氧微生物的生命活动提供所需的氧气；②通过强制对流作用促使物料中的水分蒸发和散失，将水分带走；③转移干化系统内的热量，使其再分配，调控系统温度。通风干化和散热是两个相互矛盾的过程：通风量过大，有利于带走水分，但是同时也会带走更多的热量，影响水分的蒸发和散失；通风量较低虽然可以使堆体维持较高的温度，但是不利于带走水分。因此，采用合适的通风速率，使干化和热量散失达到平衡是需要探讨的问题。通风方式同样对生物干化产生影响，目前主要的通风方式有：连续通风、间歇通风、氧含量控制等。

4.3.3.3 温度

生物干化过程是一个水分受热蒸发的过程，温度在此过程中具有重要的作用。理论上，温度越高水分蒸发越迅速。由于饱和空气的持水能力与温度的升高呈现正相关的关系，所以温度越高则饱和空气携带的水分越多，因此水分随空气逸出而排出的量越大，干化效果越明显。

由于生物干化过程中的热量来源主要是微生物进行生命活动产生的生物热，因此并不是温度越高越好，温度需要控制在微生物生命活动的适宜范围内，温度过高会杀死微生物，过低则会降低微生物活性。生物干化过程中起作用的主要是嗜温微生物（20～40℃）和嗜热微生物（40～65℃），因此在微生物生活的适宜范围内尽可能地维持高温可以促进水分的散失，获得更好的干化效果。目前对生物干化过程中最适宜的温度缺乏系统的研究，一般认为未添加耐高温菌的体系中，堆体温度维持在50～65℃是比较合适的，如果添加耐高温菌，则温度上限可放宽。此外，有研究发现堆体温度越低干化效果更好，这主要是由于通风量较大，水分被通风带走，这已经不是严格意义上的生物干化了，而且其能耗也高于正常的生物干化。

4.3.3.4 微生物活性

由于生物干化主要是利用好氧微生物降解有机物产生的热量去除物料中的水分，是否具备逐渐演替的稳定微生物群落是能够实现高效生物干化效果的重要因素。当微生物活性高时,可以产生大量的生物热,干化效率也因此增加,所以生物干化过程中应尽可能保持微生物的活性。

4.3.3.5 调理剂

在生物干化过程中经常需要添加调理剂提高生物干化效果。调理剂不仅可以改善干化物料的C/N、初始含水率,还可以增加堆体的自由空域,利于氧气的传输。稻草、锯末、秸秆、菌渣等经常用作调理剂。

4.4 工 程 实 例

4.4.1 上海市竹园污泥处理工程桨叶式干燥工艺

4.4.1.1 应用工程简介

上海市竹园污泥处理工程位于浦东新区外高桥地区规划竹园污水厂用地范围内,总占地面积 5.83hm²。

本工程项目接收和处理来自上海市竹园一厂、二厂、曲阳和泗塘 4 座污水处理厂的脱水污泥,采用半干化焚烧处理工艺,焚烧灰渣进行建材综合利用的处置方式。按照上海市污泥处理处置规划,竹园污泥处理工程规模为 150tDS/d(DS 为污泥干基),进厂污泥的含固率范围为 20%~25%。设计年运行时间≥8000h,每天 24h 连续工作。

4.4.1.2 应用工程的处理流程

上海市竹园污泥处理工程的污泥干化系统采用的是"桨叶式干燥机+洗涤塔"工艺技术路线。工艺流程主要包括污泥接收系统、污泥贮存系统、污泥干化系统、污泥焚烧系统、余热利用系统、尾气处理系统,此外还包括碱液制备系统、离子除臭系统、气力输灰系统、砂循环系统、压缩空气系统、冷却水循环系统等辅助系统,工艺流程如图 4-36 所示。

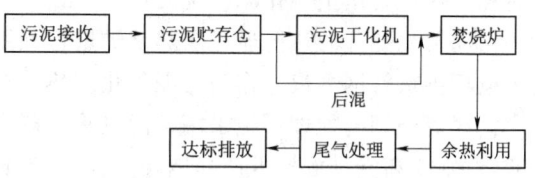

图 4-36 上海市竹园污泥处理工程的工艺流程

污泥贮存仓内的含水率为 80%~90%的脱水污泥由螺杆泵泵入桨叶式干燥机进行干燥,进入干燥机的污泥在受到中空桨叶搅拌、混合与分散作用的同时,还受到来自中空桨叶和夹套的双重加热作用,从而使水分被迅速蒸发出来,实现物料的蒸发和干燥过程。污泥边干燥边向出料口移动,符合要求的干燥产品由中空桨叶输送至出料口并排出机外。污泥的整个干燥过程在封闭状态下进行,有机挥发气体及异味气体在密闭氛围下送至尾气处理装置,避免环境污染。

本工程采用的机型是桨叶式干燥机,主要由带有夹套的 ω 形壳体和两根空心桨叶轴及传动装置组成。轴上排列着中空叶片,轴端装有旋转接头。中空叶片和轴中通入热介质。污泥干燥所需的热量由带有夹套的 ω 形槽的内壁和中空叶片壁传导,单位体积的传热面积较大,热效率高。

目前,桨叶式干燥机采用倾斜盘进行自清洁。在图 4-37 中,倾斜盘最初处于实线所表示的状态,随着轴回转半周之后,倾斜盘处在了图示虚线所表示的状态,而在转轴再次回转半周之后，倾斜盘恢复到了实线所表示的原始状态，于是倾斜盘的外沿端部做左右摇摆运动，从而自动除去黏附在箱体及转轴上的污泥，实现自我清洁。

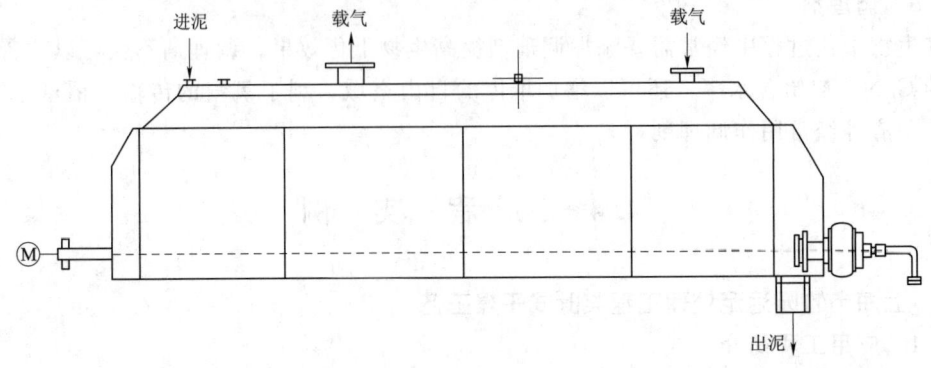

图 4-37 桨叶式干燥机工艺

干燥过程采用蒸汽供给系统产生的饱和蒸汽作为加热介质，通过空心热轴和空心夹套的器壁对湿物料进行间接加热干燥。蒸汽凝液经疏水阀排出并回收。为了将污泥蒸发出的水分快速带走，保证干燥机内污泥水分的蒸发速率和扩散速度，需向干燥机内通入载气。载气采用空气，干燥机出来的湿载气（85~90℃）经过洗涤塔洗涤脱除水分后，大部分送回干燥机进行循环使用，另一部分送入焚烧炉焚烧处理，处理量由干燥机压力决定，洗涤后的载气温度为40~50℃。干燥机内污泥在达到含水率40%、温度约95℃时完成干化，然后经输送设备送至流化床焚烧处理。

污泥焚烧处理的热能通过余热锅炉进行利用，产生的蒸汽循环用于污泥干化。引入外高桥电厂供热管网蒸汽，作为污泥干化的热能补充。

污泥焚烧烟气处理系统采用"静电除尘器＋袋式除尘器＋两级洗涤"的技术路线，达到欧盟2000高空排放标准。静电除尘器灰分外运用于建材综合利用，袋式除尘器灰分外运按危险废物处置。

4.4.2 北京水泥厂污泥涡轮干燥工艺

4.4.2.1 应用工程介绍

北京水泥厂有限责任公司处置污水处理厂污泥工程是我国首个利用水泥窑余热干化处置污水处理厂污泥的示范项目，建设地点在北京水泥厂内，是北京市规划的几个污泥处置中心之一，是北京市污泥处置规划的一部分，也是目前实际运行的最大的污泥处置项目，由北京市市政工程设计研究总院和天津水泥设计研究院共同设计。

该工程主要包括取热、干化、水处理三部分，工程总投资1.7亿元。该工程的污泥干燥采用污泥涡轮干燥技术，总处理规模500t/d（平均含固率20%），负责处理北京排水集团的酒仙桥厂所产生的污泥约200t/d，其余为北京北部郊县十几个污水厂的污泥约300t/d，于2009年10月28日建成投产。

4.4.2.2 应用工程的处理流程

北京水泥厂项目由5条独立的生产线构成，可生产含固率65%~90%的产品，所选干化工艺为VOMM涡轮干燥技术。根据最佳窑况、输送条件及其系统安全考虑，以65%为基本目标。实际运行含固率为70%~75%。含水率为80%的湿污泥从污水厂送入水泥厂内，经计量后进入接收仓，然后通过输送设备送入湿污泥料仓，最终进入干化车间，利用水泥窑的余热，采用涡轮薄层热干化技术，对北京市城市污水处理厂的污泥进行干化。干化工艺具体流程如图4-38所示。

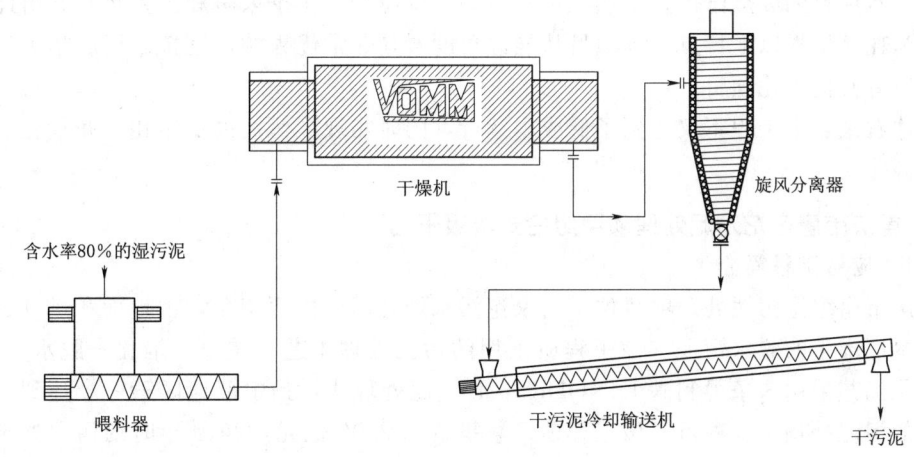

图4-38 北京水泥厂涡轮干化工艺流程

含水率80%的湿泥由污泥输送泵输送至干化车间内的喂料器的料斗中。喂料器装备有破拱器和喂料螺旋，可将污泥喂入干燥机中。

来自水泥窑的热烟气与湿泥同侧进入卧式干燥机中。在干燥机中，湿污泥形成一个薄层，在设备内很强的涡流作用下，紧贴着圆柱形的内壁连续地移动和充分地混合。这种薄层可以获得很高的换热效率和热利用效率。主要的热交换是靠与圆柱形容器同轴的夹套中循环的蒸汽热传导实现的，只有辅助加热和输送是靠预热的气体完成的。经过2~3min的干燥，污泥与蒸发所形成的湿分裹挟在干燥气体中一起离开干燥机。加热污泥进行干化处理的热源来自水泥窑烟气产生的热量，经过气液间接交换后，热量传递给导热油，导热油被循环加热，最终再将热量传递给污泥。

干燥的污泥离开涡轮干燥机，与水蒸气一起进入旋风分离器进行分离。在旋风分离器内干污泥和蒸汽因密度差别而被分离，干污泥收集在底部，而气体从顶部离开。在旋风分离器的底部，干污泥落入干污泥冷却输送机。气体从旋风除尘器的顶部离开。经过旋风分离和冷却，得到含水率35%（半干化）或10%（全干化）的干燥污泥。

干燥污泥可作为水泥生产过程中的掺合料，与水泥厂工艺用料一同进入水泥窑，从而得以最终处置。污泥干化过程中产生的臭气也直接送入水泥窑进行焚烧，而干化过程中产生的冷凝废水被排入配套新建的污水处理站进行处理，符合回用要求后，用作干化过程中的冷凝循环补充水。整个工艺过程中保持微负压，避免任何粉尘排放到环境中。该工艺实现了无干泥返混，同时具备气体排放量少、操作灵活、高效廉价的自惰性化及工业稳定性好的优点。

在运行成本方面，由于污泥在本项目中彻底处置，污泥具有一定的热值，以北京地区污泥平均干基热值3000kcal/kg考虑，污泥热值对项目有正贡献，即干化所需热能全部由污泥自身提供外，还略有盈余。就整个项目而言，电耗是项目的最大支出，但其中废水处理、取热的电耗相比之下所占比重并不大，仍可以一个典型的干化项目来评估。由于废水的处理实现100%回用和零排放，项目的水耗相对很低。由于涡轮薄层工艺可以以高温热水形式回收干化总热量的60%以上，所以，这一点在北方地区或有厌氧消化的项目上有重要意义。本项目的废热已代替了燃煤供暖锅炉，供应全厂冬季采暖和浴室热水，由此节约了燃煤消耗。根据以上特点，本项目从能源角度看是非常优秀的，直接运行成本远低于目前国内所有其他干化项目。

总体看来，本工程不仅达到了低成本运行，同时实现了污泥的稳定化、减量化、无害化和资源化。

4.4.3 重庆市唐家沱污泥处理项目组合式两级干化工艺

4.4.3.1 应用工程简介

重庆市唐家沱污泥处理项目位于唐家沱污水处理厂厂内西南角，占地面积150亩，主要处理本厂产生的脱水污泥。该工程所采用的污泥处理工艺为浓缩—消化—脱水—干化，污泥干化工艺采用3条得利满INNODRY 2E污泥处理线，是中部地区第一个达到一流技术水平的污泥处理工程项目。该工程项目总投资为2.06亿元，2010年时的污泥处理规模为240t/d（含水率80%），计划到2020年的建设规模增加为320t/d（含水率80%）。干化后污泥的处置方式为近期卫生填埋，远期资源化利用。

4.4.3.2 应用工程的处理流程

该工程采用了INNODRY 2E两段式污泥干化系统，其独创性在于其结合了一级间接干化（薄层蒸发器）和二级直接干化（带式干燥机）的优势以及专利能量回收系统，热干化处理减少了污泥体积并可提高生物固体质量。污泥在第一干化阶段具有可塑性，可形成颗粒，在第二干化阶段进行进一步的干燥处理。可塑性阶段形成颗粒污泥以及带式干燥机的独特设计，确保了此干化是一个无尘工艺，使冷凝水的处理成本降低，使设备安装更安全。其一体化的能量回收系统，一级干化阶段的部分能量经回收后用于二级阶段的加热。此外，该工艺低温操作、不含粉尘以及封闭的环境保证了绝对的安全性。该工艺防止了颗粒污泥自燃和爆炸的危险，无须采用特定的限制（充入惰性气体或其他限制）即可满足很多现行的国家规定。其工艺流程如图4-39所示。

(1) 一级间接干化。该阶段的关键设备是薄层蒸发器，脱水后的污泥贮存在一个缓冲容器中，通过速度受控的偏心螺杆泵连续地向水平的薄层蒸发器进料。蒸发器的旋转叶片承载污泥，形成薄层的污泥沿加热表面（保护罩的圆柱体内壁）传输。在进料口的对面，蒸发器上设有一个切向开孔，即污泥团的出口。

通过加热流体（油或水蒸气）在保护罩的外壁和内壁之间循环，对保护罩的内壁进行加热，保护罩的外壁采取隔热措施。在薄层蒸发器出口，呈可塑状并具有延展性的污泥直接落入一个挤压装置（切碎机）。污泥受到挤压并穿过一个有孔的格栅，形成直径为6~10mm的面条状长条，然后被均匀分布在缓慢移动的带式干燥机的上层运输带上。第一间接干化阶段的部分剩余能量回收后用于第二阶段的加热，干燥中提供最高的能量输送，在黏性阶段进行成品污泥的成形准备。

(2) 二级直接干化。该阶段的主体设备是带式干燥机，包括一个或几个缓慢移动的带

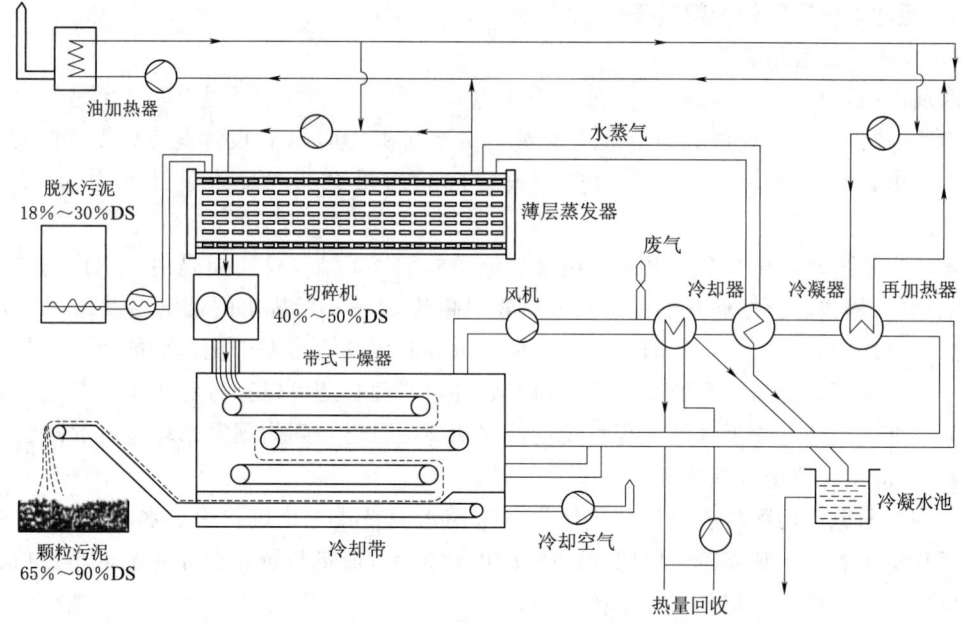

图 4-39 组合式两级干化工艺流程（DS—污泥干基）

孔钢板传输带，传输带安装在一个完全隔热的保护罩中，且上下平行放置。保护罩处于较小的负压状态，以防空气从保护罩中泄漏出去。切碎机形成的颗粒被均匀分布在上层输送带上。预成形的颗粒在传输带上形成颗粒层，热空气逆向扫过和穿透颗粒层，使其干燥并达到所要求的含固率。在传输带的前部，污泥温度保持在 90℃，水蒸气温度为 100℃，在颗粒污泥出口处设置有一个冷却区，采用冷空气使颗粒温度迅速下降至 40～50℃。在这一直接干化阶段，低温条件下，接触干燥机中污泥含固率从 40%～50% 逐渐达到 90%。

（3）颗粒污泥的排放和处置。带式干燥机直接将污泥排放至一个带式传输系统，该系统将颗粒污泥自动送至贮存容器中。如果必须将污泥装入罐车或大包装袋中，干燥厂内将配置一个斗式运输器和料仓。在切碎机内插入另一个格栅，或在带式干燥机出口下方安装破碎机。破碎机带有粒径调节装置，移动缓慢，可根据污泥的最终用途调节颗粒的大小。由于颗粒已经具有相当的硬度，所以该处理过程不会产生额外的粉尘。

最终干化污泥的含固率和颗粒尺寸可调。通过调整第二阶段的运行，此工艺可得到含固率为 65%～90%、颗粒尺寸为 1～10mm 的不同含固率和颗粒尺寸的干化污泥。整个系统在低温下工作，污泥温度为 85～90℃，水蒸气的温度为 110℃。在薄层蒸发器内，污泥含固率从 20% 提高到 40%～50%。该过程没有粉尘形成。

（4）加热系统和能量回收系统。加热流体（水蒸气或油）网络分两级：一级服务于薄层蒸发器，另一级则服务于带式干燥机。

该工艺还具有一体化的热量回收系统。此工艺装置分两级进行，在第二干化阶段中的空气温度低于 100℃，在第一干化阶段中所产生的水蒸气的热量可完全用于加热第二干化阶段的干燥空气。其他类型的干燥机，每 1t 水蒸发耗能 1100kW·h，而此干燥机的能量回收系统更加经济，每 1t 水蒸发耗能仅为 650～750kW·h。

4.4.4 深圳南山电厂低温带式干化工艺
4.4.4.1 应用工程简介

深圳南山热电厂污泥处理项目位于南山电厂内部，一期完成日处理400t污泥（80%含水率），建设4条日处理100t污泥干化线，占地面积9467m^2，设计概算为1.9亿元，结合南山热电厂的装机容量，项目两期建设完成后的污泥处理最终设计能力为1200t/d（80%含水率）。

本工程就近利用两套联合循环机组余热锅炉的烟气资源。这主要是由于南山热电厂所装备的燃气-蒸汽联合循环发电机组发电热效率高达51%，所排出的烟气温度约为130℃，且无法回收用于发电生产，但因烟气量较大，可以利用其为污泥干化提供能源。这样不仅减少了热源损耗、提高污泥处理效率和污泥处理量，而且还可以充分利用南山热电厂排放的低品位烟气余热，大大降低工程总投资，因此该项目已被列为国家循环经济示范项目。

4.4.4.2 应用工程的处理流程

深圳南山电厂污泥处理项目的主体设备采用污泥带式干化机，用热水作为干化热源。带式干化机由若干个独立单元段组成，每个单元段均由加热装置、循环风机、单独或公用的新鲜空气抽入系统和尾气排放系统组成。

污泥经布料装置均匀地铺在带式干化机的网带上，传动装置拖动网带在干燥机内移动，在干燥机每一单元内，由热水换热产生的热气由上向下穿过网带上的污泥，从而使污泥得以干燥。热风加热污泥后，仅有小部分被排放，大部分则被循环使用。而被排放的气体进入除臭系统，经处理达到国家标准后排放。整个工艺系统如图4-40所示。

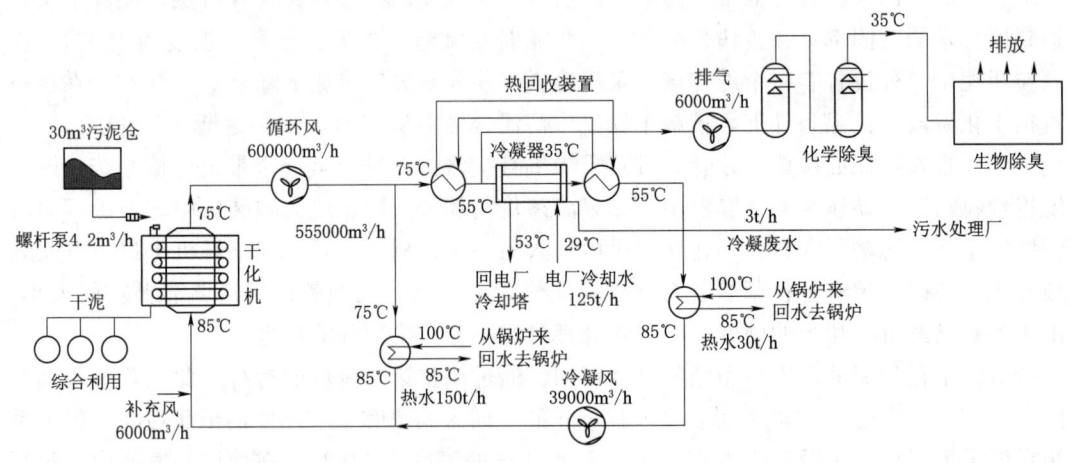

图4-40 深圳南山电场污泥干化工艺系统

（1）湿污泥贮存仓。进行干化处理前，湿污泥贮存在湿污泥贮存仓内，再被推入进料泵内，然后由底部安装的高压螺杆泵将湿污泥泵入干化装置。湿污泥贮存仓底部安装活底滑架系统，使仓底部可以通过刮泥板进行前后左右的移动。其体积由工程要求的污泥贮存停留时间确定，起到平衡缓冲的作用。

（2）湿污泥布料装置。污泥面条机布料装湿污泥，然后按一定形状和厚度铺设，进行高效干化处理。

(3) 带式污泥干化装置。干化装置内主要是由多层上下排列的烘干带组成。污泥由烘干带送入干化箱内，在这里因热气穿流污泥而实现干化。带式干化技术的特点有以下方面：①热源温度要求低，可提供低品质热源；②工艺简单；③需监视运行的参数较少，系统运行稳定，操作安全方便；④设备结构简单，便于维修且费用低廉；⑤运行灵活，根据污泥处理量、污泥含水率、目标干燥度等要求进行调节，可以满足后续各种不同污泥处置的需要。

(4) 除臭装置。除臭装置分为二级：一级化学除臭系统和二级生物除臭系统。臭气首先进入由一个酸洗涤塔和一个碱洗涤塔组成的一级化学除臭系统进行处理，臭气分子从气体转变成液体并发生化学反应生成无机物。二级生物除臭系统设置在酸碱塔后的料仓间2层，进一步处理臭气以确保除臭效果最终达到国家标准。

4.4.4.3 项目的经济效益分析

深圳南山电厂污泥处理工程利用电厂烟气的余热来实现污泥的干化，可以产生以下效益。

(1) 节能。该工程利用电厂烟气的余热使400t/d的污泥（含水率80%）达到理想的干化效果，年需消耗 7790×10^7 W 的热量，相当于节省标煤约9570t。

(2) 减排。该工程每年可以将 14.6×10^4 t 湿污泥干化至含水率40%以下，至少减少污泥排放量97333t/a，污泥减排量为66.7%。另外烟气废热产生的热水用于干化，如用标煤作为干化热源，则每年可减少二氧化碳排放量约23860t。

(3) 排烟温度。电厂的排烟温度由原来的130℃降低到100℃，降低了热岛效应。

(4) 污泥干化后的回收利用。污泥干化后具有 2000kcal/kg 左右的热值，可作为其他循环流化床锅炉的辅助燃料；而且低温干化后的污泥最大限度地保留了有机质含量，可制作复合肥料的原料；此外，绝干污泥还可制作水泥等建材行业的原料。可见，本工程的污泥干化实现了切实有效的综合利用。

第 5 章

污泥热处理技术

【学习目标】

通过本章的学习，了解常见的污泥热处理技术；熟悉污泥焚烧技术的工艺、了解污泥焚烧的控制指标及限值；熟悉污泥热解技术的原理及工艺；了解常见的污泥水热处理技术；了解典型的污泥热处理案例。

【学习要求】

知识要点	能 力 要 求	相 关 知 识
污泥焚烧技术	(1) 熟悉污泥焚烧的工艺； (2) 了解污泥焚烧的控制指标及限值	(1) 污泥焚烧的工艺； (2) 污泥焚烧的控制指标及限值
污泥热解技术	(1) 熟悉污泥热解原理； (2) 熟悉污泥热解工艺	(1) 污泥热解原理； (2) 污泥热解工艺
污泥水热处理技术	了解常见的污泥水热处理技术	常见的污泥水热处理技术
典型案例	了解污泥热处理技术的典型案例	污泥热处理技术的典型案例

污泥的热处理技术是利用不同热处理工艺实现污泥的减量化、无害化和资源化。根据热处理工艺的不同，可以分为焚烧、协同焚烧、热解和气化、水热处理等。

污泥焚烧是一种常见的污泥热处理方法，污泥中的有机物在高温条件下与充足的氧气发生燃烧反应后彻底转化为 CO_2 和 H_2O 等产物，从而实现污泥减容、减量和无害化处理。当污泥自身的燃烧热值较高、城市卫生要求较高或因污泥有毒有害物质含量高不能被综合利用时，可采用焚烧处理。污泥焚烧设备包括多胞式焚烧炉、流化床焚烧炉、回转窑焚烧炉等，其中流化床焚烧以气固混合效果好、焚烧彻底及污染物排放低等优点被广泛用于污泥处理。

污泥协同焚烧是指污泥与煤、生活垃圾或水泥原料粉等进行混合焚烧，达到协同处置的目的。通常利用现有的燃煤发电厂、垃圾焚烧处理厂、水泥窑等设施协同处置污泥，以节省污泥单独焚烧设施建设和运行成本。目前该技术在国内外已实现工程应用。由于污泥具有高含水、污染物复杂等特性，考虑到工业窑炉热量的平衡和环境要求，通常需要对污泥进行预处理，同时需要注意协同处置过程污染物的排放和最终产物的品质。

污泥热解技术是一种新兴的污泥热化学处理工艺。污泥热解是指在无氧条件下，将污泥加热到一定温度，使污泥有机质发生热裂解和热化学转化反应，生成热解油、可燃气体和热解炭三种产物的过程。

污泥水热处理技术是指在密封的压力容器中，在高温高压条件下进行一系列复杂化学反应的过程。污泥水热处理不需要对脱水污泥进行干化处理，可以避免水分蒸发潜热的损失，具有反应快、能耗低的特点，但由于高温高压条件，对设备要求较高，且系统复杂、运行和维护成本高。根据水热温度的不同，污泥水热处理可以分为热水解、水热炭化、水热液化等技术，不同的水热处理过程发生的反应不同，污泥转化产物也不相同。

5.1 污泥焚烧技术

污泥焚烧是在一定温度、氧气充足的条件下，利用污泥的热解发生燃烧反应，并将污泥有机质转化为 CO_2、H_2O、N_2 等气相物质的综合传质传热的物理和化学反应过程，包括蒸发、挥发、分解、烧结、熔融和氧化还原等反应。

污泥焚烧是一种常见的污泥处置方法，它可破坏污泥中全部的有机质，杀死一切病原体，并最大限度地减少污泥体积（焚烧残渣相比含水率约为75%的污泥仅为原有体积的10%左右）和质量，且具有处理速度快、不需要长期储存、可回收能量等特点。当污泥自身的燃烧热值较高，城市卫生要求较高，或污泥有毒物质含量高，不能被综合利用时，可采用焚烧处置。污泥在焚烧前，一般应先进行脱水处理和热干化，以减少负荷和能耗。污泥焚烧在技术上是可行的，并已达到了工业规模应用的程度。但是，污泥焚烧工艺较高的造价和烟气处理问题已经成为制约其应用的主要因素。

5.1.1 污泥焚烧工艺

5.1.1.1 污泥单独焚烧

污泥单独焚烧设备有流化床焚烧炉、回转窑式焚烧炉、立式多膛焚烧炉、电动红外焚烧炉等。1934年美国密歇根州安装了第一台多膛焚烧炉用于污泥焚烧，至20世纪80年代，逐渐被流化床焚烧炉取代。

1. 流化床焚烧炉

流化床焚烧炉结构简单、操作方便、运行可靠、燃烧彻底、有机物破坏去除率高，已经成为主要的污泥焚烧设备，目前主要有鼓泡流化床和循环流化床两种形式。流化床焚烧炉的热强度高，灰渣燃尽率高，灰渣中的残余碳可小于3%，其中鼓泡流化床通常为0.5%～1%，烟气残留物产生量少，NO_x 含量可降至 $100mg/m^3$ 以下。废水产生量少，炉渣呈干态排出，无渣坑废水。但通常需对污泥进行严格的预处理，将污泥破碎成粒径较小、分布均匀的颗粒，因此飞灰产生量较多，操作要求较高，烟气处理投资和运行成本较高。

(1) 流化床焚烧炉的技术指标。随着流化床焚烧炉的广泛应用，我国工程建设协会2008年批准发布了《城镇污水污泥流化床干化焚烧技术规程》（CECS 250—2008），规定污泥流化床干化焚烧系统的技术指标应符合以下要求：

1）污泥流化床干化焚烧系统循环气体回路的氧含量应小于8%。
2）干化机出口混合气体温度为85℃。
3）污泥干化后的含水率不应大于10%。
4）污泥干化后85%～90%的颗粒尺寸宜为2～3mm。
5）污泥焚烧温度为850℃。
6）焚烧烟气的排放符合现行国家标准《生活垃圾焚烧污染控制标准》（GB 18485—2014）、《大气污染物综合排放标准》（GB 16297—1996）和《恶臭污染物排放标准》（GB

14554—1993）的有关规定。

（2）流化床焚烧工艺流程。流化床污泥焚烧工艺包括焚烧系统、烟气净化系统和灰渣处理系统，具体说明如下。

1）焚烧系统。焚烧系统包括进料系统、燃烧器、流化床焚烧炉、助燃空气、炉渣排出和床砂回流、废热回收系统等部分。

a. 进料系统。具有粉碎功能的进料系统，结构简单、投料均匀、可靠性高。

b. 燃烧器。系统开始启动时，启动燃烧器与辅助燃烧器将床温加热至 650℃。系统通过燃烧器负荷控制的油控制参数来调整该温度，当床温超过 750℃时，启动燃烧器将会被联锁，当干舷区的温度低于 850℃时，可通过自动或手动的方式来启动辅助燃烧器。

c. 流化床焚烧炉。流化床焚烧炉示意图如图 5-1 所示。

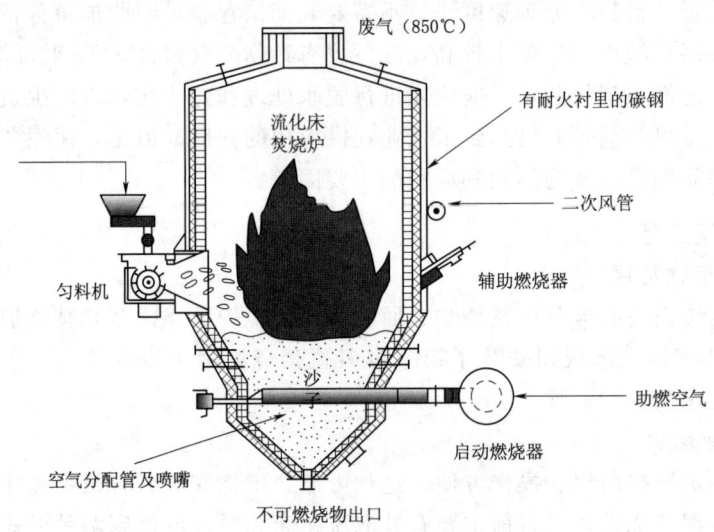

图 5-1 流化床焚烧炉示意图

当足够量的空气从下往上通过砂粒层时，空气将渗透性地充满在砂子颗粒之间，从而引起颗粒剧烈的混合运动并开始形成流化床。随着气流的增加，空气将对流动颗粒施加更大的上行压力，从而减少了因颗粒本身的重力而引起的彼此之间的接触摩擦。随着空气流量的进一步增大，其牵引力将与颗粒的重力相平衡，因此砂粒可以悬浮在空气流中。

当空气流量进一步增加时，流化床变得不再均匀，鼓泡床开始形成，同时床内活动变得非常剧烈，流化区（空气/流动砂）占用的容积将明显增多。而低流化速度使得从流化床流失掉的颗粒量非常少。

安装在焚烧炉周围的仪表用于监视燃烧过程。床温由安装在焚烧炉壁板底部的热电偶来进行测量，当床温超过 850℃时，污泥供应系统将会引起联锁。

干舷区的温度则由炉顶部的热电偶来进行测量，当干舷区的温度超过 1000℃时，污泥供应系统将会引起联锁，该联锁可以停止整个供料系统的运行。

在炉的顶部装有与焚烧炉相连的压力变送器，相应的信号将用于平衡引风机的鼓风操作。

在焚烧炉的顶端处所安装的冷却水喷嘴与燃烧室相连。当焚烧炉出口处的温度超1045℃的设定值时，冷却水将注入炉膛内。

针对氮氧化物的净化，可采用选择性非催化还原法脱氮工艺，在焚烧炉膛内完成脱氮。

d. 助燃空气。在自动模式的正常运行环境下，燃烧空气量通过烟气中所包含的氧气量进行验算。常规模式下，燃烧空气量则是由操作人员进行控制的。总的燃烧用空气则分成一次风和二次风，二次风流量被设置为固定值，操作人员须根据焚烧状况或排放物情况来设定最佳的一次风与二次风分配比例。

燃烧用空气由送风机来提供，而相应的空气量则由送风机风门进行调节，风机的管线入口处安装文丘里流量计与防止噪声扩散的管道消声器，风机的下游处安装可以预热流动空气的管壳式预热器，在正常环境下，空气将由蒸汽预热器加热至120℃，之后，燃烧空气将再次由空气预热器加热至一定温度，并被导入至焚烧炉的散气管内。

二次风的流量则由二次风风门进行调节，在控制风门的上游安装文丘里管道类型的流量计，二次风被分配到炉膛周围的几个喷嘴内，该喷嘴所喷出的空气则将以很高的转速穿透烟气，并将该空气散布在干舷区的整个横截面上。

e. 炉渣排出和床砂回流。为了防止炉底的不可燃物质堆积，应间歇性地通过排放斜槽排放炉渣。经过振动筛的石英砂排放至石英砂气动输送机内，该气动输送机将石英砂回流至砂仓以便再使用，石英砂将通过石英砂回转阀而从砂仓排出，并通过下料斜槽添加到炉膛内。

f. 废热回收系统。废热回收系统包括空气预热器和余热锅炉。

850℃的烟气通过炉膛导入废热回收系统，采用高效率的空气预热器和余热锅炉，利用流化床焚烧炉产生的高温烟气加热焚烧炉的助燃空气，可以将焚烧炉的助燃空气温度提高到一定温度；余热锅炉产生的高温蒸汽作为干化系统的热源对脱水污泥进行干化，烟气通过空气预热器和余热锅炉之后，其温度将冷却至180℃，从而达到了进入烟气净化系统的良好温度。

2) 烟气净化系统。安装烟气净化系统的目的是清洁焚烧炉所产生的烟气，从而使排放的空气达到排放标准。烟气净化系统包括旋风除尘器、布袋除尘器、半干法喷淋塔、湿式洗涤塔及其不同形式的组合，如图5-2所示。

从焚烧炉排出的废烟气中的一部分灰渣可在经过余热锅炉与空气预热器时被去除，剩余部分将送至干式反应器，烟气中的酸性气体在干式反应器中与石灰粉[Ca(OH)$_2$]进行反应，而一些污染物质或二噁英将会被活性炭吸附。石灰与活性炭由石灰引射风机进行喷射，从而能够使之均匀扩散到烟气内。

烟气所携带的灰尘与反应物经过干式反应器之后进入到具有脉冲清洁功能的布袋除尘器内，而该布袋除尘器既是最终的颗粒收集装置，同时也是可以提高整个酸性气体收集效率的最终反应器。整个过程中所产生的残

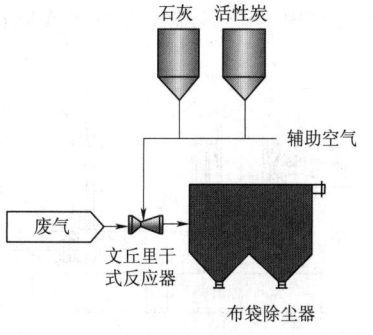

图5-2 烟气净化系统示意图

渣将随着灰渣一同排放。布袋除尘器采用笼形结构的过滤袋,通过表面过滤的方式来收集灰渣。过滤袋的清洁采用脉冲喷射空气的方式,从清洁表面所吹落下来的灰粒将会收集到灰斗中,引风机在上游处产生负压从而确保烟气的输送以及在焚烧炉内产生必要的约 $-40mmH_2O$ 的负压,而该负压值在PLC内由压力控制器进行自动控制。经过布袋除尘器之后,被处理后的烟气将通过烟囱进行排放。

3) 灰渣处理系统。灰渣处理系统如图5-3所示。灰渣产生区域有空气预热器、余热锅炉和布袋除尘器,三者所排放的灰渣经灰尘收集装置之后采用密闭的管路输送系统被输送至灰渣贮槽。

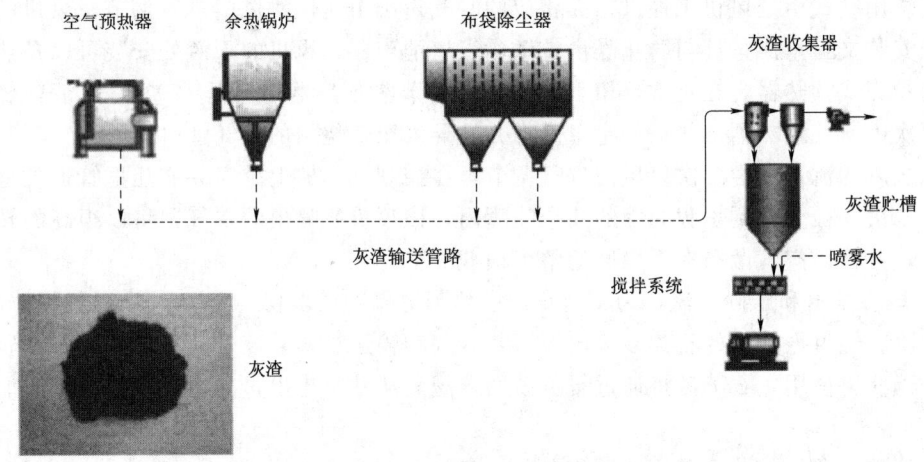

图5-3 灰渣处理系统流程图

灰渣将被灰尘收集风机的吸入压力导入到灰尘收集装置内,灰渣收集装置与灰渣收集装置的排放螺旋联锁,灰渣贮槽内灰渣的排放通过一个旋转锁气机与无尘的灰渣增温装置来进行,而该装置内可以注入喷雾水。收集的灰渣可安全填埋或作为水泥原料、其他建筑材料等。

2. 回转窑式焚烧炉

回转窑式焚烧炉(图5-4)采用卧式圆筒状,外壳一般用钢板卷制而成;内衬耐火材料(可以为砖结构,也可以为高温耐火混凝土预制),窑体内壁有光滑的,也有布置内部构件的。窑体的一端以螺旋式加料器或其他方式加料,燃尽的灰烬从另一端排出。污泥在回转窑内可与高温气流逆向或同向流动,逆向流动时高温气流可以预热进入的污泥,热量

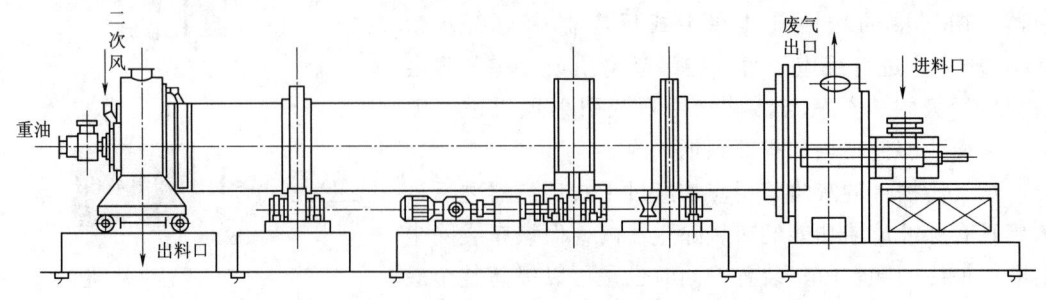

图5-4 回转窑式焚烧炉

利用充分，传热效率高。

回转窑式焚烧炉的温度通过调节窑体端头的燃烧器的燃料量加以控制，通常可在810～1650℃范围内变动。采用的燃烧温度一般为900～1000℃，空气过剩量为50%。大部分余灰被空气冷却后在回转窑较低的一端回收并排出，飞灰由除尘器回收。整个系统在负压下工作，可避免烟气外泄。

污泥在回转窑内停留时间较长，有的可长达几小时，这由窑的转速、加料方式及其燃烧气流流向、流速等因素而定。

3. 立式多膛焚烧炉

立式多膛焚烧炉起源于20世纪矿物的煅烧，1930年代开始用于焚烧城镇污泥。立式多膛焚烧炉是一个内衬耐火材料的钢制圆筒，中间为一个中空的铸铁轴，在铸铁轴的周围是一系列耐火的水平炉膛，一般分6～12层（见图5-5）。各层都有同轴的旋转齿耙，一般上层和下层的炉膛设有4个齿耙，中间层炉膛设有2个齿耙。经过脱水的泥饼从顶部炉膛的外侧进入炉内，依靠齿耙翻动向中心运动并通过中心的孔进入下层，而进入下层的污泥向外侧运动并通过该层外侧的孔进入再下面的一层，如此反复，从而使得污泥呈螺旋形态自上而下运动。空气由轴心上端鼓入，一方面使轴冷却，另一方面预热空气，经过预热的部分或全部空气从上部的空气管进入到最底层炉膛，再作为燃烧空气向上与污泥逆向运动焚烧污泥。从整体上来说，立式多膛焚烧炉又可分为3段，顶部几层起污泥干化作用，为干化段，温度约425～760℃，污泥的大部分水分在这一段

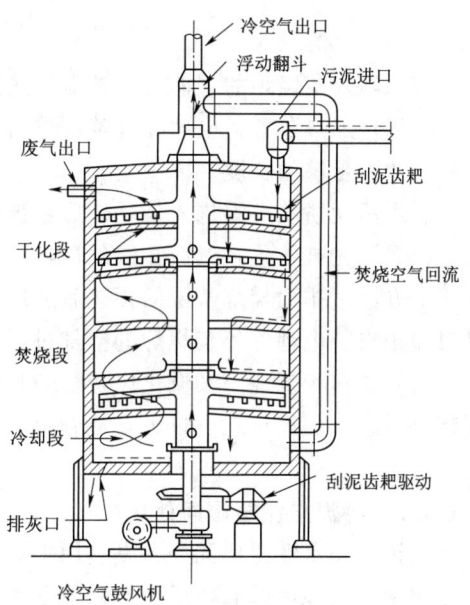

图5-5 立式多膛焚烧炉的示意图

被蒸发掉。中部几层主要起焚烧作用，称焚烧段，温度升高至约925℃。下部几层主要起冷却灰渣并预热空气的作用，称冷却段，温度为260～350℃。

多膛焚烧炉后有时会设有后燃室，以降低臭气和未燃烧的碳氢化合物浓度。在后燃室内，多膛焚烧炉的废气与外加的燃料和空气充分混合，完全燃烧。有些多膛焚烧炉在设计上，将脱水污泥从中间炉膛进入，而将上部的炉膛作为后燃室使用。

为了使污泥充分燃烧，同时由于进料的污泥中有机物含量及污泥的进料量会有变化，因而通常通入多膛焚烧炉的空气应比理论需气量多50%～100%。若通入的空气量不足，污泥没有被充分燃烧，就会导致排放的废气中含有大量的一氧化碳和碳氢化合物；反之，若通入的空气量太多，则会导致部分未燃烧的污泥颗粒被带入到废气中排放掉，同时也需要消耗更多的热量。

4. 电动红外焚烧炉

1975年，第一台电动红外焚烧炉被引入到污泥焚烧处理过程，但迄今为止尚未得到

普遍推广。电动红外焚烧炉是一种水平放置的可隔热焚烧炉，其横断面示意图见图5-6。

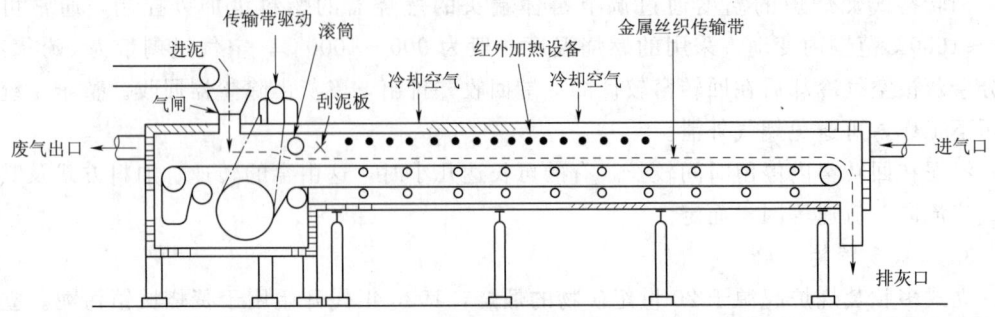

图5-6 电动红外焚烧炉的示意图

电动红外焚烧炉的主体是一条由耐热金属丝编织而成的传输带，在传输带上部的外壳中装有红外加热装置。电动红外焚烧炉组件一般预先加工成模块，运输到焚烧场所后再组装起来达到足够的长度。

脱水污泥饼从一端进入焚烧炉后，被内置的滚筒压制成厚约2.5cm与传输带等宽的薄层，污泥层先被干化，然后在红外加热段焚烧。焚烧灰排入设在另一端的灰斗中，空气从灰斗上方经过排放焚烧灰层的预热后从后端进入焚烧炉，与污泥逆向而行。废气从污泥的进料端排出。电动红外焚烧炉的空气过量率约为20%～70%。

与立式多膛焚烧炉和流化床焚烧炉相比，电动红外焚烧炉的投资小，适合于小型的污泥焚烧系统，但运行耗电量大，能耗高，而且金属传输带的寿命短，每隔3～5年就要更换一次。

5.1.1.2 污泥水泥窑协同处置

城镇污泥水泥窑协同处置是利用工业水泥窑高温处置污泥的一种方式。水泥窑协同处置过程中，污泥中的有机质将在高温条件下充分燃烧，焚烧产物经固化最终进入水泥熟料中，从而达到污泥的安全处置。生态水泥生产过程中，通常加入的干污泥占正常燃料（煤）的15%，污泥泥质应符合《城镇污水处理厂污泥处置水泥熟料生产用泥质》（CJ/T 314—2009）及《水泥窑协同处置污泥工程设计规范》（GB 50757—2012）的规定。

我国窑炉资源丰富，且水泥厂配备有大量的环保设施，对这些窑炉资源的有效利用可降低污泥处理装置的基建费用。利用水泥窑处理污泥，不仅具有焚烧法的减容、减量化特征，且燃烧后的残渣成为水泥熟料的一部分，不需要对焚烧灰渣进行处置（填埋），将是一种两全其美的水泥生产途径。

水泥窑具有燃烧炉温度高、处理物料量大等特点，对污泥中有害有机物能够彻底分解。水泥生产过程中的熟料温度可达1450℃，气体温度在1800℃左右，燃烧气体在温度高于1100℃的窑内停留时间大于4s，而且回转窑内物料呈高度湍流化状态，有利于气固两相的混合、传热、分解、化合和扩散，污泥中有害有机物能得到充分燃烧去除。

污泥的水泥窑协同处置能够将灰渣中的重金属固化在水泥熟料的晶格中，达到稳定固化效果，减少污泥中重金属可能造成的二次污染。水泥窑内的碱性环境能减少二噁英的形成，窑尾的增湿塔能迅速降温，使得水泥窑在高温运行过程中产生的二噁英排放浓度远低于国家对废气排放要求的限值标准。而新型干法水泥厂采用闭路生产措施，焚烧污泥后的废气粉尘经过布袋除尘器收集后再次进入水泥回转窑内燃烧，不产生新的废弃物。污泥中无机成分氧化钙、氧化硅可作为生产原料直接在水泥制备过程中加以利用，省却了日后的灰渣处理工序，节约了填埋场用地和资金。另外，脱水后的有机成分在燃烧过程中将产生一定的热量，可抵消部分污泥中水分蒸发所需的热能，实现了污泥中热值的有效利用。

1. 水泥窑协同焚烧方法

利用干法水泥生产工艺协同处置污泥有以下3种方法。

(1) 污泥脱水后直接运至水泥厂入窑，进行湿污泥直接燃烧。贮存污泥经给料机计量后，通过提升、输送设备输送到分解炉或烟室进行处置。湿污泥直接焚烧处理工艺环节少，流程简单，二次污染可能性小，但所需的燃料量大，水泥厂应充分利用回转窑废气余热烘干湿污泥后焚烧。该方法应尽量选择靠近投料点的位置建设污泥接收、贮存和输送系统，投料点位置一般设于窑尾，如图5-7所示。

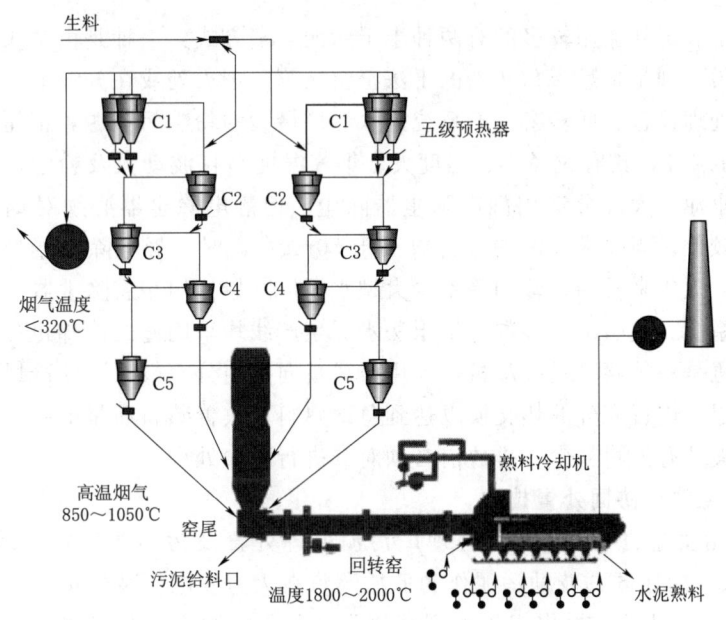

图5-7 污泥的水泥窑协同焚烧工艺流程图

(2) 污泥脱水后通过适当的措施进行干化或半干化后再运至水泥厂入窑。该方法的优点是水泥厂焚烧工艺设备相对简单，容易得到水泥厂的配合，运输费用低，污泥可作为水泥生产的辅助燃料提供热量。缺点是污水处理厂需要设置干化设备，没有充分利用水泥厂的余热进行干化，导致污泥干化费用较高。

(3) 脱水污泥通过水泥厂余热干化或半干化后再入窑。这种方法充分利用了水泥厂的余热资源，实现了循环经济，但需要对水泥回转窑系统进行改造，初期投资较高。

水泥窑混烧协同处置污泥技术已在华新水泥宜昌公司、广州越秀水泥集团越堡水泥公司、北京金隅集团新北水泥公司等项目实现工程化应用。来自污水处理厂的脱水污泥含水率约80%，在水泥厂配套建设一个烘干预处理系统，利用窑尾废气余热（温度约280℃）将污泥烘干至含水率低于30%。含水率低于30%的污泥已成散状物料，经输送及喂料设备送入分解炉焚烧。在分解炉喂料口处设有撒料板，将散状污泥充分分散在热气流中，由于分解炉的温度高、热熔大，使得污泥能快速、完全燃烧。污泥烧尽后的灰渣随物料一起进入窑内煅烧。

2. 水泥窑协同焚烧工艺流程

建成的水泥窑协同处置污泥工艺流程通常包括以下几部分。

(1) 污泥接收仓及污泥缓冲罐。污泥贮存设施按1~3d的额定污泥处置量确定，缓冲设备容积按0.1~0.5d的量确定。

(2) 污泥输送设备。传统的污泥输送方式有皮带输送、螺旋输送、螺杆泵送等。

(3) 污泥干化设备包括转鼓式干化机、流化床干化机等各类干化设备，热源为水泥窑烟气余热。

(4) 半干污泥的收集与输送设备。干化后的污泥经布袋除尘器收集后，由链板输送机送入干泥缓冲仓。

(5) 回转窑。国外应用较多的有两种半干污泥入窑方式：一种是由窑头主燃烧器直接喷入烧成带，另一种是带悬浮预热器的干法窑窑尾第二把火处或在分解炉中加入。

(6) 废气处理设备。回转窑生产系统是水泥厂最大的粉尘污染源，窑尾烟尘排放量占到整个生产线的1/2，具有粒径小、湿度大、烟气温度高且波动大及粉尘入口浓度高等特点。目前国内水泥厂大部分选用静电除尘器除尘，但静电除尘器必须对烟气进行调质处理，除尘效率较低，当要求控制粉尘排放小于$50mg/m^2$时，静电除尘器难以达到粉尘排放要求。因此，近年来美国、韩国等不少大型水泥厂开始使用布袋除尘器。

(7) 冷却系统。我国绝大多数新型干法水泥生产线均采用篦式冷却机冷却出窑高温燃料。篦式冷却机是一种骤冷式冷却机，采用鼓风机向窑内分室鼓风，使冷风通过铺在篦板上的高温熟料层，进行充分的热交换以达到急冷熟料、改善熟料质量的目的。但篦式冷却机产生的余风夹杂有熟料粉尘，排放前必须对其进行除尘处理。

5.1.1.3 污泥电热厂协同处置技术

2009年开始实施的《城镇污水处理厂污泥处理处置及污染防治技术政策（试行）》指出："在有条件的地区，鼓励污泥作为低质燃料在火力发电厂焚烧炉、水泥窑或砖窑中混合焚烧。"污泥干化后在燃煤锅炉协同焚烧是一种因地制宜、节能减排的污泥无害化处置方式，在土地资源缺乏的地区具有较好的适用性。

我国火力发电占装机总容量的80%以上，火电厂规模大而且分布广。目前我国火力发电厂燃料以煤为主，燃煤需求量大，而我国火力发电厂燃煤的热利用效率低于40%，大量的余热资源浪费的同时还会造成大气的热污染。因此，利用火力发电厂已有的燃煤锅炉协同焚烧处置污泥是一个节能减排举措，不仅可以节约社会资源，如节约处置场地、污泥设施投资资金和运行费用等，也可以解决困扰城市环境的大量污水污泥处理难题。另外，燃煤锅炉炉膛火焰温度高，利用电站锅炉来焚烧干化的污泥可以达到较为彻底的无害化处置，由于电站锅炉的高效率也使得污泥中的有机物燃烧产生的热能得到了更充分的利用。

热电厂协同处置污泥主要有两种方式，即湿污泥直接掺煤混烧和电厂烟气余热干化后掺煤混烧。这两种污泥处理方式都是利用现有的电厂锅炉混烧污泥和煤，释放出热量，产生蒸汽用于汽轮机组发电。

1. 湿污泥直接掺煤混烧

湿污泥（含水率约80％）直接掺煤混烧技术对锅炉系统改造少，因而初期投资低，但由于污泥中含有大量的水分，对锅炉燃烧的影响较大，燃烧组织困难，使得锅炉热效率降低。改造后的循环流化床锅炉用于焚烧污泥，具有高效能、低污染、燃料适应广等优点。脱水污泥通过输送泵从污泥贮藏室底部经污泥输送系统喷射至循环流化床燃烧室中，由于受到气体摩擦阻力作用，污泥变成小颗粒，比表面积增大，瞬时汽化沸腾燃烧，温度可达850～900℃。混合床料在流化状态下进行燃烧，一般粗颗粒在燃烧室下部燃烧，细颗粒在燃烧室上部燃烧，被吹出燃烧室的细颗粒经分离器分离后收集，经返料器送回床内循环燃烧。

湿污泥的热电厂掺煤混烧技术流程简图如图5-8所示，系统通常包括污泥炙存系统、污泥输送系统、冲洗系统、吹扫系统、料仓料位报警连锁系统、烟气处理系统及除渣系统。脱水污泥被运输至热电厂的污泥贮藏室，经输送泵送至炉膛与煤混合燃烧。

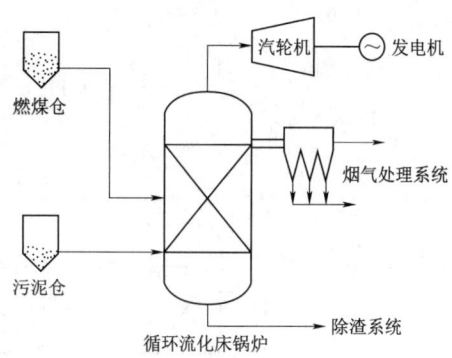

图5-8 热电厂循环流化床锅炉焚烧污泥示意图

湿污泥的循环流化床锅炉和煤粉炉掺混焚烧在国内外都有工程应用。德国Berrenroth电厂和Weisweiler电厂将含水率为70％的脱水污泥放在循环流化床锅炉中与煤混合焚烧，其燃煤与污泥比为3∶1，燃烧后烟气指标符合德国允许排放值。德国也有一些电厂采用煤粉炉混烧污泥，脱水污泥与干化污泥均有使用，污泥比例在10％以下，多数在5％左右，工程运行表明少量污泥混烧不影响热电厂环保指标达标。我国常州某热电有限公司利用3台75t/h的循环流化床锅炉处理含水率80％的污泥180～225t/d，其工程投资由焚烧锅炉防磨喷涂改造和新建污泥贮存、输送系统两部分组成，投资总额120万元，每吨污泥的混烧处理成本为106元，低于单独建设同等规模焚烧装置的费用。

2. 电厂烟气余热干化后掺煤混烧

污泥中含有大量的有机物，热值可以作为资源利用，但由于脱水污泥含水率很高，直接利用时对燃烧工况干扰较大而且掺混比更低。利用热电厂烟气余热来干化污泥可以解决这一问题。热电厂烟气温度大约为200℃，在适宜的温度下进行污泥干化预处理，可以保留污泥90％以上的热值，干化污泥含水率降为20％～40％，并可以形成质地坚硬的颗粒作为燃料用于焚烧发电，实现循环经济的目的。

污泥热干化有直接加热和间接加热两种方式。

（1）直接加热干化。直接加热方式是利用锅炉烟道抽取的高温烟气或锅炉排烟直接加热湿污泥。烟气与污泥直接接触，低速通过污泥层，在此过程中吸收污泥中的水分。干污泥与热介质进行分离后，排出的废气一部分进行热量回收再利用，剩余部分经无害化处理后排放。常用的干化设备有转鼓干化机、流化床干化机、闪蒸干化机等类型。直接加热干化费用较低，效率较高。

（2）间接加热干化。间接加热方式是利用低压蒸汽作为热源，通过热交换器将烟气热能传递给湿污泥，使污泥中的水分得以蒸发。干化过程中蒸发的水分在冷凝器中冷凝，一部分热介质回流到原系统中循环利用。典型的间接干化机有顺流式干化机、垂直多段圆盘干化机、转鼓干化机、机械流化床干化机等。这种技术可以利用大部分烟气凝结后的潜热，热利用率高，不易产生二次污染，对气体的控制、净化及臭味的控制较容易，无爆炸或着火的危险。

电厂烟气余热干化后掺煤混烧工艺通常包括污泥贮存系统、污泥输送系统、热干化系统、烟气分离系统、干污泥传送系统、泥煤混合系统等。脱水污泥被运输至热电厂的污泥贮藏室，经输送泵送至干化设备进行干化处理，干化后的污泥经传送机传送至混合设备与煤进行混合，混合后送入炉膛进行混合燃烧。流程简图如图5-9所示。

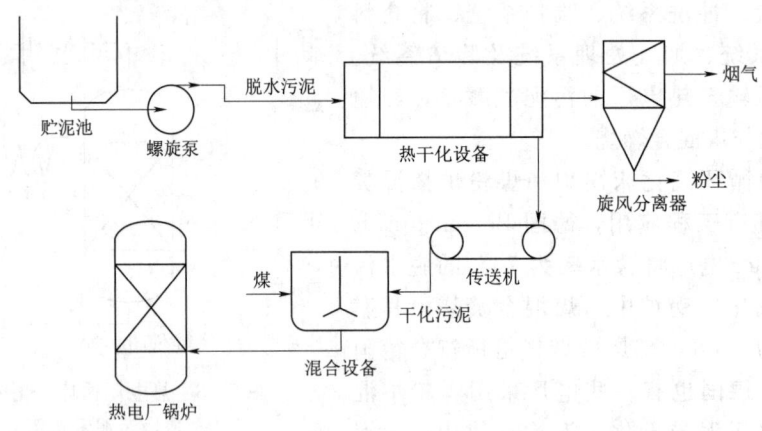

图5-9 热电厂烟气余热干化法焚烧污泥流程示意图

5.1.1.4 污泥与生活垃圾混烧

现有的垃圾焚烧厂大都采用了先进的技术，配有完善的尾气处理装置，可以在垃圾中混入适当的污泥一起焚烧。将污泥与生活垃圾按一定比例掺混入炉焚烧，在炉膛高温作用下，可将有毒有害有机物氧化分解，污泥焚烧产生的热量还可回收用于发电。国内外已开展了污泥与垃圾混烧的研究与实践，深圳盐田垃圾焚烧厂已于2003年投产了污泥与垃圾混烧项目，日焚烧处理污泥40t。

污泥与垃圾混烧，可采用湿污泥（含水率80%）直接混烧、半干污泥（含水率50%左右）或干污泥（含水率10%～20%）混烧等不同方式。湿污泥喷射投加容易造成喷嘴堵塞，无法连续投加，影响系统运行，同时湿污泥热值很低，对垃圾发电厂的发电效率影响较大。但污泥的干化成本高，从而导致干污泥混烧成本较高。

典型的垃圾焚烧厂混烧污泥的工艺流程见图5-10。利用垃圾焚烧厂炉排炉混烧污泥，需安装独立的污泥混合和进料装置。垃圾和污泥由吊车抓斗抓入料斗，经滑槽进入焚烧炉内，再由进料器推入炉床。经过炉排的机械运动，垃圾和污泥在炉床内移动、翻搅，首先被干化，再经高温燃烧，成为灰烬后落入除渣机，再由皮带输送机送入灰渣场。燃烧所用的空气分为一次风和二次风,一次风经过蒸汽预热,自炉床下贯穿助燃;二次风加强烟气扰动,延长燃烧行程,使燃烧更为充分,炉内温度控制在 850~1000℃。

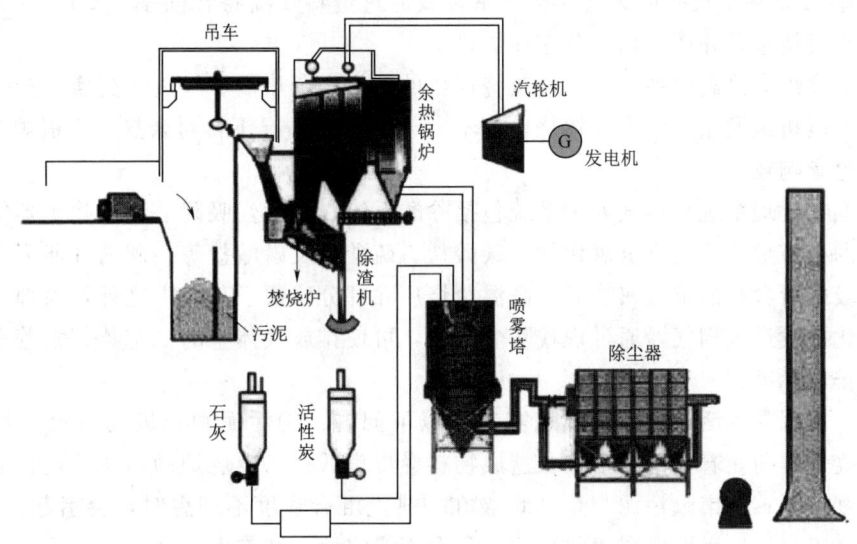

图 5-10 垃圾焚烧厂混烧污泥工艺路程图

垃圾焚烧炉出口烟气温度不小于 850℃,烟气停留时间不小于 2s,在此条件下可控制焚烧过程中二噁英的形成,高温烟气经余热锅炉吸收热能回收发电。余热锅炉充分考虑了烟气高温和低温腐蚀,从余热锅炉出来的烟气在喷雾塔中经石灰除酸、活性炭吸附、除尘器除尘等烟气净化措施后从烟囱排出。由于混入污泥焚烧,焚烧炉内过剩空气系数大,排放的烟气中氧气含量为 6%~12%。

(1) 垃圾和污泥料仓。垃圾称重系统主要有称量、记录垃圾、污泥、灰渣等的进出厂情况,方便结算。

对于进入垃圾焚烧厂的污泥运输车,可以直接利用垃圾称重系统进行称重,以方便对进入垃圾焚烧厂的污泥质量进行记录。经称重后的车辆在卸料平台卸料,进入垃圾贮坑中,并对垃圾的性质进行调节,如对垃圾进行混合、脱水、发酵等,以利于垃圾在炉内的燃烧。但是对于高含水率的污泥,不能和垃圾贮存在一个贮存室内,需要另建独立的污泥贮仓。

(2) 给料系统。干化污泥和垃圾可利用吊车抓斗进料,但脱水污泥含水率较高,可以直接用泵输送至进料斗。对于污泥的给料系统,一般需要新建独立的料斗及布料装置,因此对垃圾给料系统不造成影响。对于脱水污泥这样的高水分、高挥发分燃料,粒度对燃烧过程中失水率、挥发分析出率、固定碳燃烬率和失重率的影响不大。因为在污泥燃烧的开始阶段,由于水分和挥发分的大量析出,在污泥表层形成了疏松的多孔结构,其对氧气和燃烧产物扩散的阻碍作用不大。因此,可以选用较大的给料粒度而不必担心污泥不能被完全焚烧处理干净,从而使污泥给料系统得到大大简化。

(3) 焚烧炉。垃圾焚烧炉型包括机械炉排炉和流化床炉。我国垃圾焚烧行业经过多年的发展，以机械炉排炉为主的垃圾焚烧工艺已相对完善，并具有一定的规模，基本具备混烧污泥的条件。生活垃圾与含水率为80%的污泥掺混比例大致为4:1，干污泥（含固率约90%）直接以粉尘状的形式进入焚烧室，或通过进料喷嘴将含固率为20%~30%的半干污泥喷入燃烧室，并使之均匀分布在炉排上。

（4）焚烧炉余热利用系统。垃圾焚烧产生的热量在余热锅炉经过热交换，产生的蒸汽通过汽轮发电机组发电。在污泥掺烧比例不大于20%的情况下，对余热回收锅炉及汽轮发电机组发电影响较小。

（5）烟气处理系统。烟气处理系统包括除酸系统、活性炭吸附装置、除尘器等。污泥中重金属的存在形式主要有氢氧化物、碳酸盐、硫酸盐及磷酸盐等。国内外研究表明，城市生活垃圾中所含有的重金属物质，高温焚烧后除部分残留于灰渣中之外，大部分则会在高温下气化挥发进入烟气，通过现代除尘设备，可使排放气体中的二噁英、汞等重金属的含量低于排放标准。

此外，污泥与生活垃圾直接混烧需考虑以下问题：①污泥和垃圾的着火点均比较滞后，在焚烧炉排前段着火情况不好，造成物料燃烬率低；②焚烧炉助燃风通透性不好，造成燃烧温度偏低；③市政污泥与生活垃圾在炉排上混合程度不理想时，会引起焚烧波动；④物料燃烧工况受垃圾性质变化的影响，具有不稳定性，城市生活垃圾成分受区域和季节的影响比较大，垃圾含水率和灰土含量的大小将直接影响污泥处理量；⑤为保证混烧效果，污泥混烧过程中往往需要向炉膛添加煤或喷油助燃，消耗大量的常规能源，运行成本高。

5.1.2 污泥焚烧的控制指标及限值

尽管污泥焚烧对泥质要求不高，但现行标准仍对污泥单独焚烧和水泥窑协同焚烧过程提出了包括含水率、有机物含量、重金属含量等污泥指标的限值，其中由于污泥与水泥窑协同焚烧后，其焚烧产物直接作为水泥产品原料，因此此处所提出的限值参考水泥熟料生产用泥质的相关标准。

5.1.2.1 污泥含水率

对于单独焚烧、与水泥窑协同焚烧两种焚烧过程的污泥含水率要求见表5-1。污泥单独焚烧过程中根据焚烧方式的不同，对污泥含水率要求不同，其中助燃焚烧和干化焚烧时要求污泥含水率要低于80%，而自持焚烧时要求污泥含水率低于50%。污泥与水泥窑协同焚烧过程对污泥含水率要求低于80%，要求相对较低。

表5-1 城镇污泥焚烧对污泥含水率的要求

污泥处理处置过程	单独焚烧用泥质			与水泥窑协同焚烧
	自持焚烧	助燃焚烧	干化焚烧	
含水率/%	≤50	≤80	≤80	≤80

5.1.2.2 污泥pH值及有机物含量

单独焚烧对污泥pH值要求为5~10。而污泥与水泥窑协同焚烧的pH值要求最低，介于5~13（见表5-2）。可见，污泥与水泥窑协同焚烧对污泥pH值不进行特别的限制。

5.1 污泥焚烧技术

表 5-2　　　　　　　城镇污泥焚烧对污泥 pH 值和有机物含量要求

污泥处理处置过程	单独焚烧用泥质			与水泥窑协同焚烧
	自持焚烧	助燃焚烧	干化焚烧	
pH 值	5~10	5~10	5~10	5~13
有机物含量	>50%	>50%	>50%	不同工艺差异明显

污泥单独焚烧对有机物含量提出了明确要求，其有机物含量须大于50%，而与水泥窑协同焚烧对污泥有机物含量未提出约束性指标。理论上，污泥焚烧过程中，污泥有机物含量越高，对焚烧越有利。

5.1.2.3　污泥重金属指标

污泥单独焚烧用泥质未对重金属指标提出要求（见表 5-3），而与水泥窑协同焚烧则对污泥的总镉、总汞、总铅、总铬、总砷、总铜、总锌、总镍提出了明确的要求。

表 5-3　　　　　城镇污泥焚烧及建材利用过程对污泥重金属指标要求

污泥焚烧方式	单独焚烧	水泥窑协同焚烧/(mg/kg DS)
总镉	—	<20
总汞	—	<25
总铅	—	<1000
总铬	—	<1000
总砷	—	<75
总铜	—	<1500
总锌	—	<4000
总镍	—	<200

5.1.2.4　其他约束性指标

污泥单独焚烧过程中，其外观呈泥饼状。对于自持焚烧，污泥的低位热值应大于 5000kJ/kg；对于助燃焚烧和干化焚烧，其低位热值应大于 3500kJ/kg。

城镇污水处理厂污泥单独焚烧利用时，考虑燃烧设备的安全性和燃烧传递条件的影响，腐蚀性强的氯化铁类污泥调理剂应慎用。

污泥焚烧时，需要注意燃烧尾气是否会污染到周围空气，污泥焚烧炉大气污染物排放标准应符合表 5-4 的规定。

表 5-4　　　　　　　　焚烧炉大气污染物排放标准

序号	控制项目	单位	数值含义	限值
1	烟尘	mg/m^3	测定均值	80
2	烟气黑度	格林曼黑度，级	测定值	1
3	一氧化碳	mg/m^3	小时均值	150
4	氮氧化物	mg/m^3	小时均值	400
5	二氧化硫	mg/m^3	小时均值	260

续表

序号	控制项目	单 位	数值含义	限 值
6	氯化氢	mg/m³	小时均值	75
7	汞	mg/m³	测定均值	0.2
8	镉	mg/m³	测定均值	0.1
9	铅	mg/m³	测定均值	1.6
10	二噁英类	ngTEQ/m³	测定均值	1

污泥焚烧过程中氨、硫化氢、甲硫醇和臭气浓度的厂界排放限值根据污泥焚烧厂所在区域，分别按照《恶臭污染物排放标准》(GB 14554—93) 相应级别的指标值执行。

污泥焚烧厂的工艺废水必须经过废水处理系统处理，处理后的水应优先考虑循环利用。必须排放时，废水中污染物最高允许排放浓度按《污水综合排放标准》(GB 8978—1996) 执行。

焚烧炉渣必须与除尘设备收集的焚烧飞灰分开收集、贮存、运输和处置。焚烧炉渣按一般固体废物处置，焚烧飞灰应按危险废物处置，其他尾气净化装置的固体废物应按《危险废物鉴别标准》(GB 5085—2019) 判断是否属于危险废物；当属危险废物时，则按危险废物处置。

5.2 污 泥 热 解 技 术

5.2.1 污泥热解原理

热解是在无氧或缺氧的条件下，利用高温使固体废物有机成分发生裂解，从而脱出挥发性物质并形成固体焦炭的过程。热解可以用以下的方程式来表示：

$$C_xH_yO_z + Q \longrightarrow 热解炭 + 热解油 + 热解气 + H_2O \tag{5-1}$$

其中 Q 表示的是热解过程中需要加入的热量，热解工艺主要产物有热解炭（炭黑、炉渣）、焦油（焦油、芳香烃、有机酸等）、热解气（CH_4、H_2、CO、CO_2 等）。

不同温度热解产物差异较大。热解温度 650～1000℃，污泥热解产物为可燃气和炭；热解温度 400～550℃，产生可燃气、重油和炭；热解温度 250～300℃，压力 5～10MPa，污泥热解产生炭。

污泥热解的基本流程如图 5-11 所示。目前比较公认的污泥热解的转化途径可以大致分为三个阶段：产生水分阶段、产生易挥发物质阶段和热解无机物阶段。在第一阶段，污泥中结合水和少量游离水挥发，所以污泥失重较少；在第二阶段，污泥中含有大量的生物质，存在很多易挥发物质，同时污泥中含碳化合物的键会断裂，污泥在这一阶段失重最多；第三阶段主要是无机物质的分解阶段，这一阶段的失重主要是由碳酸盐引起的，失重最少。

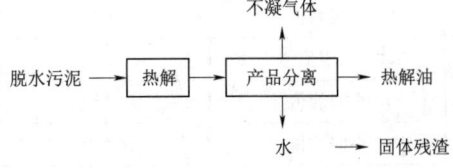

图 5-11 污泥热解的基本流程

5.2.2 污泥热解工艺
5.2.2.1 污泥热解制炭

污泥热解中有机物分解产生了大量的热解炭,其中含有大量的碳成分。Mustaa K. Hossain 等人发现温度对污泥热解产生的生物炭的性质有显著影响,在低温(300℃、400℃)下废水污泥的生物炭呈酸性,而高温(700℃)下则呈碱性。

由于污泥热解炭具有独特的理化特性,可以用于各个方面,例如能量回收(通过燃烧),土壤改良或作为垃圾填埋场的日常掩护。近年来,已经报道了热解炭或类似的材料如活性炭(AC)般具有对烃类重整或开裂的催化活性。当放置在汽化器下游时,这些材料已经显示出减少焦油生成和提高合成气产量的效果。另外,热解炭还被用作不同金属(Ni、Fe)的载体,并且这些催化剂(热解碳等)已经用于重整生物质焦油和焦油替代物。

5.2.2.2 污泥热解制取富氢气体

温度对热解过程起着决定性作用,从动力学的角度而言,温度影响了反应的活化能,从而改变化学反应速度;从热力学角度而言,温度影响了过程中吉布斯自由能的变化,从而影响了反应进行的方向,决定广产物的分布和组成。温度越高越容易促进有机质的一次和二次裂解,提高气相产物的总量。

刘秀如采用流化床热解装置研究了污泥在不同热解温度下产气规律,得出污泥在高温下热解产物以热解气为主,并且随着热解温度的升高(400~950℃),H_2 和 CO 气体体积百分比量增加,H_2 含量变化尤为明显;熊思江在对污泥热解制取富氢燃气时发现,将污泥放入温度已经升至设定温度的热解设备,可以使污泥热解产生的大分子有机化合物特别是碳氢化合迅速发生二次裂解,不仅使产气量增大,H_2、CO、CH_4 等高质燃气的产量也更高。常凤民等人采用两段式热解装置对污泥进行催化热解实验发现,热解终温超过500℃,热解液产率减少,热解气增多,热解气体组分主要为 H_2、CO、CH_4 等小分子非冷凝性气体,且在污泥二段热解(900℃)中热解液中的烯烃等物质裂解生成甲烷和 H_2,提高富氢气体含量。

综上,影响污泥热解产取富氢气体因素主要分为三类:催化剂的种类及掺杂比例方式、污泥热解温度和污泥的含水率。

5.3 污泥水热处理技术

污泥具有高含水率特性,特别适合采用水热处理的方式,实现污泥的改性、活化或定向转化。根据水热温度的不同,污泥水热处理可以分为热水解、水热炭化、水热液化等技术。

5.3.1 热水解预处理技术

高温热水解预处理工艺采用高温、高压对污泥进行热水解与闪蒸处理,使污泥中的胞外聚合物和大分子有机物发生水解,并破解污泥中微生物的细胞壁。热水解预处理通过破坏污泥微生物结构,使污泥絮体瓦解,EPS结构破坏,细胞溶胞,大大降低污泥黏度,进而提高进泥含固率和有机负荷，减小消化体积；通过溶解颗粒有机质，以及长链大分子有机物水解，提高污泥厌氧消化性能，缩短停留时间；通过改变污泥水分分布，结合水释放，进而提高污泥脱水性能，减轻后续运输处理费用，并能实现病原菌灭活。

热水解技术的雏形是20世纪30年代出现的热处理技术，该技术早在1939年就有人开始面向应用开展研究。在20世纪六七十年代，污泥的热处理技术成为当时的热点。Porteus和Zimpro是当时典型的高温热水解工艺，温度都在200～250℃，但这两种工艺存在着一些缺点和弊端，如产生臭气，产生高浓度废液以及腐蚀热交换器等，因此在20世纪70年代初不再被采用。通过调整操作条件，在低温下进行预处理，Zimpro工艺仍被应用于改善污泥的脱水性能。到20世纪80年代，一些与酸、碱处理相结合的热处理开始出现，用于污泥消毒，但是这些处理措施不能提高污泥的降解性能，经济效益较差，因此都没有得到商业应用。20世纪90年代初，挪威的Cambi工艺开始出现，将热水解工艺成功地应用于提高污泥厌氧消化性能和提高最终产物的卫生化水平。威立雅的Biotheys工艺从2006年起开始得到应用。这两种工艺都是典型的高效热水解处理工艺，在工程上得到了应用。

热水解预处理技术已经成为国内外污泥高级厌氧消化的首选技术，目前全球已经有超过80个污泥厌氧消化工程采用该技术路线。在我国新建的污泥厌氧消化工程中，也几乎全部采用了不同温度的热水解预处理高级厌氧消化技术路线，例如长沙、北京和西安污泥处理处置工程。尽管在热水解预处理后厌氧消化的沼气产量提高，但沼气增加量能否满足热水解的能耗需求，很大程度上取决于进泥的有机质含量。

5.3.2 水热碳化技术

水热炭化（HTC）是指在一定的温度（180～350℃）和密封的压力容器中，以生物质或其组成为原料，以液体（水等）作为溶剂和反应介质，经过水解、脱羧、缩聚等一系列复杂的化学反应生成气态、液态、固态产物的过程。

水热炭产物的性状主要取决于水热炭化温度。在较高温度（>180℃）的条件下，污泥脱水率才能达到较高水平。这是因为污泥中的有机物经过水热炭化脱除羟基和羧基后，其产物亲水性与原始污泥相比较低，从而使得高温水热条件下的脱水段反应更彻底，污泥的脱水性能得到较大改善。

在提高污泥脱水性能的同时，高温水热炭化还能够产生芳构化程度较高的发材料或O/C、H/C比较小的富碳燃料。Peng等人研究污泥在温度180～300℃、反应时间30～480min内进行水热碳化处理，结果发现当温度为20℃、反应时间为30～90min时，水热炭的热值为原始污泥的1.02～1.10倍。污泥水热炭化在得到性能良好的固体产物的同时，还会产生液体产物。污泥水热炭化的液体产物作为重要的副产物，是一种略有特殊气味、可自由流动的黑色液体，大多将其视为废水排放，进而会对环境产生二次污染。

5.3.3 水热液化技术

水热液化技术是在密封的压力容器中，以水为溶剂，在高温高压的条件下进行化学反应的各种技术的统称，在化工、冶金等领域被广泛应用。在水热反应体系中，水的性质发生强烈改变，蒸汽压变高、密度变低、表面张力变低、黏度变低、电离常数增大，离子积变高。利用水的这些性质变化，无须添加药剂即可对污泥进行改性。

污泥中含有一定量的有机质，可经过水热液化（HTL）处理把有机物转化成为碳氢化合物，该化合物性质与柴油相似，因此污泥被认为是种潜在的生物质能源。水热液化工艺般在惰性气体环境下，直接在高温（20~400℃）、高压（5~25MPa）条件下进行热化学反应，将污泥转化为高热值的液体产物，该过程无须对原料进行干燥，在外加气体的压力下可以提高水的沸点，减少蒸气的生成量，进而节约热能，有利于生物质大分子有机物水解，产物分离方便，且清洁环保，无毒害副作用。

随着温度及压力等条件的变化，水的许多性质将随之改变。随着温度的升高，水的密度和介电常数持续降低，而水的离子积先升高后降低，约在300℃达到最大值。室温下，水的介电常数约为80，在300℃时接近20，超过临界点后介电常数小于5。这意味着水在较低温度下为极性溶剂，能溶解可溶性盐类，而有机物和气体溶解度很低；而高温时情况相反，超过临界点后，水将类似弱极性有机溶剂而溶解有机物和气体。高温下对气体和液体的高溶解度有利于消除气体和液体的相间界面，从而有利于反应。

污泥水热液化制油过程，主要反应是脂肪族化合物的蒸发、蛋白质肽键断裂和基团转移反应。污泥中40%的有机物转化为生物油，主要包含脂肪族、脂肪酸、单环芳烃和多环芳烃化合物，热值达33MJ/kg。但高温过程中会产生大量难闻的气体及氮氧化物，影响大气环境，需要采取相应措施加以控制。

污泥直接水热液化技术起源于美国，与热解技术相比，不需要干燥，降低了成本，处于亚临界或超临界状态的水溶剂性质发生显著变化，在一系列热化学反应（水解、脱羧）中起到重要作用，有利于大分子降解和小分子聚合成生物油。水热液化所得到的生物油比快速热解得到的生物油中氧元素含量更低，由于反应介质的特殊性质，生物油中的氢元素含量较高，所以水热液化生物油有更高的热值。

5.3.4 湿式氧化技术（WAO）

湿式氧化技术（Wet Air Oxidation，WAO）是在高温（125~350℃）和高压（0.5~20MPa）条件下，以空气中的O_2为氧化剂（也可使用其他臭氧、过氧化氢等氧化剂），在液相中将污泥中有机污染物氧化为CO_2和水等无机物或小分子有机物的化学过程。

湿式氧化技术最早应用于处理造纸黑液，在温度为150~350℃、压力为5~20MPa条件下，使黑液中的有机物氧化降解，处理后的COD去除率达90%以上。随后WAO在处理造纸黑液及城市污泥方面得到了商业化的发展，并建立了城市污泥的WAO处理厂。

与常规的处理方法相比，WAO有以下几个特点：①应用范围广，处理效率高，几乎可以有效处理各种污泥；②氧化速度快，大部分的WAO所需的反应停留时间为30~60min，且温度、压力低于超临界氧化，因此装置比较小，且相对易于管理；③二次污染较少，大部分被氧化为CO_2、各种有机酸、醇、NH_3、NO_3^-等，而SO_2、HCl、CO等有害物质产生很少；④可以回收能量和有用物料，例如，系统中排出的热量可以用来产生蒸气或加热水，反应放出的气体用来使涡轮机膨胀，产生机械能或电能，有效回收磷等。其缺点是反应在高温高压的条件下进行，设备要求高，系统复杂，成本较高，运行维护复杂。

我国有关污泥湿式氧化的技术研究和装备开发还处于起步阶段，在系统的稳定性、污染物控制、装备集成及成本控制方面还需开展深入研究。

5.4 工 程 实 例

5.4.1 应用工程简介

2006 年 7 月，北京市环境保护科学研究院和浙江环兴机械有限公司在杭州萧山区临浦工业园建成了一座日处理能力为 60m³/d（含水率 80%）的污泥喷雾回转窑焚烧工艺的示范工程，采用萧山污水处理厂的脱水污泥。整个系统的总投资为 650 万元，占地面积为 580m²，单位投资成本为 10.8 万元/t，单位运行成本为 94.64 元/t。

本工程中采用的污泥有机物含量较低，平均在 36%，这是由于萧山城市污水处理厂水质性质决定的。

5.4.2 应用工程的处理流程

系统工艺流程图见图 5-12。脱水污泥经过预处理后，通过高压泵进入喷雾干燥塔颈部，经过充分的热交换，污泥得到干化，干化后产生的含水率为 20%～30% 的干燥塔污泥从干燥机底部直接进入回转窑式焚烧炉焚烧，产生的高温烟气从喷雾干燥系统顶部导入，排出的尾气分别经过旋风分离器、喷淋塔和生物填料除臭喷淋塔处理后，经烟囱排放。

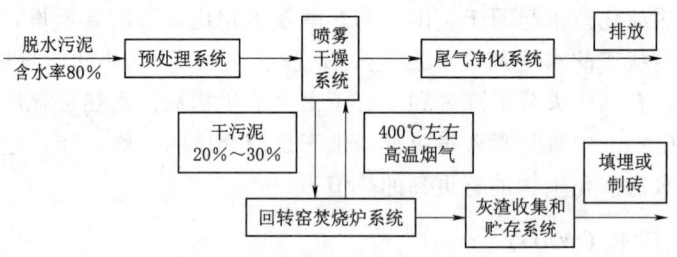

图 5-12 系统工艺流程

试验结果表明，在连续运转过程中排放的各种大气污染物经旋风除尘、喷淋塔、生物填料除臭喷淋洗涤塔处理后均远低于《生活垃圾焚烧污染控制标准》（GB 18485—2001）中大气污染物排放限值的要求。

第6章

污泥处置与资源化利用技术

【学习目标】

学习本章,要了解污泥土地利用的途径、泥质要求、技术要点及环境污染风险分析及控制;了解污泥卫生填埋的方式、填埋工艺及技术要求;了解污泥在制陶粒、制砖、制水泥和制纤维板等建材方面的利用。

【学习要求】

知识要点	能力要求	相关知识
污泥土地利用	(1) 了解土地利用途径; (2) 了解土地利用泥质要求; (3) 熟悉土地利用技术要点; (4) 了解污泥土地利用环境污染风险分析及控制	(1) 土地利用途径; (2) 土地利用泥质要求; (3) 土地利用技术要点; (4) 污泥土地利用环境污染风险分析及控制
污泥卫生填埋	(1) 掌握污泥填埋方式; (2) 熟悉污泥填埋预处理技术; (3) 熟悉污泥卫生填埋工艺; (4) 了解污泥卫生填埋的关键技术	(1) 污泥填埋方式; (2) 污泥填埋预处理技术; (3) 污泥卫生填埋工艺; (4) 污泥卫生填埋的关键技术
污泥建材利用	(1) 熟悉污泥制陶粒工艺; (2) 熟悉污泥制砖工艺; (3) 熟悉污泥制水泥工艺; (4) 熟悉污泥制纤维板工艺	(1) 污泥制陶粒; (2) 污泥制砖; (3) 污泥制水泥; (4) 污泥制纤维板

6.1 污泥土地利用

污泥土地利用是污泥最终处置与利用的主要途径之一。污泥的土地利用是一种积极、有效而安全的污泥处置方式。污泥的土地利用包括农田利用、林地利用、园林绿化利用等。尽管污泥的土地利用能耗低,可回收利用污泥中N、P、K等营养物质,但污泥中含有大量病原菌、寄生虫(卵)、重金属,以及一些难降解的有毒有害物。污泥必须经过厌氧消化、生物堆肥或化学稳定等处理后才能进行土地利用。污泥通过处理后,污泥中有机物将得到不同程度的降解,大肠杆菌数量及含水率明显降低,从而实现了污泥的稳定化、无害化和减量化。经厌氧消化、高温堆肥后的污泥,不仅消除了污泥的恶臭,同时杀灭虫卵、致病菌,也可部分降解有毒物质。但污泥土地利用时应注意:凡用于园林绿化的污泥含水率、盐分、卫生学指标等必须符合国家及地方有关标准规定的要求,并进行监测。污泥用于沙化地、盐碱地和废弃矿场土壤改良时,应根据当地实际,经科学研究制定标准,并由有关主管部门批准后才可实施。污泥农用时,应严格执行国家及地方的有关标准规定,并密切注意污泥中的重金属含量,要根据农用土壤本底值,严格控制污泥的施用量和施用期限，以免重金属在土壤中积累。污泥土地利用首先要根据其来源判断是否适应，其次要通过对污染物、养分含量的监测和污泥腐熟度来确定污泥的用量和利用方式，并定期进行风险监测与环境评估。

6.1.1 污泥土地利用的主要途径

污泥土地利用的主要途径包括农用、园林与公路绿化、林地、草坪、育苗基质和生态修复与植被恢复等。

污泥农用主要是对污泥中有机养分的充分利用。其应用范围包括粮食作物、果树、蔬菜和花卉以及油料、纤维等经济作物。在施用形式上，污泥主要以基肥（底肥）为主，这与污泥所含有机养分的长效缓释性密切相关；也可作为追肥使用，这与污泥中有机养分以易矿化态类型为主有关，在施用后较其他有机肥料的速效养分释放更为迅速，从这点来讲，污泥是一种兼具长效和速效的有机肥料。

以园林与公路绿化为主的土地利用途径，其应用范围包括城市绿化带、公园绿化、行道绿化和公路护坡、隔离带等植被区域。这种应用途径绿化区域面积往往较大、成片/带，并较为连续，因此对腐熟污泥的使用需求量较为集中和统一；但其腐熟度要求相对农业用途要低，可通过增加施用量来弥补泥质腐熟度的不足，同时对重金属限值的要求与农业用途相比，也并不严格。从未来发展的角度来看，园林绿化是消纳处置污泥的主要土地利用途径，其应用前景广泛。

林地用包括自然形成的森林和人工速生林。林地用与园林绿化用主要特点相似，其泥质要求和使用需求量也较为宽松，但与一般园林绿化用途有所不同的是，林地区域一般交通条件较差，同时林地内部的通行条件不理想，这对于污泥的运输和转移是一个难以克服的客观条件。因此从发展角度来看，林地用途径的污泥消纳处置量可能并不会太高，作为园林绿化途径的一个有效补充的定位较为合理。

草坪用途径适用于人工建植的带土草坪和无土草坪。将污泥应用于草坪生产是看重腐熟污泥与定植草坪所需的土壤基质性质接近，但由于在北方区域草坪生产多以带土移植为主，因此优质土壤资源流失较为严重，将污泥替代一部分草坪生产所需的土壤，可起到保护土壤资源的效果，同时污泥也可以得到有效循环利用。污泥在草坪上使用，主要瓶颈在于盐分和基质韧性。一般来说，污泥盐分较高，对草坪草萌发的负面影响较为突出，因此在替代传统草坪基质土使用时应着重考虑盐分胁迫问题，使用前的脱盐处理或谨慎配置污泥的替代比例可有效保证草坪基质的盐分不会对草坪造成严重胁迫。无论带土或无土的草坪，在定植一段时间后均会切块移植，因此基质的韧性至关重要。而污泥的密度、孔隙结构与传统使用的草坪基质相比，其相对较为疏松，并不利于长途转移；因此在替代部分基质土时，应加强对韧性的提高，如通过植入加强筋材料等工艺措施，达到保证污泥基质草坪完整的目的，提高其商品化价值。

育苗基质的应用范围包括蔬菜育苗、林木育苗和花卉育苗等工厂化操作的容器类育苗基质。目前，在育苗基质领域，使用较多的是进口草炭类基质，其理化特点非常适合育苗基质使用，严重依赖进口供应，价格较高，造成育苗的成本直线提高。寻找一种可替代进口草炭土的有机物料一直是育苗行业的重要技术难题。腐熟污泥的理化特性和养分特点与草炭较为接近，因此从理论上来讲，具备替代或部分替代草炭土的潜质。从实际应用效果来看，尽管污泥物料与草炭土在育苗效果上仍存在一定差距，但通过技术手段对其理化性质加以改良，污泥在育苗基质上的应用前景显现出较为乐观的发展趋势。特别是林木育苗基质，由于其对污泥物料的影响忍耐度较高，因此可考虑全部采用腐熟污泥作为容器基质原料。

生态修复与植被恢复是针对污泥在土地改良上应用的一个具体途径。需要进行生态与植被恢复的土地类型一般以矿山废弃地、沙荒地和退化土地为主，基本已失去使用特性，大部分成为废弃范围的土地类型。有的存在一定程度的环境污染特点，有的主要为土壤地力严重退化，亟待培肥土壤养分水平。植被恢复与地力恢复可结合开展，在使用污泥后的覆盖层上种植恢复性先锋种类植物，争取在短期内恢复区域内的绿化覆盖面积。从污泥的泥质要求来讲，由于其着眼点为需尽快恢复已退化或失去使用性质的土地，且已存在一定程度的污染，因此对污泥所含的重金属、有机污染物等限值要求较为宽松，当然需经过好氧发酵处理等无害化和稳定化措施的前处理是必不可少的技术环节。

6.1.2 污泥土地利用主要途径的选择原则

污泥土地利用类型多样化，在某一地区开展土地利用方案规划中具体应选择何种利用途径，其影响因素较多。首先，污泥土地利用的实施应与当地的产业结构背景相结合，如在传统的花卉或麻类作物、能源经济作物种植产区，污泥的土地利用应优先考虑作为花卉基质或经济作物专用有机肥，不仅能满足这些产业发展自身对肥料或基质的大量需求，又能满足大量消纳处置污泥的需求。而在人工速生林种植较为普遍的省份或地区，腐熟处理后的污泥应更多地考虑作为速生林专用肥开展土地利用，配合当地的林地土壤退化防治工程规划，其应用前景较为广泛。而在北京、上海这种特大型密集城市周边，其草坪种植产业链较为发达，应积极开展污泥在草坪绿化上的应用力度，人口有效涵养大城市周边生态环境，防止和保护优质土壤资源流失。在一些偏远矿业发达地区以及工业污染较为严重区域，其抛荒地和退化土壤面积较大，当地产生的污泥在经无害化处理后应首先考虑将污泥中的养分用于土壤生态结构改善、养分提升和植被恢复，增加可利用的土地面积是当务之急。

6.1.3 土地利用泥质要求

城镇污泥富含有机质、氮、磷等大量植物生长所需养分元素，在一定程度上不亚于猪粪等传统的畜禽粪便有机肥，因此从理论上讲，城镇污泥以有机肥、基质或腐殖土的形式将富含的养分回归土壤是充分体现循环利用原则的资源化途径。污泥土地利用的优点主要如下。

（1）供给植物养分。污泥中含有丰富的氮和磷，也含有钾、钙、铁、硫、镁及锌、铜、锰、硼、钼等微量元素。其氮、磷均为有机态，可以缓慢释放而具有长效性，不但减少了对化学氮肥、磷肥的依赖，在磷矿资源不断枯竭的今天，污泥产品可以满足农业2%～30%的磷需求。

（2）改善土壤化学性质。污泥中的有机物质可提高土壤的阳离子交换量，改善土壤对酸碱的缓冲能力，提供养分交换和吸附的活性点，从而提高对化肥的利用率。

（3）改善土壤物理性质。污泥可增强土壤的持水能力，从而提高土壤水分含量，还可提高土壤的透水性，防止土壤表面板结。

(4) 改善土壤生物学性质。污泥可增加土壤根际微生物的群落，从而增强其生物活性，有利于养分的释放，并能减少某些植物的疾病。

但与此同时，污泥中的有机质在进入土壤后会发生降解，由不稳定状态有机物转化为稳定态有机质，这个过程会产热，并合成一些对植物根系有抑制作用的有机酸类物质，从而造成"烧苗"现象。另外，污泥中还含有重金属、有机污染物、病菌、虫卵和盐分等不利于土地利用的其他内含物，因此污泥土地利用不能简单地直接施用，而是需要经过无害化处理后才能再次回归至土地中，保证其进入土壤所带来的环境污染风险最低化并可控。目前，对于污泥土地利用前的无害化处理方式，一般以好氧发酵和厌氧消化为主，特别是经好氧发酵处理后，有机污染物会被大量降解，并转化为稳态的腐殖质，有利于土壤生态结构的改善，也易于植物根系的吸收利用，同时污泥中的重金属活性（生物有效性）有一定程度的降低。另外，在发酵过程中产生的热量能灭杀大肠杆菌、病原细菌和蛔虫卵等有害生物，提高污泥土地利用的卫生安全性。

结合以上因素，污泥土地利用的泥质应包括养分、有机质含量、重金属含量、卫生指标等要求。

6.1.3.1　养分和有机质含量

根据污泥土地利用的途径不同，原则上各用途的污泥泥质对无机养分（氮、磷、钾）和有机质含量的要求有所不同（表6-1）。其中用于基质（营养土）形式的污泥养分要求相对较高，这主要考虑到基质主要为生物量较小的育苗用途（包括容器育苗基质、苗木基质、草坪基质等），需要保证幼苗在生长期的养分需求得到充分供应，因此用于基质途径的污泥氮磷钾（$N+RO_5+K_2O$）总含量应不低于40g/kg，有机质含量不低于240g/kg。结合现行的城镇污泥林地用泥质标准和城镇污泥园林绿化用泥质标准，并考虑到主要将污泥养分供给树木绿植等植物所需，其养分指标相对于基质用稍作降低，用于园林绿化用途的污泥氮磷钾总含量应不低于30g/kg，有机质含量不低于200g/kg。现行的污泥农用泥质标准中规定氮磷钾总含量应不低于30g/kg，但考虑到目前污泥农用受到一定限制，同时在农用实际情况中，污泥发酵物主要以基肥或底肥形式使用，因此适当降低对泥质养分的要求，建议用于农用的污泥氮磷钾总含量应不低于20g/kg，有机质含量不低于200g/kg。而用于土地改良的污泥泥质在现行标准中，对氮磷钾总含量和有机质含量分别提出不低于10g/kg和不低于100g/kg的要求。但出于鼓励无害化污泥用于土壤改良和植被恢复的出发点，加上目前大部分污泥的养分指标均符合这一限定要求，因此《城镇污水处理厂污泥处理处置技术指南（试行）》中并未对用于改良途径的污泥泥质做养分指标要求。

表6-1　　　　城镇污泥土地利用过程对污泥总养分和有机物要求

污泥土地利用方式	园林绿化	土地改良	林地用	农用
总养分/%	≥3	≥1	≥2.5	≥3
有机物含量/%	≥25	≥10	≥18	≥20

6.1.3.2　重金属含量

一直以来，重金属都是污泥土地利用遇到的最大难题，因此各种用途的土地利用方式均对污泥泥质中的重金属含量指标做出了详细规定（表6-2）。从现行的行业标准来看，用于农业用途的污泥对重金属要求最为严格。参照美国的污泥资源化利用法规，从污染物含量角度出发，目前对农用的污泥分为A级和B级两类，其中A级污泥主要用于食物链农作物领域，如蔬菜、粮食作物，也可用于纤维作物、饲料作物等非食物链作物（如麻类、棉花等）。而B级污泥对重金属含量限值适当放宽，但只能被用于纤维作物和饲料等非食物链或间接食物链作物（如牲畜食用饲料，人再食用牲畜肉类）等。其中在做出限定的几种主要重金属中，锌的含量相比于之前执行的污泥农用标准有所放宽，这主要是基于两点：一是近年来由于我国污水管道材质的调整，污泥中锌含量有所增加；二是目前我国土壤普遍缺锌，急需对锌加以补充，加之锌元素本身为有益性重金属，对土壤和作物而言，均有改进和提升效果，因此对污泥中锌的限值要求适当放宽，同时也可以增加适用污泥的范围，有效增加污泥消纳处置量。用于园林绿化和林地用的污泥对重金属要求相对于农用用途有所降低，原则上重金属限值应符合《城镇污水处理厂污泥处置 园林绿化用泥质》（GB/T 23486—2009）和《城镇污水处理厂污泥处置 林地用泥质》（CJ/T 362—2011）的要求，用于沙荒地、盐碱地和矿山废弃地的土壤改良用途的污泥重金属含量应符合《城镇污水处理厂污泥处置 土地改良用泥质》（GB/T 24600—2009）的要求。

表6-2　　　　　　　　城镇污泥土地利用过程对污泥重金属指标要求

污泥土地利用方式	园林绿化 /(mg/kg DS) 酸性土壤 (pH<6.5)	园林绿化 /(mg/kg DS) 中性和碱性土壤 (pH>6.5)	土地改良 /(mg/kg DS) 酸性土壤 (pH<6.5)	土地改良 /(mg/kg DS) 中性和碱性土壤 (pH>6.5)	林地用 /(mg/kg DS)	农用 /(mg/kg DS) A级污泥	农用 /(mg/kg DS) B级污泥
总镉	<5	<20	<5	<20	<20	<3	<15
总汞	<5	<15	<5	<15	<15	<3	<15
总铅	<300	<1000	<300	<1000	<1000	<300	<1000
总铬	<600	<1000	<600	<1000	<1000	<500	<1000
总砷	<75	<75	<75	<75	<75	<30	<75
总铜	<800	<1500	<800	<1500	<1500	<500	<1500
总锌	<2000	<4000	<2000	<4000	<3000	<1500	<3000
总镍	<100	<200	<100	<200	<200	<100	<200

6.1.3.3　物理性质

污泥土地利用的物理性质主要体现在含水率、粒径以及杂物等几个方面（表6-3）。其中用于农业用途和林地用途的污泥对粒径和杂物含量有详细规定，一般要求污泥粒径不超过10mm，杂物含量的最高值为3%～5%；而园林绿化用途和土地改良用途的污泥对粒径和杂物含量未做要求。粒径的限定实质上是对污泥养分释放的要求，一般而言，粒径较大养分释放较慢，呈不规律性；而粒径较小，则养分更易释放，保证养分供应更有规律性。在含水率指标上，污泥农用、林地用和土地改良用途的污泥含水率控制在60%～65%，园林绿化用途对污泥含水率要求最高，不超过40%。造成含水率限值差异的原因较为复杂，但在实际执行时这种差别并不明显，污泥含水率是否必须达到40%才能用于园林绿化使用的必要性值得进一步探讨。用于育苗基质用途的污泥除含水率、粒径等通用性要求外，还应注意密度、孔隙度和盐分等对育苗的影响，因此在这些指标上应做进一步的要求和限定，这是目前值得进一步细化和完善的领域。通过试验积累数据和实践经验，一般认为用于基质用途的污泥密度不宜超过 $0.8g/cm^3$，总孔隙度不低于 60%，持水孔隙度不低于 40%，这要求污泥用于基质后，必须保证一定的孔隙结构，维持基质内作物生长所需的氧气和水分。另外，由于污泥所含盐分较多，因此在用于基质特别是育苗基质用途时，应对盐分指标加以规定，否则会对育苗造成一定程度的生理性胁迫。电导率是反映污泥盐分的通用指标，在与传统育苗基质和土壤等物料所含盐分相比较后，得出其电导率应不超过 3mS/cm 的要求，pH 值控制在 6.0~8.0。

表 6-3　　　　　　　　　城镇污泥土地利用过程对物理性质要求

污泥土地利用方式	园林绿化 酸性土壤 (pH<6.5)	园林绿化 中性和碱性土壤 (pH≥6.5)	土地改良	林地用	农用
外观和嗅觉	比较疏松，无明显臭味	比较疏松，无明显臭味	有泥饼型感观，无明显臭味	污泥粒径小于 10mm	污泥粒径小于 10mm，杂物质量小于 3%，无粒径大于 5mm 的金属、玻璃、陶瓷、塑料、瓦片等杂物
含水率	≤40%	≤40%	<65%	<60%	<60%
pH 值	6.5~8.5	5.5~7.8	5.5~10	5.5~8.5	5.5~9

6.1.3.4　腐熟度

污泥在经过稳定化和无害化处理后并满足相关要求后（表 6-4），不稳定有机质转化为稳定态有机质，其性质更接近于腐殖土，因此好氧发酵处理也是一个将污泥转化为腐熟物料的过程。种子发芽指数是反映污泥腐熟度的重要指标，它直接表征了污泥施用于土壤时对作物的适用程度。结合现行的污泥农用、林地用、园林绿化用几项重要的泥质标准，对污泥的腐熟度做出了以种子发芽指数为指标的详细规定（表 6-5），如用于农业用途的污泥种子发芽指数不低于 60%；园林绿化和林地用污泥腐熟度可适当降低，种子发芽指数一般不低于 50%；而用于基质用途的污泥腐熟度要求最高，其种子发芽指数应不低于 75%，这主要是考虑最大化地降低对幼苗的伤害程度，适当提高污泥的腐熟度要求。

表 6-4　　　　　　　　　　　污泥稳定化控制指标

稳定化方法	控制项目	控制指标
厌氧消化	有机物降解率/%	>40
好氧消化	有机物降解率/%	>40
好氧堆肥	含水率/%	<65
好氧堆肥	有机物降解率/%	>50
好氧堆肥	蛔虫卵死亡率/%	>95
好氧堆肥	粪大肠菌菌群值	>0.01

表 6-5　　城镇污泥土地利用过程对种子发芽率指标要求

污泥土地利用方式	园林绿化	土地改良	林地用	农用
种子发芽率	>70%	—	>60%	>60%

6.1.3.5　卫生指标

粪大肠菌菌群值和蛔虫卵死亡率是反映污泥土地利用卫生安全性的最主要两项指标（表 6-6）。现行的污泥土地利用各种用途对于这两项指标的要求较为一致和统一，均要求粪大肠菌菌群值不低于 0.01，蛔虫卵死亡率不低于 95%。这也是保证污泥土地利用时，将病虫污染风险降低至可控范围内，提高污泥在进行土地利用时的卫生安全性。

表 6-6　　城镇污泥土地利用过程对污泥生物学指标要求

污泥土地利用方式	园林绿化	土地改良	林地用	农用
粪大肠菌菌群数	>0.01	>0.01	>0.01	≥0.01
细菌总数（MPN/kgDS）		<10^8		
蛔虫卵死亡率/%	>95	>95	>95	≥95

6.1.3.6　有机污染物指标

对于污泥土地利用过程中的园林绿化、土地改良、农用及林地用，其对污泥的有机污染物含量的要求见表 6-7，涉及硼、矿物油、苯并芘、挥发酚、总氰化物、可吸附有机卤化物（以 Cl 计）、多氯联苯、多环芳烃共 8 项指标。其中园林绿化、土地改良、农用及林地用等污泥土地利用过程均对矿物油含量进行了规定，以 A 级污泥农用最为严格；污泥在土地改良利用过程及园林绿化利用过程中对硼、可吸附有机卤化物（以 Cl 计）2 项指标进行了规定，各污泥利用途径对上述 2 项指标的规定完全一致，但污泥林地利用及污泥农用并未对上述 2 项指标进行规定。污泥林地用及农用中对苯并芘、多环芳烃进行了规定，其中 A 级污泥农用对上述 2 项指标要求最为严格，但污泥园林绿化利用及土地改良利用对上述 2 项指标并未进行规定。需要特别指出的是，污泥土地改良利用对挥发酚、总氰化物、多氯联苯进行了规定，但污泥园林绿化、农用及林地用对上述 3 项指标未进行规定。总体来看，A 级污泥农用及污泥在酸性土壤中的施用对污泥中有机污染物的要求相对较高。

表 6-7　　城镇污泥土地利用过程对污泥有机物指标要求

污泥处理处置过程	园林绿化用泥质 /(mg/kgDS) 酸性土壤 (pH<6.5)	园林绿化用泥质 /(mg/kgDS) 中性和碱性土壤 (pH≥6.5)	土地改良用泥质 /(mg/kgDS) 酸性土壤 (pH<6.5)	土地改良用泥质 /(mg/kgDS) 中性和碱性土壤 (pH≥6.5)	林地用泥质 /(mg/kgDS)	农用泥质 /(mg/kgDS) A 级污泥	农用泥质 /(mg/kgDS) B 级污泥
硼	<150	<150	<100	<150			
矿物油	<3000	<3000	<3000	<3000	<3000	<500	<3000
苯并芘					<3	<2	<3
挥发酚			<40	<40			
总氰化物			<10	<10			

续表

污泥处理处置过程	园林绿化用泥质/(mg/kgDS)		土地改良用泥质/(mg/kgDS)		林地用泥质/(mg/kgDS)	农用泥质/(mg/kgDS)	
	酸性土壤(pH<6.5)	中性和碱性土壤(pH≥6.5)	酸性土壤(pH<6.5)	中性和碱性土壤(pH≥6.5)		A级污泥	B级污泥
可吸附有机卤化物(以Cl计)	<500	<500	<500	<500			
多氯联苯			0.2	0.2			
多环芳烃					<6	<5	<6

6.1.4 土地利用技术要点

污泥进行土地利用的主要技术要点包括腐熟度、施用量、病虫害、盐分、杂草、施用点周边水体敏感性、围挡与覆盖、定期监测与备案等。

6.1.4.1 腐熟度

未经无害化和稳定化处理的污泥，其腐熟度较低，并不适合直接作为有机肥或基质使用，需要经过好氧发酵预处理，保证其有机质趋近稳定，以种子发芽指数为表征的腐熟度，一般不低于60%，才能作为有机肥使用，如果在容器育苗基质上使用，腐熟度要求更高，须达到75%以上才能保证对容器幼苗的伤害减少至最低。腐熟污泥所含的有机质由不稳定态逐渐转化为以富里酸、胡敏酸为主的腐殖质，腐殖质的性质更接近土壤中的有机物，对作物的生长发育具有良好的促进效果。总而言之，腐熟度是污泥进行土地利用的重要参考指标，如腐熟度不达标，直接进行土地利用，不仅对施用土壤的生态结构造成不良影响，也会直接造成养分供应对象的生长受影响，造成生理性胁迫。

6.1.4.2 施用量

污泥土地利用的施用量应结合使用对象的养分需求、土壤养分供应特性和土壤环境容量来综合确定。一般来说，年度施用量以 $60t/hm^2$ 为基准，可上下浮动。对于农业、公园园林绿化等用途而言，污泥施用量可控制在 $4\sim8kg/m^2$（折算为 $40\sim80t/hm^2$）；而在公路绿化和树木、林地等用途领域，则可适当提高污泥施用量，一般最高不超过 $100t/hm^2$。在草坪基质生产上的施用量，应依据传统草坪生产基质替代比例来确定，一般来说，部分替代甚至全部替代草坪的根植土壤或营养土是完全可行的，前提是要控制和解决好盐分、腐熟度、基质韧性等技术问题，保证污泥的使用不会对草坪草产生生理毒害或影响成坪草皮的质量。废弃或抛荒的土地改良以污泥作为生态恢复手段是污泥资源化利用的一个良好途径，其用量要结合生态恢复工程条件而定，但总体而言，其年度施用量要较其他用途低一些，一般不高于 $30t/hm^2$ 的施用最高限。在容器育苗上使用腐熟污泥，可将其视为营养土，适当增加污泥的使用比例。从目前已获得的实验结果来看，污泥在容器育苗基质中替代比例达到60%~70%，对育苗的影响完全可控，包括重金属残量、盐分等影响与正常基质差异不显著。因此，从施用量的角度来看，容器育苗基质是消纳污泥的一个重要途径，不仅循环利用了作为废弃物的污泥，还可替代草炭土等不可再生资源。

6.1.4.3 病虫害

污泥因来自污水处理后的剩余沉淀物，因此污泥中含有大量的细菌、病毒和蛔虫卵等有害生物，甚至其中一部分为人畜共患病，因此在污泥进入土壤或开展土地利用前，务必要进行无害化处理，通过高温高压或其他物理性技术措施，灭活大部分病原菌和蛔虫卵，使其在施用后在卫生方面不致发生流行性传染病的隐患。

6.1.4.4 盐分

污泥中含有较高浓度的盐离子，且类型复杂，包括钠、钾、钙、氯、硫酸根、硝酸根等。与正常使用的土壤相比，一般盐离子含量高出数十倍，如未经脱盐处理直接施用于土壤或基质中，无疑会超出作物的生理忍耐阈值，造成较为严重的盐害，同时长期使用盐分含量较高的污泥也会造成土壤板结现象，对土壤理化结构也会产生破坏。脱盐措施包括淋洗、加大喷灌量、掺加稀释材料等。淋洗是污泥脱盐的一种直接有效的技术措施，但也存在一定的副作用，即伴随着有害盐离子的洗脱，养分也会部分被洗脱掉，因此如何在养分元素流失和盐分胁迫之间找到合理的平衡点，是污泥淋洗脱盐的技术关键点。结合试验积累数据，一般而言，洗脱用水为污泥体积的 2～2.5 倍时，污泥的盐分洗脱效果较好，养分流失控制得当。

6.1.4.5 杂草

污泥从来源途径向上追溯，果蔬洗涤等废水中存在的一定量杂草种子会伴随着污水处理过程沉淀至污泥中，在进行污泥无害化处理时，其外壳较为坚硬，温度并未达到种子失活限值，因此在污泥施用于土壤或基质后仍存在萌发活性的可能。在进行后续的土地利用时，特别是在草坪或育苗基质上开展应用，杂草伴生萌发是一个重要的生物风险因素。在最近开展的实地实验中发现，腐熟污泥以基质形式应用于草坪生产，在草坪成坪后，伴生的杂草密度较为突出，甚至影响到成坪售出草皮卷的商品质量和价格。通过比较分析实施区域周边的杂草种类，发现并非为本土杂草种类，预测这些伴生杂草来自污泥中的杂草种子萌发。因此，从生物性安全角度来看，杂草伴生仍然是值得污泥土地利用风险构成因子之一，应引起足够重视。

6.1.4.6 施用点周边水体敏感性

从目前污泥造成的污染事件来看，大部分为污泥冲刷后对周围水体造成点源污染，因此污泥施用可能引起的水体安全性应引起足够重视。国外研究结果表明，在施用点连续施用污泥 3 年后，随着污泥施用量的增加，施用点地下水的电导值（EC）、COD、硝酸盐含量直线上升，特别是超过 $50t/hm^2$ 污泥施用量后，这种现象表现得更为明显。这充分说明，污泥施用引起的污染物向地下纵向渗流仍存在，需要重点关注其污染风险。与此同时，污泥在特殊地点或区域施用时，由地表径流可能引起的污染风险也应引起重视。

因此在重要水源地，如一个城市重要的饮用水水源地，其周边 1km 内是禁止进行污泥土地利用的，这也是对从地下渗流和地表径流等水体运移方式造成污泥中污染物转移引起污染的重要原则性防范措施。同样地，在一些洪水等频繁爆发的地区，污泥的土地利用也应采取谨慎态度，施用量减半或完全不能进行土地利用。

6.1.4.7 围挡与覆盖

围挡措施是污泥进行土地利用可能由径流引起污染的重要环境安全性保障措施。一般来说，15°角是应该建立围挡设施的角度阈值。施用点与地表面角度超过15°，在其坡地上开展污泥土地利用时，原则上应该在下坡处设置围挡，防止由于污泥溢流或水体冲刷对下游造成污染。而污泥用于生态修复或植被恢复时，污泥在分批次施用后，应及时覆盖泥土，保证污泥与土壤混合均匀，有助于其熟化，也可避免污泥过度累积施用影响废弃地地力恢复或植被恢复效果。

6.1.4.8 定期监测与备案

污泥进入土壤后，实际上是一个污染物由人为控制转变为自然演化的过程，因此对污染物造成的环境风险应进行长期的定期监测。在国外，如美国和欧盟的污泥土地利用法规或指导规程里，对定期的监测均做出了详细规定和要求。我国的国情与欧美国家差异较大，因此尽管也制定了较为细致的定期监测事项，且与欧盟已成型的法规相似度很高，但对于监测的边界时间尺度、监测频率、监测指标等，应根据施用量、施用对象、施用点土壤类型、周边地势或水体敏感度等，有所差异化。同时，对于污泥的去向也应进行备案记录，污泥产出单位、使用单位和监管单位应实行联单制度，形成一个污泥跟踪体系，保证污泥的去向有据可查。对于污泥定期监测的结果和数据，也应向污泥监管单位或环保监管部门及时备案登记，在产生环境污染事件时，可随时调出监测数据，对于保证污泥土地利用环境安全性有着重要的档案意义。

6.1.5 污泥土地利用环境污染风险分析及控制

城镇污水处理厂污泥土地利用的潜在风险主要有重金属、持久性有机物等，所以对污泥土地利用需要进行风险分析和控制。

6.1.5.1 潜在风险

1. 重金属风险

污泥发酵产物在土地利用过程中，重金属会在土壤及植物体内累积，还可通过径流和淋洗作用污染地表水和地下水，因此污泥发酵产物土地利用会增加重金属污染风险。研究表明，短期施用污泥发酵产物不会造成土壤重金属污染，但长期施用重金属含量高或污泥发酵产物施用过量会造成土壤表层重金属超标。

2. 重有机污染物风险

城镇生活污水中的大部分有机污染物在污水污泥处理过程中得以降解，但少量的难降解有机污染物（如多环芳烃、可吸附有机卤化物等）会残留在污泥发酵产物中，污泥发酵产物土地利用可能会对环境产生一定的影响。有机污染物具有高毒性和生物富集性的特点，当污泥发酵产物施用于土壤后，有机污染物会通过挥发、吸附、淋滤、微生物降解、植物吸收等方式进一步减少，少量的有机污染物会在土壤中累积，进而影响土壤质量、土壤微生物群落、植物生长等。一般而言，污泥中的有机污染物经过稳定化、无害化处理后可以满足土地利用的要求。

6.1.5.2 安全施用量

对于含有重金属、有机污染物和病原菌等的污泥，进行土地利用时如果施用不当就可能导致土壤、地下水受到污染。因此，污泥土地利用的关键在于污泥土地利用的土壤环境容量的确定，即土壤对污泥中的营养元素、重金属和有机污染物等的容纳能力的确定，目前，主要是根据重金属的环境容量和植物对氮素的需求量来决定污泥的施用量，而重金属的环境容量是处于一定区域和期限内的土壤所能容纳污染物的最大负荷量,包括静态容量和动态容量。

6.2 污泥卫生填埋

6.2.1 污泥填埋方式

污泥填埋方式主要分为单独填埋和混合填埋两种。污泥单独填埋需在专门填埋污泥的填埋场进行填埋处置,该种方式在美国有所应用,在其他国家和地区应用极少;污泥混合填埋是指在城市生活垃圾填埋场将污泥与城市生活垃圾进行混合填埋(含污泥作为填埋场覆盖材料利用),该种方式应用较多,是主要的污泥填埋方式。污泥单独填埋有3种方法:沟填法、平面式填埋法和堤坝式填埋法。污泥填埋方法的选择主要取决于填埋场地的特性和污泥含水率。

6.2.1.1 单独填埋

1. 沟填法

顾名思义,沟填法即是挖沟填埋污泥的方法。沟填要求填埋场具有较厚的土层和较深的地下水位,以保证开挖的深度,并同时保留足够的缓冲区。沟填的需土量相对较少,开挖的土方基本满足污泥日覆盖土的用量。

根据沟宽度的不同又将沟填法分为宽沟填埋和窄沟填埋两种类型,沟宽度大于3m的为宽沟填埋,小于3m的为窄沟填埋,两者在操作方法上有所区别。宽沟填埋的机械可在地面上或沟槽内操作,在地面上操作时,污泥的含固率要求为20%~28%;在沟槽内操作时,污泥含固率要求大于28%。宽沟填埋可在沟槽内铺设防渗和排水衬层。窄沟填埋的机械只能在地面上操作,该方法可用于含固率较低的污泥填埋,但其单层填埋厚度仅为0.6~0.9m,土地利用率较低,且由于沟槽太小,不具备铺设防渗和排水衬层的条件,环境风险较大。

沟槽的长度和深度应根据填埋场地的具体情况确定,如地下水位的高低、基岩的深度、土层的性质以及机械的性能等。

2. 平面式填埋法

平面式填埋法是将污泥堆放在土地表面上,再覆盖一层泥土,因其不需要挖掘操作,所以该方法适用于地下水位较浅或土层薄的场地。平面式填埋的操作机械需在填埋体上部进行,因此,要求填埋物料必须具有足够的承载力和稳定性。单独填埋的污泥一般达不到上述要求,需掺入一定比例的泥土。

平面式填埋法又可分为土墩式和分层式两种方式。土墩式填埋一般要求污泥含固率大于20%,泥土和污泥的混合比一般为0.5~2,由所要求的稳定性和承载力决定。混合堆料的单层填埋高度约为2m,中间覆土层厚度为0.9m,表层覆土厚度为1.5m。土墩式填埋的土地利用率较高,但掺入泥土比例较大,增加了操作费用。分层式填埋对污泥的含固率要求可低至15%,泥土与污泥的混合比一般为0.25~1。混合堆料分层填埋,单层填埋厚度为0.15~0.9m,中间覆土层厚度为0.15~0.3m,表面覆土层厚度为0.6~1.2m。为防止填埋物料滑坡,要求填埋完成后的终场地面平整稳定,所需后续维养少,但填埋量通常较小。

3. 堤坝式填埋法

堤坝式填埋是指在填埋场地周边建有堤坝或是利用天然地形（如山谷等）对污泥进行填埋，污泥通常由堤顶或山顶向下卸入，所以顶部的运输通道必不可少。

堤坝式填埋对填埋物料的含固率要求与宽沟填埋类似。在地面上操作时，污泥含固率要求为 20%～28%，中间覆土层厚度为 0.3～0.6m，表面覆土层厚度为 0.9～1.2m；在堤坝内操作时，一般需掺入一定比例的泥土，泥土与污泥的混合比为 0.25～1，相应的含固率要求大于 28%，中间覆土层厚度为 0.6～0.9m，表面覆土层厚度为 1.2～1.5m。堤坝式填埋法最大优点是填埋容量大，但必须铺设防渗和排水衬层，并设置渗滤液收集和处理系统。

6.2.1.2 混合填埋

污泥与生活垃圾混合填埋，原则上污泥必须进行稳定化、卫生化处理，并满足垃圾填埋场填埋土力学要求，且污泥与生活垃圾的质量比即混合比例应<8%。污泥与生活垃圾混合填埋时，必须首先降低污泥的含水率，同时进行改性处理，可通过掺入矿化垃圾、黏土等调理剂，来提高其承载力，消除其膨润持水性，避免雨季时污泥含水率急剧增加，无法进行填埋作业。混合填埋要求污泥含固率不小于 40%，中间覆土层厚度为 0.2～0.3m，表面覆土层厚度不小于 0.8m。污泥用作垃圾填埋场覆盖土时含固率应大于 55%，同时要求横向剪切强度应大于 25kN/m²。

我国 2009 年颁布的《城镇污水处理厂污泥处置 混合填埋用泥质》（GB/T 23485—2009）对污泥混合填埋的泥质要求做了详细的规定，污泥混合填埋泥质要求除执行上述标准外，还需满足《生活垃圾填埋场污染控制标准》（GB 16889—2008）的要求。

6.2.2 污泥填埋预处理技术

6.2.2.1 污泥填埋准入条件

污泥的土力学特性包括渗透性能、抗剪、抗压性能和压实性能、压缩固结特性等。渗透性能通常是通过渗透试验测定污泥的渗透系数来表征的；抗剪、抗压性能是通过剪切试验测定污泥的抗剪强度、内摩擦角和凝聚力、抗压强度等来表征的；压实性能是通过击实试验测定污泥的最大干密度和最优含水率来表征的；压缩固结特性是通过压缩固结试验测定污泥的压缩系数和固结系数，以计算料体的沉降量和沉降速率。污泥的土力学特性直接影响到污泥填埋操作和填埋场的边坡稳定性。

为提高污泥填埋过程中的安全性，保证填埋场的正常运行，综合国内外相关技术标准，提出污水处理厂污泥进入填埋场的准入条件，主要指标详见表 6-8。

表 6-8　　　　　　　　　　　　污泥进行填埋的条件

项　　目	准入条件	项　　目	准入条件
含水率/%	≤60	渗透系数/(cm/s)	10^{-6}～10^{-5}
无侧限抗压强度/kPa	≥50	臭度	<3（6级臭度强度法）
十字板抗剪强度/kPa	≥25		

在这些准入条件中，含水率的规定是为了辅助达到抗压强度和抗剪强度，同时为了方便现场操作；无侧限抗压强度和十字抗剪强度的规定主要是为了保证污泥的承压性能，以

满足填埋机械作业要求；渗透系数的规定是为了能顺利排出雨水；臭度条件是为了保证污泥能满足填埋场的环境卫生要求。经过普通脱水处理的污泥，含水率一般在80%左右，强度过低，不能满足上述填埋的准入条件。因此，污水处理厂污泥在进入填埋场前需采取必要的工程措施，掺入一定比例的改性剂，均匀混合并经过一定时间的简单稳定化处理来降低污泥的含水率，提高污泥的承载能力，同时消除其膨润持水性，以达到污泥填埋的标准。

6.2.2.2 污泥与矿化垃圾混合预处理

矿化垃圾，严格地说应该是指基本稳定或是部分稳定化的垃圾，并不是完全无机化或矿化的垃圾，一般是指封场8年以上的陈垃圾，其中大部分不稳定易分解的有机物或被微生物利用形成甲烷、二氧化碳和水等物质，或形成了在自然界中相对稳定的腐殖质。

矿化垃圾数量充足，可在填埋场中就地取材，将污泥填埋于已有的垃圾填埋场时，可优先考虑采用污泥与矿化垃圾混合预处理的方法。因开采矿化垃圾而腾出的空间可以继续填入垃圾或污泥，可实现填埋场空间的循环利用，工程上具有很大的实用价值。

国内研究表明，矿化垃圾与污泥混合比例达到1:2时，混合料的性能即可达到污泥填埋的技术标准，在实际工程中，还需根据污泥的泥质和矿化垃圾的特性，通过混合试验结果分析确定具体的混合比例。

6.2.2.3 污泥固化和稳定化预处理

污泥固化是指应用物理/化学的方法将污泥颗粒胶结、掺和并包裹在密实的惰性基材中，形成整体性较好的固化体的过程，所使用的惰性材料为固化剂，固化过程的产物称为固化体。污泥稳定化是将有毒有害污染物转变为低溶解性、低迁移性及低毒性物质的过程。稳定化过程可通过物理法或化学法实现，物理法是将污泥与其他疏松物料混合生成粗颗粒的固体；化学法是通过添加化学物质、通过化学反应使污泥中有毒有害物质变成不溶性化合物，能固定在稳定的晶格内。

污泥的固化和稳定化一般同时进行，向污泥中投加固化剂，通过一系列复杂的物理化学反应，将污泥中有毒有害物质固定在固化形成的网链或晶格中，使其转化成类似土壤或胶结强度很大的固体，以满足填埋的技术标准要求。

1. 水泥固化法

水泥是一种无机胶结剂，能与污泥中的水分发生水化反应生成凝胶，将有害的污泥颗粒分别包容，并逐步硬化形成水泥固化体，能将有害物质封闭在固化体内，从而达到污泥无害化、稳定化的目的。水泥固化法具有工艺简单、操作方便、经济有效等优点，但由于固化体孔隙率较大、有浸出风险，且固化后增容比例高达1.5，在一定程度上限制了其大规模的应用。

2. 石灰固化法

石灰固化法也称SSD工法，固化剂的主要成分是生石灰，当石灰与污泥按一定比例混合后，经过水化反应、离子交换反应、灰结反应、碳化反应等系列反应过程，生成一种类似火山岩混凝土的硬物质，即俗称的"火山灰混凝土"。石灰固化法具有固化材料廉价、反应时间短、操作方便等优点，但亦具有增加固化物的质量和体积、易受强酸性环境破坏等缺点。在实际工程应用中，石灰固化法常以飞灰、炉渣、水泥窑灰等作为添加剂。

3. 热塑性固化法

热塑性固化法是利用固化剂的热塑原理将污泥颗粒包结固化，常用的固化剂有石蜡、聚乙烯、沥青和柏油等。所谓热塑性是指物体经加热处理后，物性改变成具有可塑性或利于加工。该方法具有增容少、浸出率低等优点，但投资大，尤其污泥需在干化后才能与热塑物质混合。

此外，固化剂还可采用尿素甲醛聚酯和聚乙烯树脂等物质，在催化剂的作用下，搅拌混合使有机单体在发生聚合作用中将污泥颗粒包结其间形成固化体，该方法称为聚合型固化法。

6.2.2.4 污泥与炉渣混合预处理

炉渣主要包括焰渣、玻璃、陶瓷和砖头、石块等物质，还含有一定的塑料、金属物质和未完全燃烧的纸类、纤维、木头等有机物。研究表明，大部分炉渣颗粒是由完全中空的球体或者内部包有数量众多小球的子母球体所组成，具有不规则多孔海绵状的颗粒，炉渣中有机成分含量很低、安息角高。

当污泥与炉渣混合后，会大大增加污泥的渗透系数、抗压强度和剪切强度，满足填埋机械作业的要求，符合污泥填埋的技术标准要求。污泥与炉渣混合填埋在解决炉渣处置问题的同时，还有利于有毒有害物质的导排和填埋气体的排放。

然而，污泥与炉渣混合面临的较大难题是在温度高时（一般在30℃以上）会产生刺眼刺鼻的恶臭气体，尤其在夏季高温时，产生的臭气不仅严重影响操作工人的身体健康，而且对大气环境造成严重污染。工程中通过施放掩蔽剂（有香气的物质）来掩蔽臭气，同时建设专门的混合作业厂房，设置通风除臭系统，以消除产生臭气的不利影响。除上述几种常用的污泥预处理技术外，还可在污泥中投加泥土、粉煤灰、建筑垃圾等作为改性剂对污泥进行预处理。

6.2.3 污泥卫生填埋工艺

污泥卫生填埋技术是采取必要的工程措施，将污泥与其他物质（矿化垃圾、固化剂等）按一定比例进行混合，提高污泥的土力学性能，满足填埋的技术标准要求后进行填埋处理。污泥卫生填埋工艺由6个作业步骤构成，分别为充分混合、单元作业、定点卸料、均匀摊铺、反复压实和及时覆土。

6.2.3.1 充分混合

污泥填埋前需与所添加的物质按一定的比例充分混合，使得混合污泥的泥质能达到填埋的技术标准要求。

6.2.3.2 单元作业

为便于现场操作，以挡土墙形式在填埋场内开辟若干填埋单元，各填埋单元依次进行填埋作业，能在短时间内封顶覆盖，有利于填埋计划的有序进行。

6.2.3.3 定点卸料

污泥卸料需定点、有序，根据填埋方法和填埋进度的不同设定卸料区，可以使摊铺、压实和覆盖作业更有规划、更加有序。

6.2.3.4 均匀摊铺

卸下污泥的摊铺一般由推土机完成，每次摊铺厚度达30~60cm时，需进行压实处理。

为保证压实的质量，污泥摊铺厚度力求均匀。

6.2.3.5 反复压实

压实是填埋作业中最重要的工序之一。反复压实能有效增加填埋场的容量，延长填埋场的使用年限，充分利用土地资源；能增加填埋体的强度，防止坍塌和不均匀沉降；能减少填埋体的孔隙率，有利于形成厌氧环境；能减少渗入填埋层中的降水量及蝇、蛆的孳生；同时有利于填埋机械的移动作业。填埋场一般应采用压实机和推土机相结合来实施压实过程。

6.2.3.6 及时覆土

覆土是卫生填埋场区别于露天堆放场的特有工序。卫生填埋场除每日用一层土或其他覆盖材料覆盖外，还需进行中间覆盖和终场覆盖。日覆盖、中间覆盖和终场覆盖的功能各异，对覆盖材料的要求也不尽相同。

6.2.4 污泥卫生填埋的关键技术

6.2.4.1 填埋场防渗系统

防渗技术是污泥（垃圾）填埋场的关键技术之一。防渗系统的作用是将填埋场内外隔绝，防止渗滤液进入地下水层，阻止场外地表水、地下水进入场内填埋体以减少渗滤液的产生量，同时也有利于填埋气体的收集和利用。填埋场防渗系统防渗层按铺设的方向不同可分为垂直防渗和水平防渗两种方式，其渗透率要求不大于 10^{-7} cm/s。

1. 垂直防渗

垂直防渗是对于填埋区地下有不透水层的填埋场而言的，在这种填埋场的填埋区四周建垂直防渗幕墙，幕墙深入至不透水层，使得填埋区内的地下水与填埋区外的地下水隔离，防止场外地下水受到污染。垂直防渗方式主要有帷幕灌浆、防渗墙和 HDPE 垂直帷幕防渗，常用于山谷型填埋场工程。

垂直防渗系统包括打入法施工的密封墙、工程开挖法施工的密封墙和土层改性方法施工的密封墙等。打入法施工的密封墙是利用打夯或液压动力将预制好的密封墙体构件打入土体，这种方法施工的密封墙形式有板桩墙、窄壁墙和挤压密封墙；工程开挖法施工的密封墙是通过土方工程将土层挖出，在挖好的沟槽内建设密封墙，墙的净厚度一般为 0.4~1.0m；土层改性方法施工的密封墙是用充填、压密等施工方法使原土孔隙率减小、渗透性降低而形成密封墙，常用的有原状土就地混合密封墙、注浆墙和喷射墙。

垂直防渗的优点是投资相对较小，缺点是防渗密封墙的效果难以保证。

2. 水平防渗

水平防渗是当前使用最为广泛的一种防渗方式，是在填埋场底部及侧边铺设人工防渗材料或天然防渗材料，防止填埋场渗滤液污染地下水和填埋气体的无控释放，同时也阻止周围地下水进入填埋场内。

水平防渗衬层主要包括黏土衬层和人工合成衬层，其中黏土衬层又分为天然黏土衬层和人工改性黏土衬层两种，一般只适用于防渗要求低、抗损性低的条件；而人工合成衬层又称土工膜，是不透水的化学合成材料的总称，常用的土工膜为 2.0~2.5mm 的高密度聚乙烯膜（HDPE），其渗透系数极低，通常为 10^{-13}~10^{-12} cm/s。目前，填埋场水平防渗方式主要就是以土工膜为核心构建的全封闭式的非透水隔离系统，防渗层的典型构造如图

6-1 所示。在实际工程中，应根据填埋场区水文地质条件、填埋材料性质、填埋场防渗及抗损要求、施工水平和经济可行性等因素综合确定渗滤液导流层、防渗层、保护层、过滤层的设置数量（单层、双层）和组合方式。

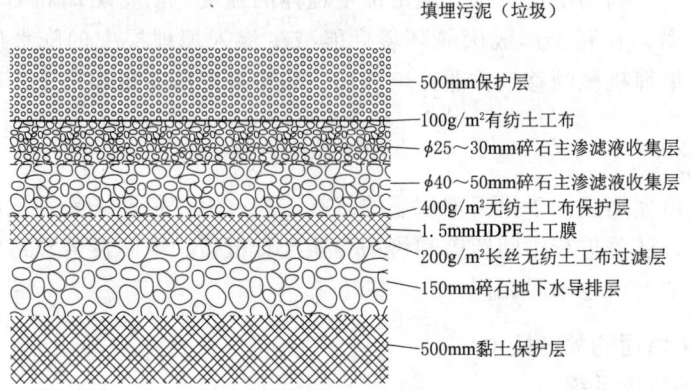

图 6-1 垃圾场水平防渗层典型构造示意图

6.2.4.2 渗滤液收排系统

渗滤液收排系统应保证在填埋场预设寿命周期内能收集渗滤液并将其排至场外指定地点，避免在填埋场底部蓄积，影响填埋场的正常运行。渗滤液收排系统由收集系统和输送系统组成。收集系统是位于填埋场底部防渗层上部、由砂或砾石构成的排水层，排水层内设有穿孔管网，为防止阻塞在排水层表面和穿孔管外铺设无纺布。渗滤液输送系统一般由渗滤液储存罐（池）、泵和输送管道组成，有条件时可利用地形以重力流形式让渗滤液自流至处理设施。典型的填埋场渗滤液收排系统详见图 6-2，主要由以下几个部分组成。

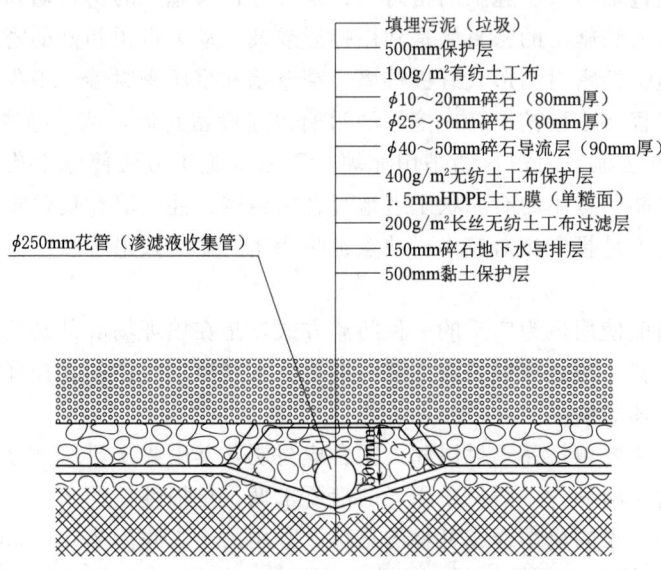

图 6-2 填埋场渗滤液收排系统构造示意图

6.2 污泥卫生填埋

1. 排水层

排水层位于填埋场底部防渗层上部，由砂或砾石构成。排水层内设有盲沟和穿孔管网以及防止阻塞的无纺布。排水层通常由粗砂砾构成，也可使用人工排水网格。当采用粗砂砾时，厚度为30～100cm，需覆盖整个填埋场底部防渗衬层。排水层的渗透系数应大于10^{-3}cm/s，坡度应不小于2%。在排水层和填埋体之间通常设置滤层和保护层，滤层多采用土工布材料以防止小颗粒物质堵塞排水层；保护层多采用矿化垃圾或建筑垃圾，以起到保护排水层和土工膜的作用。

2. 管道系统

收集管道一般在填埋场内平行铺设，位于排水层的盲沟最低处，水平间距一般为6～24m，管道上开孔，以便能及时迅速收集渗滤液。管材多采用HDPE花管，干管管径不小于250mm，支管管径不小于200mm，收集管应具有一定纵向坡度。

3. 输送系统

接纳并贮存收集管道所排出的渗滤液，将渗滤液输送至处理设施，同时进行渗滤液流量的测量和记录。

填埋场渗滤液是一种成分复杂的高浓度有机废水，其水质、水量波动很大，工程上应根据各填埋场的实际情况、参照类似工程经验确定水量，并通过试验摸索确定适宜的处理工艺。

6.2.4.3 填埋气体收集利用系统

填埋气体收集利用系统是填埋场设计过程中需要重点考虑的问题之一，对填埋气体的处理和管理程度是衡量填埋场是否达到卫生填埋场要求的一个重要标志。填埋气体成分复杂，主要成分为CH_4和CO_2，两者所占比例高达90%以上，同时含有有毒有害的微量气体，若无控排放进入大气，会引发温室效应、产生臭味、侵害植被、危害健康、甚至发生爆炸危险，同时也造成了甲烷清洁燃料资源的浪费。因此，建立完善的填埋气体收集利用系统尤为必要。

填埋气体收集系统分为被动收集系统和主动收集系统两种方式。被动收集系统是靠填埋气体自身产生的压力和浓度梯度控制气体的流动，将气体导排至大气或进行控制的系统；主动收集系统是靠泵等耗能设备创造压力梯度来收集气体，覆盖整个填埋场的气体传输网一般由集气井、气体收集支管和总管构成。由于被动收集系统集气效率较低，不能满足对气体充分回收和利用的要求，因此，主动收集系统正逐步替代被动收集系统。

集气井是填埋气体收集系统的核心组成部分，常用的垂直集气井构造如图6-3所示，集气井的井深一般为填埋深度的50%～90%。集气井的间距和布置形式主要根据集气井的影响半径来确定。影响半径指填埋气体能被收集到集气井的距离，即在此距离内的填埋气体均能通过该集气井导排。集气井的间距应根据影响半径按相互重叠原则设计，使影响区相互交叠、避免死区，一般集气井的间距可取25～30m，详见图6-4。

填埋场的产气潜能取决于填埋物质的组成，工程上可依据填埋物的组分采用化学计量计算法、动力学模型法等方法来预测填埋气体的产生量。收集的填埋气体经净化、提纯处理后，可用作燃料、化工原料或用于发电。

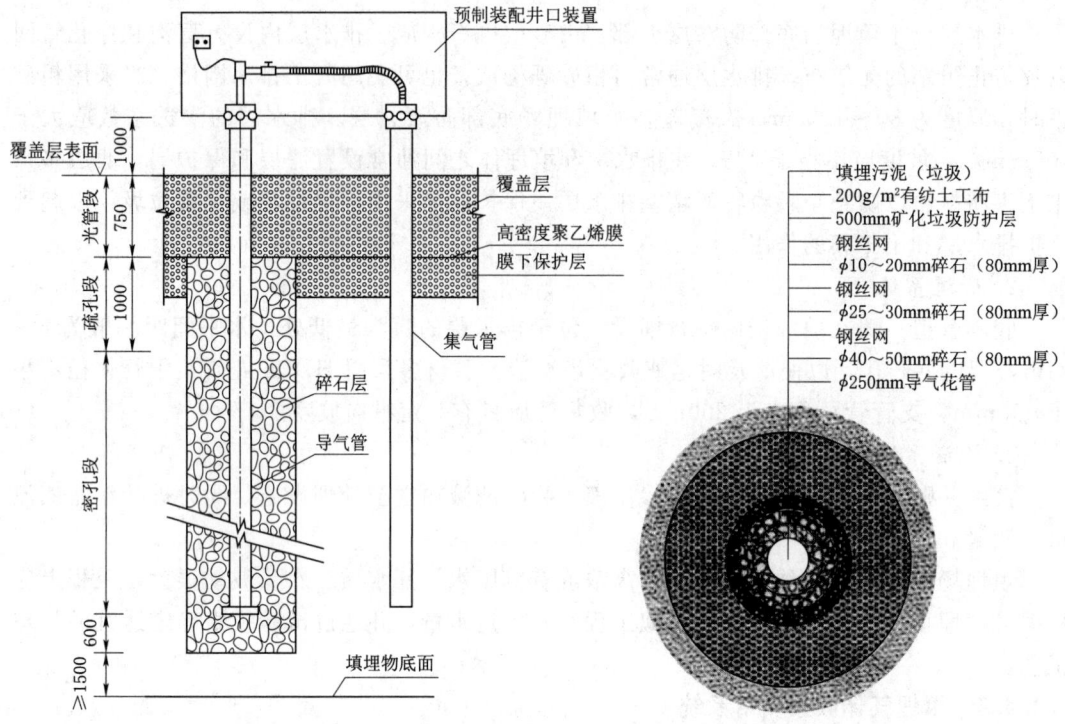

图 6-3 填埋气体集气井构造示意图　　图 6-4 填埋气体收集管构造示意图

6.2.4.4 终场覆盖系统

填埋场的终场覆盖系统是指填埋作业完成之后，在填埋场顶部铺设的覆盖层系统。填埋场的终场覆盖系统为污泥（垃圾）提供覆盖保护。

终场覆盖系统自下而上一般由排气层、防渗层、排水层和植被层4部分组成，其构造如图6-5所示，具体技术参数要求可参照《生活垃圾卫生填埋场封场技术规程》（GB 51220—2017）执行。

1. 排气层

排气层的主要功能为导排填埋气体，一般采用粗粒或多孔材料，如碎石、矿化垃圾或建筑垃圾等，厚度不小于30cm。排气层并非覆盖系统中的必需结构层，填埋废物产气量较大时需设置排气层，若填埋场已设置填埋气体的收集系统可不设排气层。

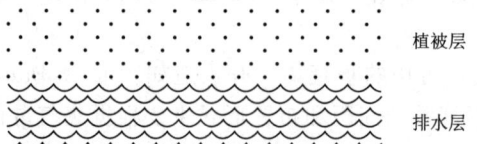

图 6-5 填埋场终场覆盖系统构造示意图

2. 防渗层

防渗层是终场覆盖系统中的关键一层，直接决定着覆盖的效果。防渗层用于阻止雨水渗入填埋场内，同时能阻止填埋气体透过覆盖层向大气的扩散。防渗层可采用黏土、膨润土、土工膜等组成的单层或多层结构，厚度不小于30cm，渗透系数不应大于10^{-7}cm/s。

3. 排水层

排水层宜采用粗粒或多孔材料，厚度为20～30cm，渗透系数一般大于10^{-5}cm/s，不仅可收集、涵养透过植被层的雨水，还可以阻止植物根系对防渗层的破坏，对防渗层起到一定的保护作用。

植被层是填埋场最终的生态恢复层，可以美化环境、防止雨水冲刷，同时有利于地表径流的导排和收集。植被层的厚度应根据选择种植植物的根系深浅确定，一般不应小于15cm。

6.3 污泥建材利用

6.3.1 概述

污泥含有重金属、有机物、致病微生物等污染物，对环境危害严重，其处理处置需要采取有效的控制措施来保证环境的安全性。传统的污泥处理处置方法（例如填埋等）需要足够的用地，而许多城市已经无法提供足够的污泥处理处置用地。建筑材料历来是自然资源和能源的消耗大户，也是废渣等固体废弃物循环利用的重要领域。污泥建材利用可以减少建材及其制品对黏土、天然岩石等自然资源的消耗，部分利用方式还能够充分利用污泥中的燃烧热值。

因此，污泥的建材利用有利于节约资源、能源、用地和保护环境。

近年来，国内外均在探索污泥的建材利用。污泥的建材利用主要是指以污泥作为原料制造各种建筑材料，最终产物是可在工程中使用的材料或制品，典型的有污泥制陶粒和污泥制水泥等。

6.3.2 污泥制陶粒

我国生产的陶粒原来以黏土陶粒为主，而黏土的开采对土地资源和生态环境破坏较大，目前已经逐步转为采用页岩、淤泥和粉煤灰生产陶粒。

污泥是一种黏土质资源，用来配料生产陶粒（用作轻骨料配制轻骨料混凝土），处理成本低于焚烧法，而且在高温焙烧过程中可以氧化有机物、杀灭微生物、稀释并固化重金属，还可以利用污泥中有机质的燃烧热值，是一项比较合理有效的污泥资源化利用技术。

6.3.2.1 制陶粒的原理

陶粒是以黏土、泥岩、页岩、煤矸石、粉煤灰等为主要原料，经加工制粒或粉磨成球，经烧胀或烧结而成的一种人造轻集料。关于陶粒的烧胀，许多专家认为，其原料应当满足下列两个条件才能产生膨胀：第一，它应当有一定的化学组成，并有一定数量的对SiO_2和Al_2O_3起助熔作用的熔剂，使物料在高温下产生足够黏稠的熔融物，以便能够包住气体，产生孔隙；第二，原料应当含有能在物料达到峪融温度时分解放出气体，或是与其他物质反应放出气体的物质。相关研究表明，按照烧制陶粒时所起的作用，原料的化学成分可分为3类：首先是成陶成分，有SiO_2和Al_2O_3，在原料中占3/4；其次是起助熔作用的熔剂氧化物，有Fe_2O_3、CaO、MgO、K_2O、Na_2O等；最后是在焙烧过程中能够产生CO、CO_2等气体的物质。因此生产陶粒不论采用什么原料，不仅对原料的成分有一定的要求，而且原料的化学组成和矿物组成也要在合适的范围，否则达不到上述烧胀的两个条件。

陶粒焙烧试验研究表明，适于生产陶粒的原料的化学成分见表6-9。污泥中二氧化硅等成分含量低，有机质含量较高，不宜直接烧制陶粒。因此，要烧制出合格的陶粒制品，应根据不同类型污泥的化学成分与特性，通过与黏土、粉煤灰、页岩等其他原料混合配料，使之化学组成满足表6-9的要求。

表6-9　　　　　　　　　陶粒原料的化学成分要求

化学成分	SiO_2	Al_2O_3	Fe_2O_3	CaO+MgO	K_2O+Na_2O
含量/%	48~79	8~25	3~12	1~12	0.5~7

6.3.2.2 制陶粒的工艺流程

污泥制陶粒的工艺有两种，一种是利用生污泥或厌氧发酵污泥的焚烧灰造粒后烧结的工艺；另一种是近年来开发的一种以脱水污泥为原料烧制陶粒的工艺。前者是污泥焚烧后再制陶粒，需要单独建设焚烧炉，这种方法能耗大，且未能充分利用污泥中的有机成分。

目前后者应用较多，但后者的工艺中，由于污泥的有机物质含量过高，污泥掺量不能太多，否则陶粒膨胀不好，微孔结构大小不一，甚至出现开裂，影响陶粒性能。当混合料含水率较高时，陶粒的焙烧热耗也较大。因此，受混合料含水率和污泥中有机物质含量的限制，污泥掺入量不能太多。在实际生产中多将污泥作为陶粒烧制中的有机物添加剂，使用量较少，未能达到大量处理脱水污泥的目的。

污泥制陶粒的典型生产工艺流程如图6-6所示。

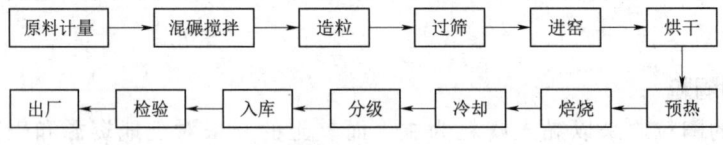

图6-6　污泥制陶粒的典型生产工艺流程图

污泥制陶粒的生产工艺应满足以下环保要求：

(1) 污泥烧制陶粒过程中，污泥中一些重金属容易造成污染，生产过程中应进行技术控制，并制定控制性标准。

(2) 污泥中可能存在其他污染物，如放射性污染物、有机污染物等，应建立安全生产制度并制定控制性标准。

6.3.2.3 制陶粒的工艺控制参数

在污泥制陶粒的生产过程中，包含着物理变化与化学变化的交错进行，变化复杂。从温度由低到高进行研究，陶粒的烧成大致经历了坯料水分蒸发、氧化物分解、石英晶型转变、有机化合物分解及莫来石生成等几个阶段。在整个工艺过程中，应控制好预热和焙烧两个关键工序。预热可避免直接焙烧导致陶粒炸裂，并可利用污泥中有机质的燃烧热值；陶粒焙烧工序直接影响陶粒产品的性能，烧成温度在1100~1200℃为宜。

在一般情况下，宜控制脱水污泥含水率不大于80%，并调整配料用水量；含水率80%的污泥掺量不宜超过30%。

6.3.3 污泥制砖

目前，我国城市污泥的处理处置方式主要有填埋、堆肥和焚烧。填埋占地面积大，污泥脱水成本高，易污染地下水；堆肥农用产生的恶臭扰民，污泥中的重金属和持久性有机污染物会严重污染耕地土壤和农作物；污泥焚烧需要的能耗太高，燃烧过程会产生大量的气态污染物，造成二次污染。因此，寻求更经济可行、科学合理的污泥处理处置方法具有相当的实际价值。利用污泥制砖，具有三大优势：一是烧制过程中，污泥内的有机物质也会燃烧，产生热量，可以节约燃煤；二是杜绝二噁英等有害气体的产生，污泥中的重金属经过高温焙烧，形成稳定的固溶体，不会再次污染环境；三是污泥掺入砖坯后没有炉渣问题，节省了后续处理费用。

6.3.4 污泥制水泥

利用水泥高温炉烧窑炉协同处置城镇污水处理厂污泥也可实现污泥的减量化和资源化。污泥在焚烧过程中，其有机物被彻底分解，病原菌、微生物、寄生虫卵等被净化，重金属得到稀释并固化。同时，水泥生产企业可系统回收污泥中有机组分用于焚烧产生热量，并将燃烧所获得的灰渣作为水泥组分直接进入水泥熟料产品中。

污泥制水泥应注意污泥成分及热值水平与水泥窑生产参数的协调，并应重点关注焚烧灰中重金属的固化效果，以及污泥制水泥的工程应用范围。

6.3.4.1 污泥制水泥的特点

污泥的水泥协同处置是利用水泥窑高温处置污泥的一种方式。水泥窑中的高温能将污泥焚烧，并通过一系列物理化学反应使焚烧产物固化在水泥熟料的晶格中，成为水泥熟料的一部分，同时过程中无残渣飞灰产生，不需要对焚烧灰另行处置，且回转窑内碱性环境在一定程度上可抑制酸性气体和重金属排放，从而达到污泥安全处置的目的。

外运来的污泥焚烧灰渣，可通过水泥原料配料系统处置。

污泥焚烧灰渣作为替代水泥生产原料利用之前，应仔细评估硫、氯、碱等物质可能引起系统运行稳定性及有害元素总输入量对系统的影响。这些成分的具体验收标准，应根据协同处置污泥性质和窑炉具体条件，现场单独进行确定。

众所周知，水泥窑炉具有燃烧炉温度高和处理物料量大等特点，且水泥厂配备大量的环保设施。脱水污泥不仅可用作制造水泥的原料，而且也能起到提供热值的作用。如果不考虑脱水污泥运输费用，利用水泥窑协同处置脱水污泥更为经济，因为避免了大量焚烧炉的使用，从而节约大量建设费用和运行维护费用。由此可见在寻求污泥废物材料利用的过程中，找到了污泥与水泥行业的结合点。

6.3.4.2 制水泥的工艺流程

污泥制水泥的工艺流程同污泥与水泥窑协同焚烧，通常水分含量为60%～85%的市政污泥可以利用水泥窑直接焚烧处置，但由于污泥处置过程中需要吸收大量的水分蒸发热形成水蒸气，导致水泥生产线的高温区域温度有所降低，且总的排气量显著提升，因此其处置规模严格受到水泥产量控制指标及生产线热工制度稳定的要求。一般在减产损失小于5%的前提下，水泥生产线能够处置湿污泥的规格可参考表6-10。

表 6-10　　　　水泥窑直接焚烧湿污泥的处置能力

水泥生产线规模/(t/d)	80%湿污泥处置量/(t/d)	减产水平/%	系统拉风变化/%
2500	100	<5	>7.5
5000	200	<5	>7

对现有主流水泥生产线，在不考虑余热发电的前提下，采用烟气直接干化含水率80%的湿污泥（见图 6-7），其能力约为每1000t熟料生产能力可配置80～100t污泥干化能力。

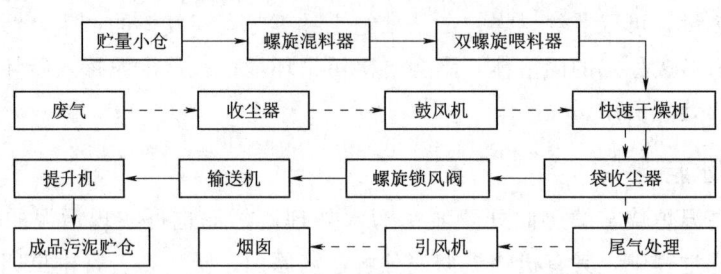

图 6-7　利用水泥窑废热烟气直接干化污泥的工艺流程图

通常水泥生产企业会配置余热发电，水泥生产产生的废热烟气经过余热锅炉回收后首先需要满足生料磨、煤磨物料烘干的供热需求，剩余的热源通常较少，采用烟气直接干化污泥通常需要对余热发电的能力进行调整，或主要用在未配置余热发电生产线中。

6.3.4.3　制水泥的工艺控制参数

利用污泥制水泥尤其适用于混杂有工业污水具有较高的重金属含量的城镇污水处理厂污泥，应满足表 6-11 所示运行控制条件，且污染物排放控制指标应满足表 6-12 的要求。

表 6-11　　　　利用污泥制水泥的技术运行条件要求

项　目	管　理　要　求	备　注
方式	湿污泥＋水泥回转窑	可泵送污泥均可处置
位置	水泥窑窑尾烟室或上升烟道，需设置喷枪	重金属含量超标的污泥
水泥窑改造	1. 水泥窑窑尾烟室耐火材料应改用抗剥落浇注材料； 2. 水泥窑窑尾上升烟道及 C5 下料增设压缩空气炮清结皮； 3. 水泥窑窑尾分解炉缩口相应调整； 4. 窑尾工艺收尘器改造	湿污泥处置规模较大时需要减产，或进行高温风机、预热器系统的针对性改造
主要操作参数	1. 喷枪出口污泥压力：0.5～1MPa； 2. 压缩空气用量：<0.15m³（标）/kg污泥； 3. 入窑热生料控制：SO_3 含量<3.0%； 4. 窑内通风扩大 5%～10%，窑内负压升高 100～300Pa； 5. 三次风阀门应从严控制	湿污泥焚烧量对水泥熟料产量具有直接的影响，减产效果比较明显

表 6-12　　　　污泥制水泥污染物排放水平

项　目	排　放　水　平	采用的净化技术	备　注
粉尘	<15mg/(N·m³)	袋收尘器	利用窑尾现有的袋收尘器
SO_2	0～20mg/(N·m³)	袋收尘器	取决于水泥原料中有机硫的含量

续表

项目	排放水平	采用的净化技术	备 注
NO$_2$	500mg/(N·m^3)	分解炉采用分级燃烧技术	—
	750~800mg/(N·m^3)	分解炉不采用分级燃烧技术	污泥可作为脱硝剂使用
POPs	<0.05ngTEQ/(N·m^3)	袋收尘器吸附	水泥工厂POPs含量低
Hg	<0.05mg/(N·m^3)	窑尾回灰系统改造	部分窑灰作为混合材料使用

6.3.5 污泥制纤维板

活性污泥是用来净化工业废水的一群微生物，它能氧化分解废水中溶解的和胶体态的有机污染物质，凭借分解这些物质得到养分而生长繁殖。相应地要不断排放一部分多余的活性污泥，如何处理它是当前迫切需要解决的问题。国外，大多采取海上投弃、陆上存放和焚烧处理等三种方法。前两种处理，会造成环境污染，焚烧处理被认为是比较有效的办法，但需配备一整套浓缩、脱水、焚烧和除臭的装置，且要消耗一定数量的燃料。通过活性污泥中所含粗蛋白（有机物）与球蛋白（酶）能溶解于水及稀酸、稀碱、中性盐的水溶液这一性质，可制成活性污泥树脂，使之与漂白、脱脂处理的废纤维压制成板材。

6.4 工 程 实 例

6.4.1 江苏金坛污泥制陶粒

6.4.1.1 应用工程概况

金坛区博大陶粒制品有限公司占地面积60亩，位于江苏省金坛区。公司总投资3680万元，拥有两条目前国内规模最大、技术最先进的回转窑陶粒生产线，年产陶粒及陶粒制品20万m^3。目前2条生产线每天可消化80~100t污泥，正常生产时日处理能力可达150~200t。金坛区所有污水处理厂产生的污泥可日产日清，年生产15万m^{3}陶粒。

6.4.1.2 应用工程的处理流程

烧结陶粒主要采用的是回转窑烧制工艺，污泥烧结制陶粒的生产工艺流程见图6-8。

所采用的黏土资源来自薛埠方山的黄色膨润土，将污泥与膨润土经混合匀化、陈化堆棚、对辊制粒、回转窑烧制等制成陶粒，实现污泥无害化、资源化、效益化处理并利用，而且每吨污泥处理费用只要五六十元，产生效益却是它的十多倍。

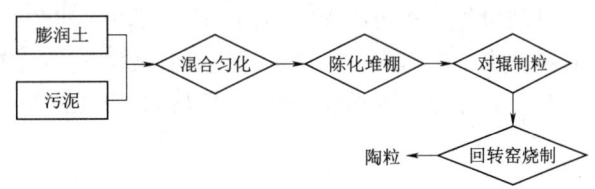

图6-8 金坛污泥烧结制陶粒生产工艺流程

该工艺烧制的是新型绿色建材陶粒。

6.4.2 上海水泥厂利用污泥制水泥

6.4.2.1 应用工程概况

上海水泥厂创建于1920年，是中国建设的第一家湿法水泥厂，是国内的现代大型企业之一。厂址位于上海市龙华地区，濒临黄浦江西岸。厂区占地面积 30 多万 m^2，沿江黄金岸线长达 1000m，该厂水泥商标为著名品牌"象牌"，年产硅酸盐水泥 120 多万 t 及多种特种水泥，拥有两个硅酸盐水泥生产分厂及一家日产熟料 2000t 的新型窑外分解工艺生产线合资企业，全厂现年粉磨能力已达 $8×10^5$t，近年散装水泥发货量占总产量 90% 以上。该厂开发了多种特种水泥，如 SZ-1 型彩色硅酸盐水泥等。

6.4.2.2 应用工程的处理流程

污泥制水泥主要采用的是回转窑烧制工艺，其主要工艺流程如图 6-9 所示。

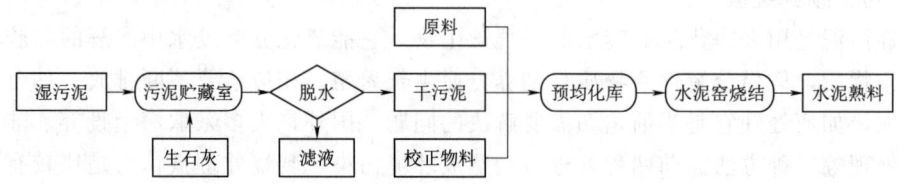

图 6-9 上海水泥厂污泥制水泥工艺流程

污泥由封闭的车辆运送到上海水泥厂指定的堆放处，污泥在卸下的过程中掺入生石灰以消除恶臭。然后，污泥被送入脱水装置，使含水率进一步降低。通过对污泥的理化特性分析后加入校正原料，然后将其作为生料成分送入窑中，在 1350～1650℃ 的高温中与其他原材料一起烧结。回转窑中的碱性气氛将污泥灰中的酸性有害成分变为盐类固定下来，例如：污泥中的硫化氢因氧的氢化和硫化物的分解后的产物被 CaO、R_2O 吸收形成二氧化硫循环，在回转窑的烧成带形成 $CaSO_4$、R_2O_4 固定在水泥中。

经回转窑煅烧后的污泥已变为熟料的成分，经权威机构检测结果符合质量标准。污泥中的重金属残渣跟其他物料发生液相和固相反应，重金属元素被固定在熟料矿物的晶格中，没有残渣单独排出。污泥经过水泥窑处理生产出的水泥经水化硬化成为水泥石，进行浸出毒性鉴别时的浸出液中重金属含量极少，不会造成污染。污泥掺加比例高达 20% 时生产的熟料可与混合材一起磨细，制成矿渣硅酸盐水泥和普通硅酸盐水泥，实践证明使用效果一样且质量完全可靠。

上海水泥厂采用污泥制备水泥过程中的各环节包括：生石灰除臭、加校正原料、人工费、管理费等，费用约 60 元/t 污泥。而单独建焚烧厂处理污泥的费用较大，管理控制不当容易产生二次污染，采用水泥厂已有焚烧炉及二次污染防护设备及措施不仅有效地处理了产生量日益增大的污泥，而且可以作为水泥原料中的有效成分，节省了经济成本。

第 7 章

污泥处理处置监管与风险控制

【学习目标】
　　学习本章，要熟悉污泥处理处置安全管理基本规范，了解污泥处理处置的外部监管；了解污泥处理处置过程的水、气、土壤等环境风险；了解污泥处理处置过程的应急管理与风险控制。

【学习要求】

知识要点	能 力 要 求	相 关 知 识
污泥处理处置的监管	(1) 熟悉污泥处理处置安全管理基本规范； (2) 了解污泥处理处置的外部监管	(1) 污泥处理处置安全管理基本规范； (2) 污泥处理处置的外部监管
污泥处理处置过程的环境风险	(1) 熟悉水环境风险； (2) 熟悉大气环境风险； (3) 熟悉土壤环境风险	(1) 水环境风险； (2) 大气环境风险； (3) 土壤环境风险
污泥处理处置过程的应急管理与风险控制	(1) 熟悉污泥处理处置过程的应急管理； (2) 了解污泥处理处置过程的风险控制	(1) 污泥处理处置过程的应急管理； (2) 污泥处理处置过程的风险控制

7.1　污泥处理处置的监管

7.1.1　污泥处理处置安全管理基本规范

7.1.1.1　污泥处理处置安全管理基本原则

　　在污泥处理处置的生产过程中，会产生一些危险因素，如果不采取防护措施，会危害劳动生产者的安全和健康，引发工伤事故或引发职业病，妨碍生产的正常运行。因此确保安全生产是污泥处理处置工艺正常运转的前提条件。

　　在污泥处理处置安全生产工作中，必须贯彻执行我国劳动保护法规。我国主要的劳动保护法规有《工厂安全卫生规程》《建筑安装工程安全技术规程》《工人职员伤亡事故报告规程》和国务院关于加强企业生产中安全工作的几项规定。此外还要贯彻执行地方政府和上级部门制定的安全生产、劳动保护条例和制度。这些法规和制度是污泥处理处置开展安全生产劳动保护工作的依据和准则。

　　在劳动保护工作中必须贯彻我国劳动保护工作的指导方针，牢固树立"安全第一、预防为主"的思想。正确处理好"生产必须安全，安全促进生产"的辩证关系。务必把污泥处理处置过程中的危险因素和职业危害消灭在萌芽之中，切实保障劳动者的安全和健康，确保污泥处理处置工艺的正常运行。

7.1.1.2　污泥处理处置安全生产制度

　　为保障安全生产，应建立一系列制度，例如：安全生产责任制、安全生产教育制、安全生产检查制、伤亡事故报告处理制、防火防爆制度、各种安全操作规程，以及安全生产奖罚条例。

(1)"安全生产责任制"是指根据"管生产必须管安全"的原则，以制度形式明确规定污泥处理处置单位各级领导和各类人员在生产活动中应承担的安全责任。它是污泥处理处置单位岗位责任制的一个重要组成部分，是污泥处理处置单位最基本的一项安全制度。它规定了污泥处理处置单位的各级领导、各职能部门、安全管理部门及单位职工的安全生产职责范围，以便各负其责，做到计划、布置、检查、总结和评比安全工作，从而保证在完成生产任务的同时，确保安全生产。

(2)"安全生产教育制"是指对新员工必须进行三级安全教育，经过考试合格后，才准许独立操作设备。对从事电器、起重机、锅炉、受压容器、焊接、车辆驾驶等特殊工作的工人，必须进行安全技术培训，经考试合格，领取"特殊工种操作证"后方可独立操作。污泥处理处置单位必须建立安全活动制度，在调动工种或更新设备后都必须向工人进行相应的安全教育。

(3)"安全生产检查制"是指工人在上班前，对操作的设备和工具必须进行检查；生产班必须定期对班内机具和设备进行安全检查；厂部由领导组织定期安全生产检查，对查出的问题要逐条整改；在大型法定节假日前，组织安全生产大检查。

(4)"伤亡事故报告处理制"是指要认真贯彻执行国务院发布的《工人职员伤亡事故报告规程》，凡是出现人身伤亡事故或重大事故隐患，必须严格执行"三不放原则"(事故原因分析不清不放过；事故责任群众没有经过安全教育不放过；防范措施不落实不放过)。发生重大人身伤亡事故要立即抢救伤者，保护现场，按规定期限逐级报告，对事故责任者应根据责任轻重、损失大小、认识态度提出处理意见。对重大事故隐患要及时召开现场分析会。对因工负伤的职工和死者家属要亲切关怀，做好善后处理工作。

(5)"防火防爆制度"规定了以下几点：消防器材和设施的设置问题；木工间、油库、消化池和贮气柜等易发生火灾、爆炸事故的地点附近严禁火种带入；电气焊器材和电焊操作的防火问题；受压容器的防爆问题。要建立严格的防火防爆制度，并建立动火审批制度，避免引起火灾和爆炸。

为了更好地贯彻执行各项安全生产制度，部分污泥处理处置单位制定了安全生产奖罚条例。对违反国家劳动保护安全生产规定、违反安全生产制度、违反安全操作规程、不履行安全生产责任制的领导和工人进行罚款处理；对在安全生产工作中成绩显著，遵守规章制度，对排除隐患、改进安全设施等有贡献者进行奖励。

7.1.1.3 安全用电

污泥处理处置单位经常要操作机械设备，如刮泥机及其他相关机械设备，而这些机械几乎都是大功率用电设备。因此，用电安全是单位必须重视的生产安全问题，用电安全知识是污泥处理处置单位职工必须掌握的。

相关部门要定期组织对电气设备的安全检查，包括电气设备绝缘有无破损；绝缘电阻是否合格；设备裸露带电部分是否有保护；保护接零或接地是否正确、可靠；保护装置是否符合要求；手提灯和局部照明电压是否安全；安全用具和电器灭火器是否齐全；电器连接部位是否完好等。

污泥处理处置单位职工必须遵守以下安全用电要求：非电工不得拆装电气设备；电气设备金属外壳应有有效的接地线；移动电具要用三眼（四眼）插座，要用三芯（四芯）坚韧橡皮线或塑料护套线，室外移动性闸刀开关和插座等要装在安全电箱内；手提行灯必须采用36V以下的电压，特别是潮湿地点（如沟槽内）不得超过12V；各种临时线必须限期拆除，不能私自乱接；主要使用电气设备在额定容量范围内使用；电气设备要有适当的防护装置或警告牌；要遵守安全用电操作规程，特别是遵守保养和检修电气的工作票制度，以及操作时使用必要的绝缘工具。

7.1.1.4 其他安全问题

污泥处理处置单位、部门还需要做好防溺水和高空坠落工作。露天沉淀池必须设置1.2m高的栏杆，管理人员不得随意越栏工作，池上走道不能太光滑，也不能高低不平，铁栅、池盖、井盖如有腐蚀损坏，需及时替换。

污泥处理处置单位内实验室工作人员需严格遵守实验室相关规定，不得违规操作，如出现安全问题，应按照单位规定追究责任。

7.1.2 污泥处理处置的外部监管

7.1.2.1 污水处理厂的监管

据《中华人民共和国环境保护法》规定，各级人民政府应当统筹城乡建设污水处理设施及配套管网，并保障其正常运行。地方各级人民政府应当对本行政区域的环境质量负责。县级以上人民政府环境保护主管部门及其委托的环境监察机构和其他负有环境保护监督管理职责的部门，有权对本行政区域的环境质量进行监管。城镇污水处理厂是污泥的产生场所和污泥运输的源头，是污泥处置链条的上端。污水处理厂对污泥在其厂内处理处置过程承担污染防治责任；同时污水处理厂作为污泥提供者，有责任对污泥接受单位的资质、能力、工艺进行考察，对处置过程进行跟踪，未经相关的环保部门同意将污泥委托或提供给无资质单位运输和处置的，污水处理厂对运输和处置过程发生的环境污染负主要责任；污泥农用的，污水处理厂对施用污泥产生的短期和长期负面影响负总责。在污泥处理处置方面，针对污水处理厂的监管主要包括以下方面。

1. 泥质泥量监管

泥质泥量监管指标主要有：①污泥产量计量方法，是指城镇污水处理厂对污泥产量的计算方法（如计量方法以及计量单位等）；②污泥含水率，指污泥中所含水分的质量与污泥总质量的百分比；③理论产泥量与实际产泥量之差，指设计城镇污水处理厂时的理论产泥量值减去其实际产泥量值，来核对、验证污泥产泥量的合理性；④出厂泥质指标，判断外运污泥泥质是否满足《城镇污水处理厂污泥泥质》（GB 24188—2009）的要求，并根据污泥泥质判断污泥后期的处理是否安全，确保污泥得到安全的处置。

2. 污泥外运监管

对污水处理厂污泥外运的监管主要包括以下内容：

(1) 要执行转移备案制度，备案表（由污泥产生单位、运输单位和处置处置单位共同填写）经相关部门同意并备案后，方可转移。

(2) 要执行转移联单制度，无转移联单的，运输单位和处置单位不得接收，联单应及时报送相关环保部门（联单一式四联，分别由污水处理厂、污泥运输单位、污泥处理处置单位和相关环保部门留存）。

（3）要建立污泥管理台账，详细记录污泥产生、运输、贮存、处理和处置情况，定期汇总并及时报送相关环保部门。

（4）要建立公示制度，将本厂污泥管理情况在厂门醒目位置公示，接受社会监督，公示内容应包括污泥日产量、外观、性状、处置方式、最终产物去向以及投诉举报电话等。

7.1.2.2 污泥运输单位的监管

污泥运输是指将污泥从污水处理厂运送到污泥无公害化处理设施的外运过程，是污泥处置的一个重要环节。污泥运输单位则是污泥处置的又一个责任主体。对污泥运输单位的监管主要包括运输资质、运输路线、运输过程、运输管理制度等内容。

1. 运输资质

污泥运输单位应当具有相关运营资质，不得委托给个人运输；污水处理厂或处理处置单位自行运输的，其运输车辆应当采取密封、防水、防渗漏和防遗撒等措施，在驶出装卸现场前，应将车辆槽帮和车轮冲洗干净，不得带泥行驶，冲洗废水进入污水处理系统，不得外排。

2. 运输路线

污泥运输应按相关管理部门批准的路线和时间段行驶，运输路线尽可能避开居民聚居点、水源保护区、名胜古迹、风景旅游区等环境敏感区。

3. 运输过程

运输单位应对污泥运输过程进行全过程监控和管理，防止二次污染。运输途中不得停靠和中转，严禁将污泥向环境中倾倒、丢弃、遗撒，运输途中发现污泥泄漏的，应及时采取措施控制污染。

4. 运输管理制度

对运输单位管理制度的监管主要包括如下 6 项内容：①计量方法，指污泥运输单位计量运输污泥量的方法（如计量方法以及计量单位等）；②去向泥量总与运输泥量之差，指运输单位运输污泥量与接收方（污泥无公害化处理设施等）统计的污泥量进行核对，核查污泥是否都得到合理处置；③车辆维修，指运输单位对车辆进行维修管理情况，因为运输污泥的过程中，污泥很容易遗撒到城市路面上，所以对车辆的管理是十分有必要的；④人员培训，指对员工（司机、过磅员等）素质进行的培训，因为在日常工作中可能会遇到很多问题，需要员工有专业的训练来应对这些问题，如运输过程中可能出现污泥的遗撒等情况，需要司机妥善处理；⑤运输管理相关制度，指运输单位针对污泥管理的制度完善程度，有完善的管理制度才能督促运输单位安全合理地处理处置所有污泥；⑥数据的保存，指污泥运输单位对污泥管理统计相关文件及数据的保存。

7.1.2.3 污泥贮存单位的监管

1. 暂时贮存

污泥在污水处理厂和污泥处理处置单位内的暂存场地须硬化，应采取措施防止因污泥和渗滤液渗漏、溢流而污染周围环境及当地的地下水。脱水污泥堆棚或密闭容器的设置应可贮存不低于 7d 额定脱水污泥产生量，污泥堆棚或密闭容器须有通风、除臭措施。

2. 外运贮存

污水处理厂污泥外运贮存的，要在厂内脱水至含水率50％以下。贮存单位设施建设应符合《一般工业固体废物贮存、处置场污染控制标准》(GB 18599—2001)的要求。

7.1.2.4　污泥处理处置单位的监管

1. 处理处置资质

污泥处理处置单位应符合相关资质规定（如领取相应类别的"环境污染治理设施运营资质证书"），并充分考虑处理处置污泥所带来的环境影响，采取措施，控制二次污染和污泥对产品质量的影响以及产品在使用过程中的环境影响。

2. 管理制度

管理制度包括管理台账制度、公示制度及环境监测制度的建立等。

（1）建立管理台账制度。记录污泥接收、贮存、处理处置、最终产物去向台账，定期汇总并及时报送相关环保部门。

（2）建立公示制度。将本单位污泥接收和处理处置情况在厂门醒目位置公示，接受社会监督，公示内容包括污泥来源、处理处置工艺、处理处置能力、污染控制措施、最终产物去向以及投诉举报电话等。

（3）建立环境监测制度。定期对污泥处理处置设施的性能和环保指标进行检测、评价。

3. 污泥处置监管

根据"处置决定处理、处理满足处置、处置方式多样、处理适当集约"的原则，污泥处理设施的方案选择及规划建设应满足处置方式的要求。市政主管部门应加强对污泥处置的监控，不允许将未经稳定化处理的污泥外运填埋。填埋单位应严格执行《一般工业固体废物贮存、处置场污染控制标准》(GB 18599—2001)，未经脱水至60％以下或未进入经建设行政主管部门无害化等级评估合格（ID级以上）的生活垃圾填埋场填埋的，不属于规范化处置方式。污泥填埋场必须严格执行国家和地方标准，加强对场地选择、防漏措施、渗滤液与填埋气体收集与处理、环境影响和安全进行检查和监控。污泥土地利用、焚烧、建材利用等应满足相关泥质要求，市政主管部门应对污泥资源化利用及其终端产品应用的全过程进行严格监管，防止造成二次污染或危害。

污泥处置监管主要是指对污泥无公害化处理设施处置污泥的监管，其监管指标主要有：①处置工艺，指污泥无公害化处理设施处置污泥的工艺，根据泥质指标和工艺条件判断污泥的处置效果，确保处置后的污泥达到国家标准要求；②处置泥量与设计规模之差，指无公害化处置设施实际产泥量与其设计规模差值，用来衡量无公害化处置设施的处置能力；③运入厂泥量与实际处置泥量之差，根据其差值来核对进入设施的污泥是否都得到了处置，确保所有污泥都得到合理处置；④污泥进厂管理，指污泥进入污泥处置设施的管理，监管处置设施对污泥进厂的管理是否完善；⑤数据的管理，指监管污泥处置设施对污泥相关数据记录、保存情况。

产品管理主要是指对污泥运输单位临时处置污泥的监管，监管指标主要有：①产品的贮存，指污泥处置设施对产品的贮存情况，监管产品是否得到合理的贮存以防止其对环境造成二次污染；②数据的管理与保存，指处置设施产品相关数据的管理与保存，核查产品

第7章 污泥处理处置监管与风险控制

是否得到安全处置；③生产产品废渣处理，主要是指对污泥处置设施生产产品过程中产生废渣的监管，防止生产产品废渣对环境造成污染。

7.1.2.5 环保部门的监管

1. 污水处理厂重点检查内容

(1) 是否建立了污泥环境管理的制度和内部监控部门。

(2) 污泥外运处置是否执行了转移备案制度和转移联单制度，备案表及联单是否及时报送相关环保部门。

(3) 污泥产生、临时贮存、外运或自行处置台账是否真实完整，是否定期汇总并报送相关部门。

(4) 污泥产生量与污水处理量是否匹配，是否存在污泥去向不明和去向不合理的情况。

(5) 污泥管理情况公示是否符合要求。

2. 污泥运输环节重点检查内容

(1) 承担污泥运输的单位是否具有相应的运营资质，有没有将污泥委托给个人运输的现象。

(2) 运输车辆是否符合环境保护要求，转移单据是否随车运行。

3. 污泥处理处置单位重点检查内容

(1) 是否具有处理处置资质，是否存在超量接收及违规接收的情况。

(2) 处理处置过程的污染防治措施是否到位，环境监测制度是否落实，监测数据是否达标。

(3) 污泥接收、贮存、处理、处置、最终产物去向的台账是否真实完整，是否定期汇总并按季度报所在地市、县（区）环保部门。

(4) 污泥接收和处理处置情况公示是否符合要求。

4. 泥量核对

泥量数据管理是指对各个环节中污泥信息、泥量核对等的管理。为了能更有效地对城镇污水处理厂进行监管，必须严格核对污泥的产生量、运输量以及处置量，只有将城镇污水理厂、污泥运输单位、污泥处置单位3个环节联系到一起，才能对城镇污水处理厂污泥处理处置的整个过程做出更客观的评判，才能保证所有污泥都得到更安全的处置。因此泥量核对也应该作为一级指标。同时，针对具体环节设置污泥产生、运输以及处置泥量差以及泥量数据管理作为二级指标。污泥产生、运输以及处置泥量差指污泥产生量、运输量以及处置量的核对，将3个环节污泥量进行比较核实，可以更快地发现问题。

7.2 污泥处理处置过程的环境风险

7.2.1 水环境风险

将污泥直接弃置于海洋、河流和湖泊等水体中，会使水体直接受到污染，严重危害水生生物的生存条件，并影响水资源的充分利用。现在此方法已经受到限制，1991年起美国禁止污泥排入大海，1998年欧盟也做了类似的规定。同时，污泥的土地利用也会对水环境造成一定的影响,主要表现在对地下水和地表水的影响两个方面。

7.2.1.1 对地下水的影响

污泥中含有大量的氮、磷、有机质等营养元素,当施用于土壤中,氮、磷元素的含量会随着污泥施用量的增大而增加。污泥中的无机及有机态氮素与土壤胶体间发生各种物理、化学、生物等综合作用,一部分氮素形成N_2、N_2O而逸散到大气中,另一部分经硝化作用而形成硝态氮随水在土壤中移动而污染地下水。

硝态氮不易被土壤胶体所吸附,但易溶于水,在土壤中随水迁移,因而判断污泥中的氮素是否淋失而污染地下水,主要是以硝态氮作为指标。影响硝态氮迁移的因素有很多,如排水量、田间持水量、污泥施入浓度、降雨量等。对于硝态氮在土壤中的行为及污泥氮负荷,由于土壤表层的氧气条件、吸附能力、微生物的活动等均优于底层,因此,土壤底层是含氮化合物迁移、转化较活跃的层次。

7.2.1.2 对地表水的影响

在降雨量较大且土质疏松的土地上大量施用污泥,如果有机物分解速度大于植物对氮、磷的吸收速度,就很可能引起氮、磷随水流失,进入湖泊、水库等缓流水体,造成地表水体的富营养化。水体的富营养化,将促进各种水生生物(主要是藻类)的活性,刺激它们异常繁殖,造成鱼类死亡、水质恶化等危害。另外,水体富营养化将大大促进湖泊由贫营养湖发展为富营养湖,进一步发展为沼泽地。

7.2.2 大气环境风险

在污泥处理处置过程中,污泥中的有机物在适宜的温度和湿度下可被微生物分解,释放出硫化氢等有毒有害臭气,造成地区性空气污染。此外,过量堆积的污泥在一定条件下,还可能发生厌氧消化产生沼气,从而带来自燃和爆炸的安全隐患。

焚烧是污泥处理的一种常用方法,具有减容快、病原菌和微生物消灭彻底的特点,受到国内外的广泛关注。但是焚烧过程如果没有得到很好的控制,可能会产生飞灰、二噁英等二次污染物质。焚烧飞灰产生量约为垃圾焚烧量的3%~5%,由于其富集了大量的有害物质,通常焚烧飞灰都必须按危险废物进行特殊管理,但日益增大的产生量和有限的安全处置设施之间存在巨大的矛盾,实际造成大部分焚烧设施的飞灰都没有实现安全管理,从而给大气环境带来严重的危害。污泥焚烧过程中可能产生二噁英,该类化合物在自然条件下难以分解,能长距离迁移,易在生物体内富集,且可通过食物链放大并进入人体,对人体健康构成巨大的潜在危害。

7.2.3 土壤环境风险

污泥中含有多种病原菌、原生动物、寄生虫以及病毒等有害物质,它们对外界环境具有很强的抵抗能力,可以通过各种途径传播,污染空气和水源,并通过直接接触或食物链危害人类与畜牧的健康,也在一定程度上加速了植物病虫害的传播。常规的灭菌方法只能起到大量减少病原体的作用,不能完全灭活,所以对污泥的土地利用要严格控制。

污泥虽因污水的来源不同,成分有所差异,但一般都含有一定量的重金属。当前在污泥施用对土壤污染的研究中,主要集中在汞、镉、铬、铅等生物毒性显著的重金属元素的污染上,重金属污染以其隐蔽性、潜伏性、长期性和不可逆性造成严重的后果。一般来说，施用污泥后，重金属绝大部分在耕层聚集，其中相当部分以有机质结合态存在，重金属的含量一旦超过土壤的自净能力，就会破坏土壤的正常机能，从而严重影响农作物的产量和品质。对于施用污泥后农作物体内重金属的含量，蔬菜尤其叶菜类蔬菜富集重金属能力较强，而对果实类蔬菜和大田籽粒作物施用污泥相对安全。这是因为重金属即使进入植物体内，也主要分布在根系，其次才是茎叶，果实或籽粒内含量往往最低。

7.3 污泥处理处置过程的应急管理与风险控制

7.3.1 污泥处理处置过程的应急管理

目前，污泥处理处置设施的规划建设普遍滞后于污水处理设施。在污泥处理处置设施建成投入使用前，应采取适当的应急处置措施，严禁将污泥随意弃置。

7.3.1.1 常用处理处置措施及采用原则

常用的污泥应急处置措施为简易存置。简易存置措施可分为两种：①在汛期降雨频繁，且场地开放、无围挡的条件下，将污泥直接堆置成有序的条垛，采取石灰和塑料薄膜双重覆盖的措施，最大限度地降低臭味散失和蚊蝇孳生；②在旱季降雨较少，且场地封闭、有围墙的条件下，将污泥先自然摊晒5～7d，降低含水率后再堆成垛存置。摊晒过程中严密覆盖石灰，堆成条垛后严密覆盖沙土，以减少臭味散失。

简易存置后的污泥，经检测后如符合相关的泥质标准，如《城镇污水处理厂污泥处置 混合填埋用泥质》（GB/T 23485—2009）、《城镇污水处理厂处置 土地改良用泥质》（GB/T 24600—2009）等，则可采用混合填埋、土地改良等方式进行最终处置，避免长期堆放。经检测后如无法满足相关的泥质标准，则应在污泥处理处置设施建成投产后，再将存置污泥回运进行规范处置。

污泥应急处置措施仅限于污泥处理处置设施建成以前使用，一旦设施建成，须立刻停止使用。

污泥应急处置的场地应选择在远离人群集聚区、农业种植区和环境敏感区域。

7.3.1.2 简易存置方式一的操作及管理控制要点

1. 操作模式

(1) 在临时场地中规划好用于卸泥的区域，利用挖掘机依次挖出多条平行浅沟，沟深约0.5m、宽约3～5m。

(2) 将挖出来的土方均匀堆置在浅沟两侧，压实后形成等高的挡墙。

(3) 引导运泥车将污泥依次卸入指定的浅沟内，形成条垛。

(4) 在条垛表面均匀覆盖生石灰，厚度约1～2cm，覆盖必须彻底，不许有污泥外露。

(5) 使用塑料薄膜将整个条垛严密覆盖，并将四边压紧，防止臭味外泄和苍蝇接触。

(6) 定期在薄膜表面喷洒灭蝇药剂，进一步控制蚊蝇孳生。

2. 管理控制要点

(1) 浅沟之间至少留出0.5m的间隔，以便后续操作。

(2) 压实后的挡墙务必确保强度，防止堆置的污泥挤塌外溢。

(3) 在进行撒灰覆膜操作时应注意铺撒全面、覆盖严密，勿留死角。

(4) 每日进行场地巡查，发现薄膜损坏及时修补，避免污泥外露。

(5) 每日监测场地苍蝇密度，发现显著增加时立刻停止进泥，并在全场范围内进行集中、连续的喷药，直至苍蝇密度恢复正常后再开始进泥。

(6) 在揭膜将污泥取出时，需选择风量较大、气压较高的天气进行。揭膜人应站在上风口往下风口顺序揭膜，防止有毒气体瞬间释放致使操作人员中毒。

(7) 堆置后的污泥装车外运时，须严格控制操作面积，做到随揭膜随装车，装车完毕立刻重新严密覆盖，避免污泥外露。

7.3.1.3 简易存置方式二的操作及管理控制要点

1. 操作模式

(1) 在场地中事先规划好用于卸泥的区域，一般为长方形。

(2) 引导污泥运输车将污泥均匀、有序地卸入指定的区域内，利用机械设备将污泥均匀摊开至5~10cm厚。

(3) 在污泥表面均匀覆盖生石灰，厚度约1~2mm，覆盖必须彻底，不许有污泥外露。

(4) 自然晾晒5~7d，污泥含水率降至60%左右后，利用机械设备集中收拢，在指定位置堆成条垛。

(5) 条垛表面严密覆盖沙土，厚度约3~5cm。

(6) 定期对操作场地喷洒灭蝇药剂。

2. 管理控制要点

(1) 污泥卸入场地后需立刻摊开，避免长期堆放产生臭味。

(2) 晾晒至含水率满足要求后，需立即堆成条垛，提高场地利用率。

(3) 将污泥收拢堆垛的过程中，要严格控制操作面积，减少臭味释放。

(4) 每日监测场地苍蝇密度，发现显著增加时立刻停止进泥，并在全场范围内进行集中、连续的喷药，直至苍蝇密度恢复正常后再开始进泥。

(5) 存置后的污泥装车外运时，须严格控制作业面积，逐个条垛依次操作。

7.3.2 污泥处理处置过程的风险控制

污泥处理处置过程中的风险可分为安全风险和环境风险，除了在日常工艺运行过程中，如设备操作、日常维护、生产中常见的安全风险以外，因污泥属于固体废弃物的特殊性质也会引起一系列安全问题；环境风险则是指污泥处理处置工艺中产生的副产物和最终产物如果不经妥善控制处理，仍会对周围环境造成污染。

7.3.2.1 安全风险分析与管理

1. 安全风险因素分析

污泥处理处置过程中，除机械伤害、触电事故等常见安全风险外，还存在一些特殊的安全风险，包括以下几种。

(1) 污泥中含有较丰富的有机质，在汇集、管道输送过程中，由于有机质的腐败，其中部分硫转化成硫化氢，在某些场合如通风不良时会积聚，造成空气中硫化氢浓度过高，危害作业人员（巡检）人员的健康。

(2) 湿污泥在储存过程中发生厌氧消化，生成甲烷等易燃气体，如不及时排除，在湿污泥储仓中积累,有燃烧爆炸的危害。

(3) 干污泥在长期储存过程中,被空气中的氧缓慢氧化导致温度升高,温度升高反过来又促使氧化加快,当温度升高到自燃温度(约180℃)之后就会引起干污泥自燃。

2. 安全风险管理措施

(1) 通风和防暑。为防范生产场所有害气体和高温,需采取以下通风和防暑降温措施:在生产厂房采取自然通风或机械通风等通风换气措施,中央控制室和值班室等设置空调系统。污泥焚烧炉炉壁和管道系统必须具有良好的耐温隔热功能,外表温度低于60℃。

(2) 防爆。脱水污泥储存设施和干污泥仓均有一定量的排出气,两条线的排出气汇入排出气总管,避免排出气直接排放污染环境。在工艺设计中,在可能有燃爆性气体的室内设自然通风及机械通风设施,使燃爆性气体的浓度低于其爆炸下限。

污泥消化池顶部,沼气净化房、沼气柜等防爆构筑物内电气和仪表、照明灯具用隔爆型。电缆采用铠装电缆支架明设或桥梁敷设,绝燃线穿钢管敷设。

(3) 防火。在正常生产情况下,污泥处理处置设施一般不易发生火灾,只有在操作失误、违反规程、管理不当及其非常生产情况或意外事故状态下,才可能由各种因素导致火灾发生。因此,为了防止火灾的发生,或减少火灾发生造成的损失,根据"预防为主、消防结合"的方针,在设计上应根据《建筑设计防火规范》(GB 50016—2014)采取防范措施。

7.3.2.2 环境风险分析与管理

1. 环境风险因素分析

污泥处理处置工程可使污泥予以妥善处置,但对工程周围环境也会产生一定的影响。

(1) 重金属和有机污染物。工业废水含量高的城镇污水处理厂污泥可能含有较多的重金属离子或有毒有害化学物质,如可吸附性有机卤素(AOX)、阴离子合成洗涤剂(LAS)、多环芳烃(PAHs)、多氯联苯(PCBs)、多溴联苯醚(PBDEs)等。

(2) 病原微生物和寄生虫卵。未经处理的污泥中含有较多的病原微生物和寄生虫卵。在污泥的应用中,它们可通过各种途径传播,污染土壤、空气、水源,并通过皮肤接触、呼吸和食物链危及人畜健康,也能在一定程度上加速植物病害的传播。

(3) 臭气。污泥处理处置很多环节都会有较强的臭气产生,污水处理厂内产生臭气的主要设施有污泥调蓄池、污泥浓缩脱水机房、污泥液调节池、污泥干化等设施,污泥填埋、污泥土地利用等厂外处置环节也会有臭气产生。在污泥运输和贮存过程中,也不可避免会有臭味散发到大气中,势必会影响周围地区。

2. 环境风险管理措施

(1) 重金属和有机污染物的控制。应加强污泥中重金属等有毒有害物质的源头控制和源头减量。监督工业废水按规定在企业内进行预处理,去除重金属和其他有毒有害物质,达到《污水排入城镇下水道水质标准》(CJ 343—2010)的要求。污泥土地利用尤其应密切注意污泥中的重金属含量,要根据农用土壤背景值,严格确定污泥的施用量和施用期限。

(2) 病原微生物和寄生虫卵的控制。首先,应加强污泥的稳定化处理,使得污泥中的粪大肠菌菌群数等指标满足《城镇污水处理厂污染物排放标准》(GB 18918—2002)等标准的规定；其次，为了保护公众的健康以及减少疾病传播的潜在危险，需建立一系列的操作规范和制度，如在污泥与公众可能接触的场合需设置警示标志等。

（3）臭味对环境的影响及缓解措施。一般来说污泥散发的臭味在下风向 100m 内，对人的感觉影响明显，在 300m 以外则臭味已嗅闻不到。因此，必须满足 300m 的隔距，才能有居住区。另外，为改善厂区工人的操作条件，污泥接受仓在车辆卸泥完成后应及时封闭，防止臭气逸出。

参 考 文 献

[1] 孔祥娟，戴晓虎，张辰. 城镇污水处理厂污泥处理处置技术［M］. 北京：中国建筑工业出版社，2016.
[2] 曹伟华，孙晓杰，赵由才. 污泥处理与资源化应用实例［M］. 北京：冶金工业出版社，2010.
[3] 戴晓虎. 城镇污泥安全处理处置与资源化技术［M］. 北京：中国建筑工业出版社，2022.
[4] 蒋自力，金宜英，张辉，等. 污泥处理处置与资源综合利用技术［M］. 北京：化学工业出版社，2018.
[5] 王绍文，秦华. 城市污泥资源利用与污水土地利用技术［M］. 北京：中国建筑工业出版社，2007.
[6] 李鸿江，顾莹莹，赵由才. 污泥资源化利用技术［M］. 北京：冶金工业出版社，2010.
[7] 戴晓虎. 我国城镇污泥处理处置现状及思考［J］. 给水排水，2012，38（2）：1-5.
[8] 张辰. 污泥处理处置技术与工程实例［M］. 北京：化学工业出版社，2006.
[9] TANG J，ZHU W，KOOKANA R.，et al. Characteristics of biochar and its application in remediation of contaminated soil. J. Bioscience and Bioengineering，2013，116（6）：653-659.
[10] US，EPA. Standards for the use or disposal of sewage sludge（40 Code of Federal Regulations Part503）. US Environmental Protection Agency，Washington，DC，1993.
[11] WOLEJKO E.，WYDRO U.，BUTAREWICZ A.，et al. Effects of sewage sludge on the accumulation of heavy metals in soil and in mixtures of lawn grasses. Environ. Protection Eng.，2013，39（2）：67-76.
[12] YEGANEH M.，AFYUNI M.，KHOSHGOFTARMANESH A. H.，et al. Transport of zinc，copper，and lead in a sewage sludge amended calcareous soil. Soil Use and Management，2010，26（2）：176-182.
[13] 周少奇. 城市污泥处理处置与资源化［M］. 广州：华南理工大学出版社，2002.
[14] 李海英. 生物污泥热解资源化技术研究［D］. 天津：天津大学，2006.
[15] 赵庆祥. 污泥资源化技术［M］. 北京：化学工业出版社，2002.
[16] GB 16297—1996 大气污染物综合排放标准［S］
[17] GB 18485—2014 生活垃圾焚烧污染控制标准［S］